微 分 法 (1)

1 微分係数

(1)微分係数　$f'(a)=\lim_{h\to 0}\dfrac{f(a+h)-f(a)}{h}$

(2)微分可能と連続の関係

関数 $f(x)$ は

・$f'(a)$ が存在するとき，$x=a$ で微分可能である。
・$x=a$ で微分可能ならば $x=a$ で連続である。
・$x=a$ で連続であっても，$x=a$ で微分可能とは限らない。

2 導関数

(1)導関数の定義　$f'(x)=\lim_{h\to 0}\dfrac{f(x+h)-f(x)}{h}$

(2)導関数の公式 k，l は定数とする。

① $\{kf(x)\}'=kf'(x)$
② $\{f(x)+g(x)\}'=f'(x)+g'(x)$
③ $\{f(x)-g(x)\}'=f'(x)-g'(x)$
④ $\{f(x)g(x)\}'=f'(x)g(x)+f(x)g'(x)$
⑤ $\left\{\dfrac{f(x)}{g(x)}\right\}'=\dfrac{f'(x)g(x)-f(x)g'(x)}{\{g(x)\}^2}$

(3)合成関数の導関数

$y=f(u)$，$u=g(x)$ が，ともに微分可能であるとき

$$\frac{dy}{dx}=\frac{dy}{du}\cdot\frac{du}{dx}$$

(4)逆関数の微分法

$$\frac{dy}{dx}=\frac{1}{\dfrac{dx}{dy}}$$

3 基本的な関数の導関数

(1) $(c)'=0$　（c は定数）
$(x^n)'=nx^{n-1}$　（n は整数）
$(x^r)'=rx^{r-1}$　（r は有理数）

(2)三角関数の導関数

$(\sin x)'=\cos x$
$(\cos x)'=-\sin x$
$(\tan x)'=\dfrac{1}{\cos^2 x}$

(3)対数関数・指数関数の導関数　($a>0$，$a\neq 1$)

$(\log|x|)'=\dfrac{1}{x}$，　$(\log_a|x|)'=\dfrac{1}{x\log a}$

$(e^x)'=e^x$，　$(a^x)'=a^x\log a$

注意　$e=\lim_{h\to 0}(1+h)^{\frac{1}{h}}=2.71828\cdots\cdots$

4 媒介変数で表された関数の導関数

$\begin{cases}x=f(t)\\y=g(t)\end{cases}$ のとき　$\dfrac{dy}{dx}=\dfrac{\dfrac{dy}{dt}}{\dfrac{dx}{dt}}=\dfrac{g'(t)}{f'(t)}$

5 高次導関数

$f''(x)=\{f'(x)\}'$，……$\{f''(x)\}'$

三角関数の公式

1 2倍角の公式・半角の公式

$\sin 2\alpha=2\sin\alpha\cos\alpha$

$\cos 2\alpha=\cos^2\alpha-\sin^2\alpha$
$=1-2\sin^2\alpha$
$=2\cos^2\alpha-1$

$\tan 2\alpha=\dfrac{2\tan\alpha}{1-\tan^2\alpha}$

$\sin^2\dfrac{\alpha}{2}=\dfrac{1-\cos\alpha}{2}$　　$\cos^2\dfrac{\alpha}{2}=\dfrac{1+\cos\alpha}{2}$

$\tan^2\dfrac{\alpha}{2}=\dfrac{1-\cos\alpha}{1+\cos\alpha}$

2 積 → 和の変換公式

$\sin\alpha\cos\beta=\dfrac{1}{2}\{\sin(\alpha+\beta)+\sin(\alpha-\beta)\}$

$\cos\alpha\sin\beta=\dfrac{1}{2}\{\sin(\alpha+\beta)-\sin(\alpha-\beta)\}$

$\cos\alpha\cos\beta=\dfrac{1}{2}\{\cos(\alpha+\beta)+\cos(\alpha-\beta)\}$

$\sin\alpha\sin\beta=-\dfrac{1}{2}\{\cos(\alpha+\beta)-\cos(\alpha-\beta)\}$

3 和 → 積の変換公式

$\sin A+\sin B=2\sin\dfrac{A+B}{2}\cos\dfrac{A-B}{2}$

$\sin A-\sin B=2\cos\dfrac{A+B}{2}\sin\dfrac{A-B}{2}$

$\cos A+\cos B=2\cos\dfrac{A+B}{2}\cos\dfrac{A-B}{2}$

$\cos A-\cos B=-2\sin\dfrac{A+B}{2}\sin\dfrac{A-B}{2}$

4 三角関数の合成

$a\sin\theta+b\cos\theta=\sqrt{a^2+b^2}\sin(\theta+\alpha)$

ただし，$\sin\alpha=\dfrac{b}{\sqrt{a^2+b^2}}$，$\cos\alpha=\dfrac{a}{\sqrt{a^2+b^2}}$

ラウンドノート数学Ⅲ

本書は，教科書「新編数学Ⅲ」に準拠した問題集です。教科書で扱う知識・技能が確実に身に付くようにするとともに，思考力・応用力も養えるように編集してあります。

本書の使い方

POINT 1	重要な用語や公式を簡潔にまとめています。
例 1	各項目の代表的な問題です。解答の考え方や要点をよく理解してください。
1A 1B	例の解き方を確認しながら取り組んでください。 同じタイプの問題を左右２段に配置しています。 ■一度になるべく多くの問題に取り組みたい場合は，A・B を同時に解きましょう。 ■二度目の反復練習を行いたい場合は，はじめにAだけを解き，その後Bに取り組んでください。
ROUND 2	教科書の応用例題レベルの反復演習まで進む場合に取り組んでください。
演習問題	各章の最後にある難易度の高い問題です。教科書の思考力 PLUS・章末問題レベルの応用力を身に付けたい場合に取り組んでください。例題で解法を確認してから問題を解いてみましょう。

■各項目の最後のページに検印欄を設けました。

■巻末の解答は略解です。詳細は別冊に掲載しました。

問題数

例	121 (163)
例題	8 (9)
問題	241 (439)

(　) は小問の数を表す。

目次

1 分数関数

▶教 p.4〜7

POINT 1

分数関数
$y=\dfrac{k}{x-p}+q$
のグラフ

$y=\dfrac{k}{x}$ のグラフを
　　x 軸方向に p，y 軸方向に q
だけ平行移動した直角双曲線。
漸近線は 2 直線　$x=p$，$y=q$
定義域は $x \neq p$，値域は $y \neq q$

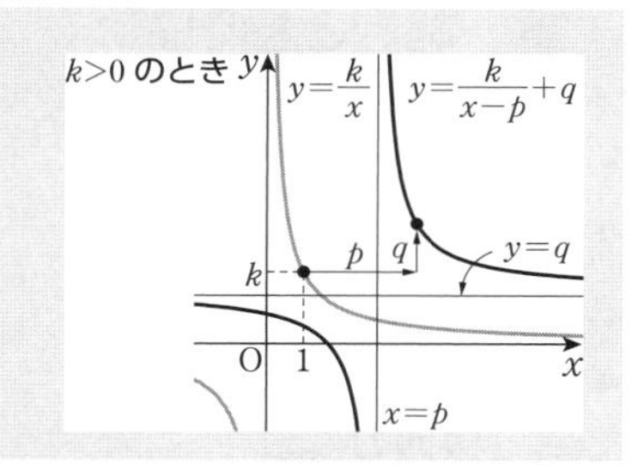

例 1　関数 $y=\dfrac{2}{x-3}+1$ のグラフをかけ。また，その定義域と値域を求めよ。

解答　分数関数 $y=\dfrac{2}{x-3}+1$ のグラフは，$y=\dfrac{2}{x}$ のグラフを
　　x 軸方向に 3，y 軸方向に 1
だけ平行移動した直角双曲線で，
右の図のようになる。
　　漸近線は，2 直線 $x=3$，$y=1$
　　定義域は $x \neq 3$，値域は $y \neq 1$

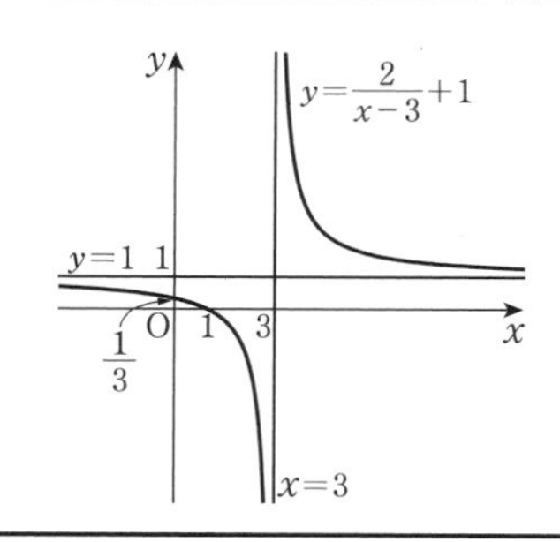

1A　次の関数のグラフをかけ。また，その定義域と値域を求めよ。

(1)　$y=\dfrac{1}{x-3}+2$

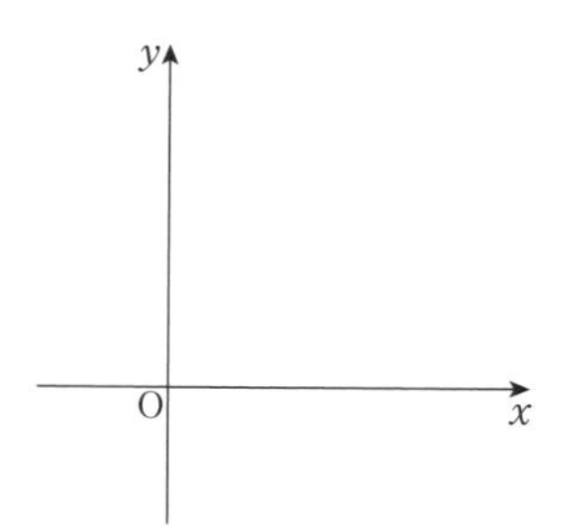

(2)　$y=-\dfrac{6}{x-2}-3$

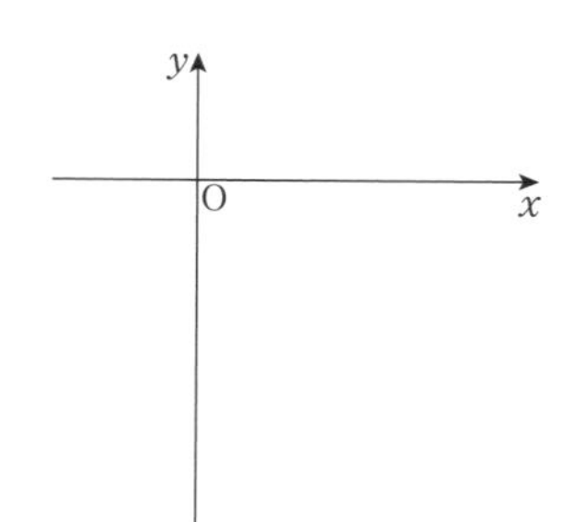

1B　次の関数のグラフをかけ。また，その定義域と値域を求めよ。

(1)　$y=\dfrac{3}{x+1}-3$

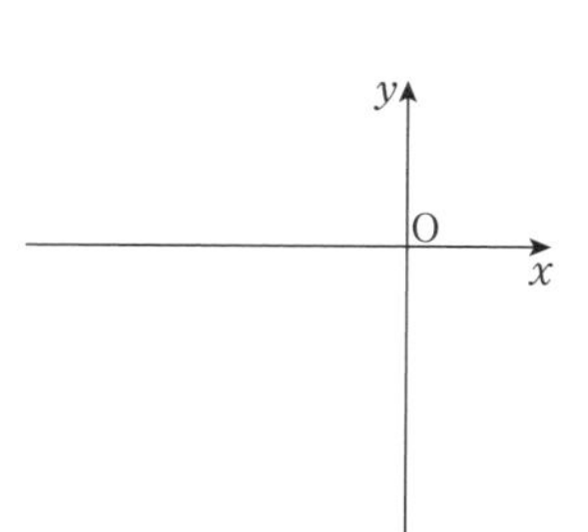

(2)　$y=-\dfrac{2}{x}-4$

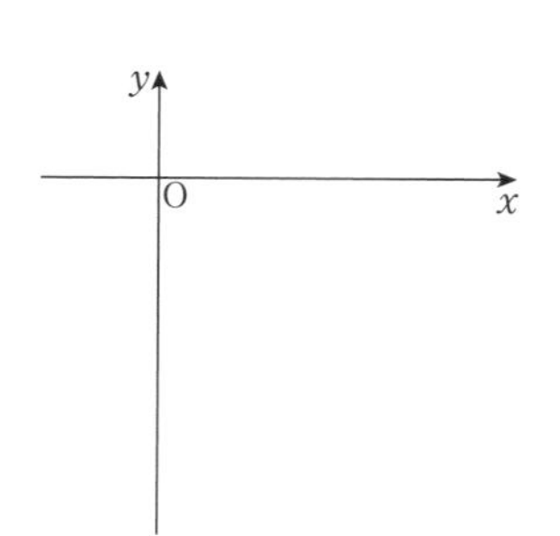

POINT 2

分数関数

$y=\dfrac{ax+b}{cx+d}$ のグラフ

$y=\dfrac{k}{x-p}+q$ の形に変形して，グラフをかく。

例 2

関数 $y=\dfrac{2x+3}{x+1}$ のグラフをかけ。また，その定義域と値域を求めよ。

解答　$\dfrac{2x+3}{x+1}=\dfrac{2(x+1)+1}{x+1}=\dfrac{1}{x+1}+2$

よって　　$y=\dfrac{1}{x+1}+2$

したがって，この関数のグラフは，

右の図のようになる。

漸近線は，2 直線 $x=-1$，$y=2$

定義域は $x \neq -1$，値域は $y \neq 2$

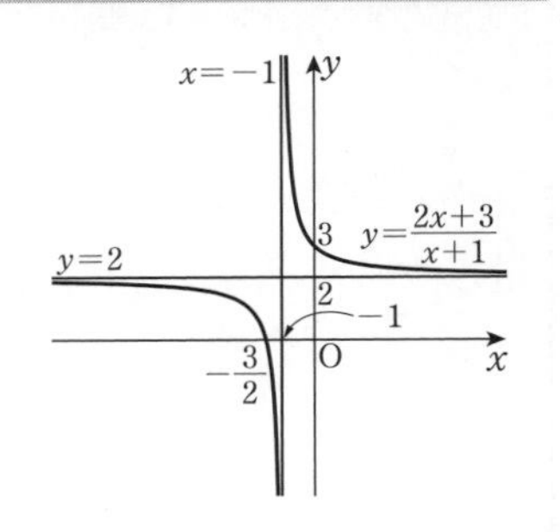

2A 次の関数のグラフをかけ。また，その定義域と値域を求めよ。

(1) $y=\dfrac{3x-1}{x-2}$

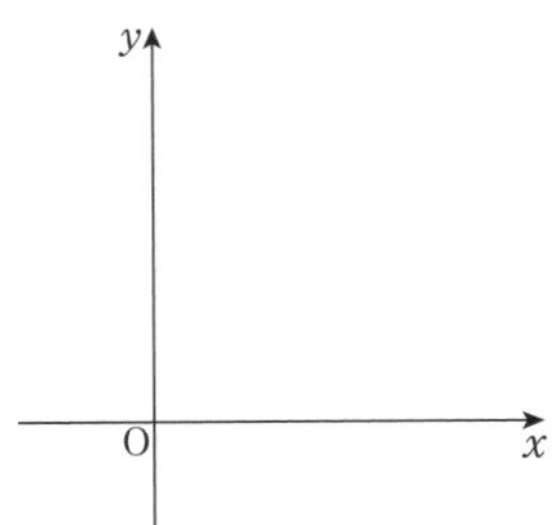

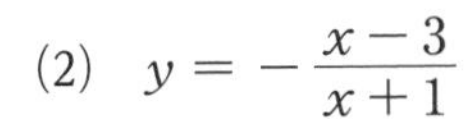

(2) $y=-\dfrac{x-3}{x+1}$

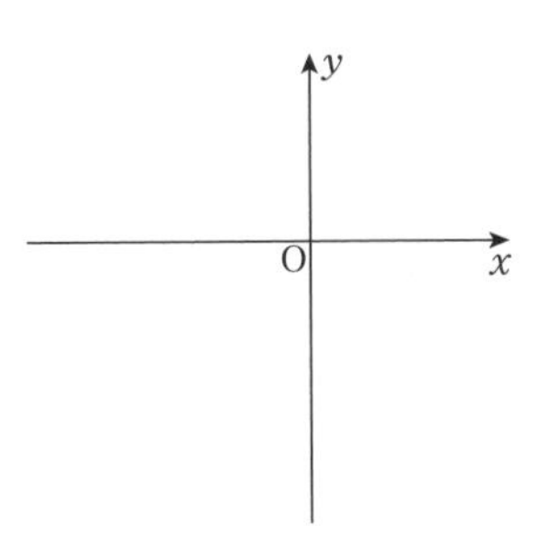

2B 次の関数のグラフをかけ。また，その定義域と値域を求めよ。

(1) $y=\dfrac{2x}{x-3}$

(2) $y=-\dfrac{2x+5}{x+2}$

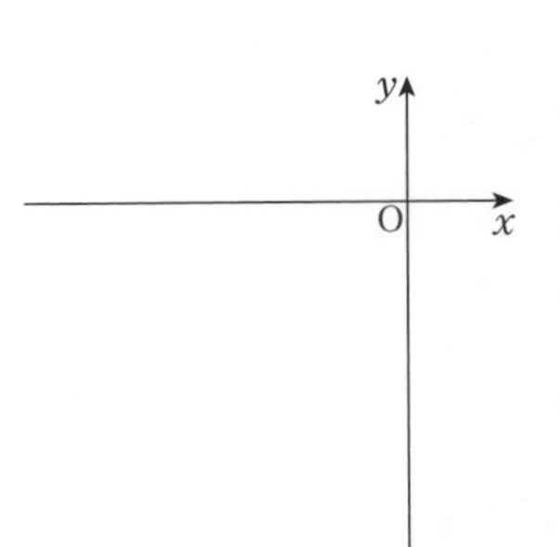

POINT 3
分数関数のグラフと直線の共有点

分数関数 $y=\dfrac{ax+b}{cx+d}$ のグラフと直線 $y=mx+n$ の共有点の x 座標は，方程式 $\dfrac{ax+b}{cx+d}=mx+n$ の実数解である。

例 3 関数 $y=\dfrac{3}{x-2}$ について，次の問いに答えよ。

(1) この関数のグラフと直線 $y=x$ の共有点の座標を求めよ。

(2) グラフを利用して，不等式 $\dfrac{3}{x-2}>x$ を解け。

解答 (1) 共有点の x 座標は，$\dfrac{3}{x-2}=x$ の実数解である。

両辺に $x-2$ を掛けて整理すると　$x^2-2x-3=0$

ゆえに　$(x+1)(x-3)=0$ より　　$x=-1,\ 3$

これらの値を $y=x$ に代入すると

　$x=-1$ のとき　$y=-1$

　$x=3$ のとき　　$y=3$

よって，求める共有点の座標は　$(-1,\ -1)$，$(3,\ 3)$

(2) 不等式 $\dfrac{3}{x-2}>x$ の解は，関数 $y=\dfrac{3}{x-2}$ のグラフが直線 $y=x$ より上側にある部分の x の値の範囲である。

右の図から，求める不等式の解は

　$x<-1,\quad 2<x<3$

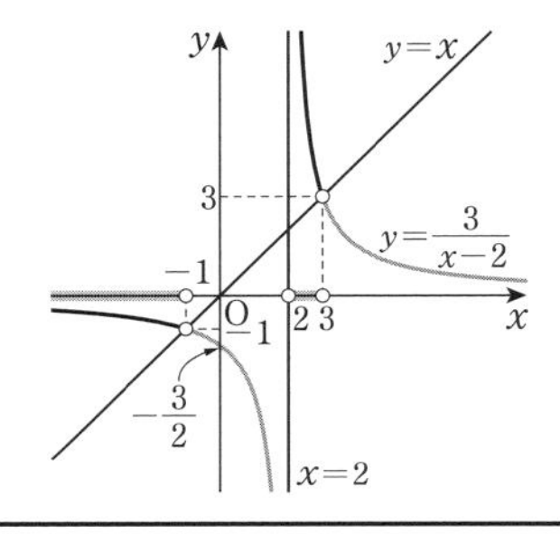

ROUND 2

3 関数 $y=\dfrac{2}{x-3}$ について，次の問いに答えよ。

(1) この関数のグラフと直線 $y=x-2$ の共有点の座標を求めよ。

(2) グラフを利用して，不等式 $\dfrac{2}{x-3}>x-2$ を解け。

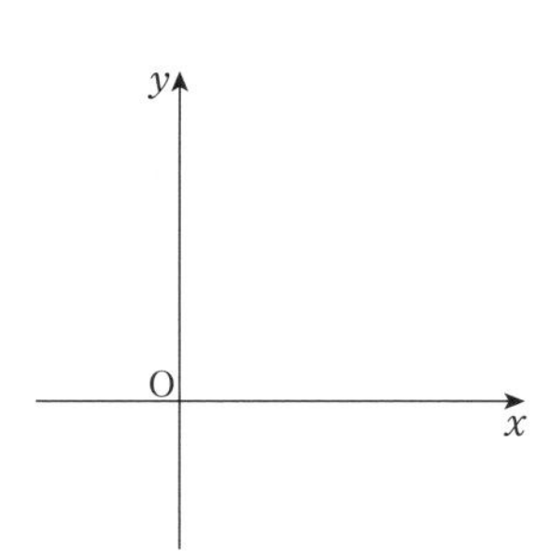

検印

2 無理関数

▶教 p.8〜11

POINT 4
無理関数のグラフ

$y=\sqrt{ax}$ のグラフ

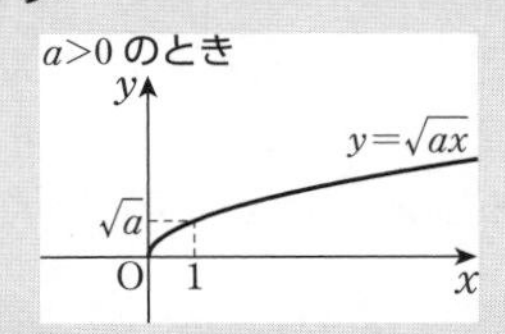

定義域 $x \geqq 0$，値域 $y \geqq 0$

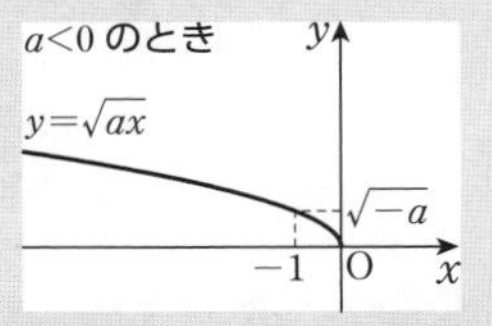

定義域 $x \leqq 0$，値域 $y \geqq 0$

$y=-\sqrt{ax}$ のグラフ

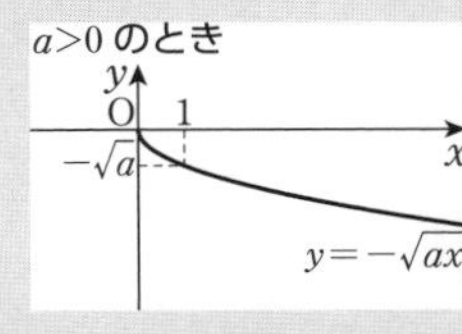

定義域 $x \geqq 0$，値域 $y \leqq 0$

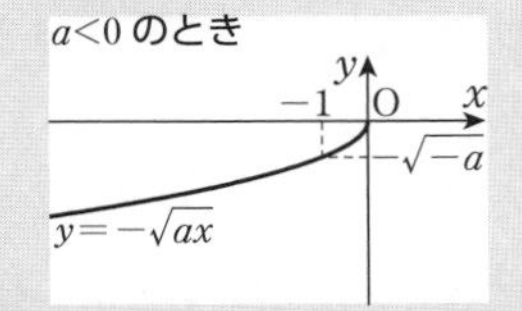

定義域 $x \leqq 0$，値域 $y \leqq 0$

例 4　関数 $y=\sqrt{2x}$ のグラフをかけ。また，その定義域と値域を求めよ。

解答　無理関数 $y=\sqrt{2x}$ のグラフは，
右の図のようになる。
　　定義域は $x \geqq 0$,
　　値域は　 $y \geqq 0$

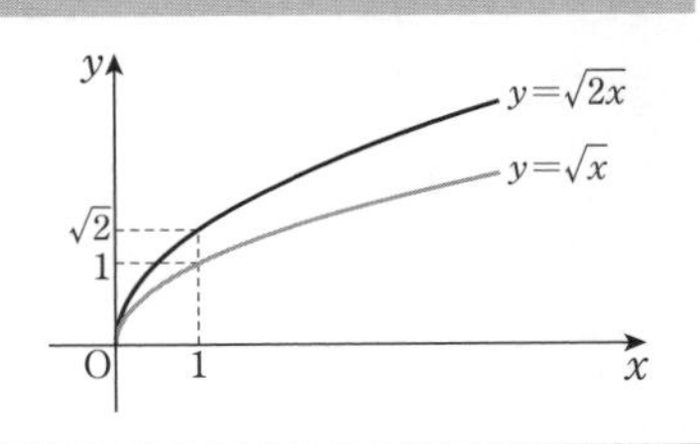

4A　次の関数のグラフをかけ。また，その定義域と値域を求めよ。

(1)　$y=\sqrt{5x}$

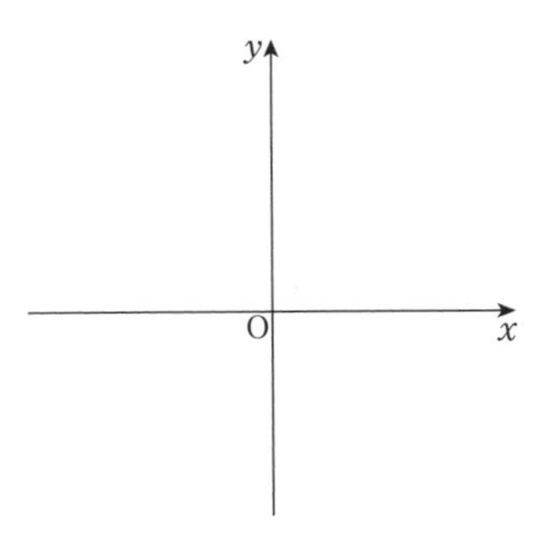

(2)　$y=-\sqrt{5x}$

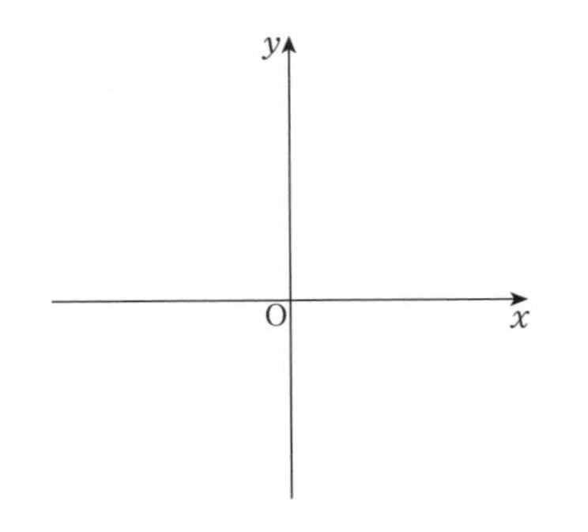

4B　次の関数のグラフをかけ。また，その定義域と値域を求めよ。

(1)　$y=\sqrt{-5x}$

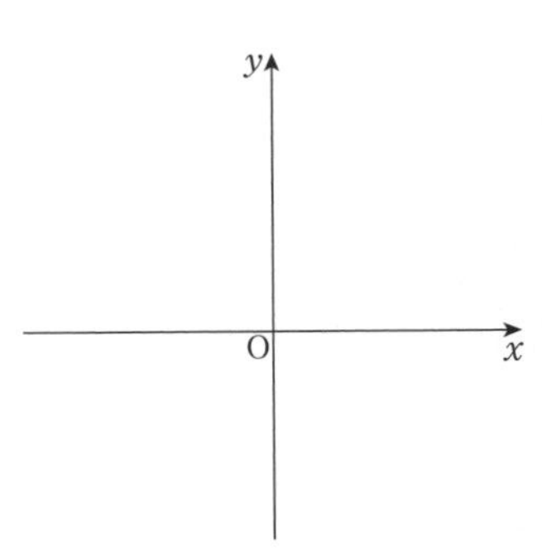

(2)　$y=-\sqrt{-5x}$

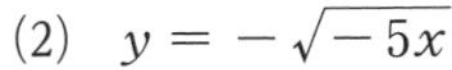

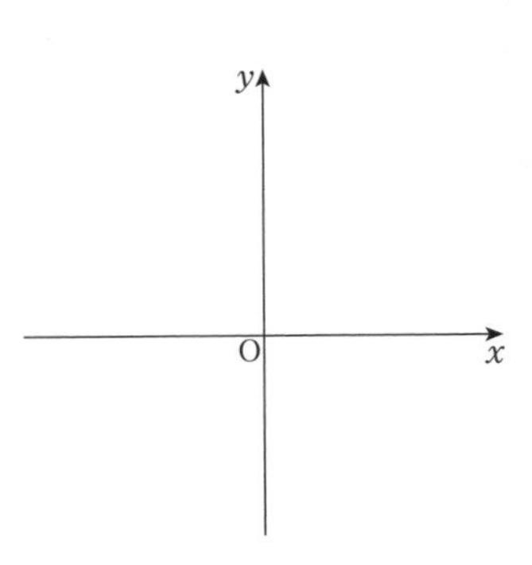

POINT 5

無理関数
$y=\sqrt{a(x-p)}$
のグラフ

$y=\sqrt{ax}$ のグラフを

　　x 軸方向に p だけ平行移動

した曲線である。

　　$a>0$ のとき，定義域は　$x \geqq p$

　　$a<0$ のとき，定義域は　$x \leqq p$

なお，いずれの場合も値域は $y \geqq 0$ である。

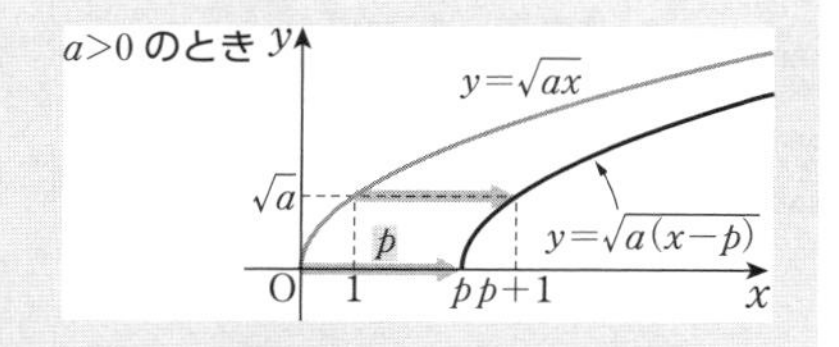

例 5　無理関数 $y=\sqrt{-2x+6}$ のグラフをかけ。また，その定義域と値域を求めよ。

解答　$y=\sqrt{-2x+6}=\sqrt{-2(x-3)}$

と変形できるから，このグラフは

$y=\sqrt{-2x}$ のグラフを

　　x 軸方向に 3 だけ平行移動

したもので，右の図のようになる。

また，この関数の定義域は $x \leqq 3$，値域は $y \geqq 0$

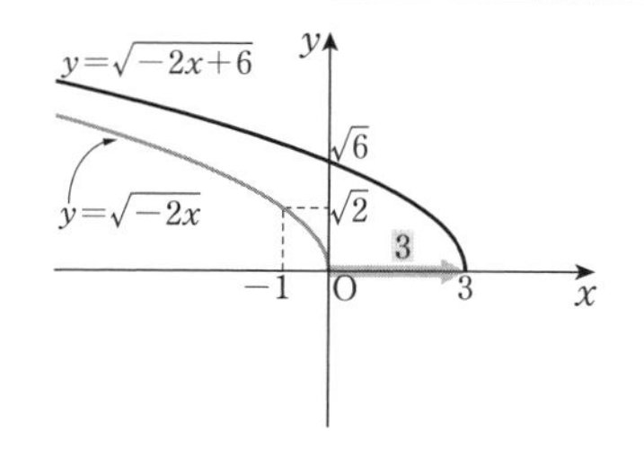

5A　次の関数のグラフをかけ。また，その定義域と値域を求めよ。

(1)　$y=\sqrt{x-3}$

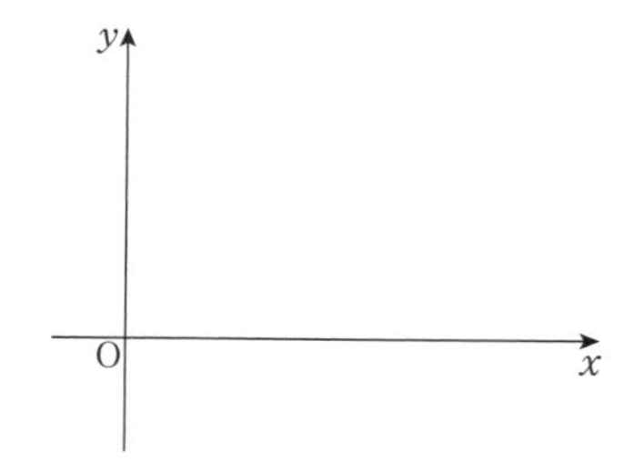

(2)　$y=\sqrt{-2x+4}$

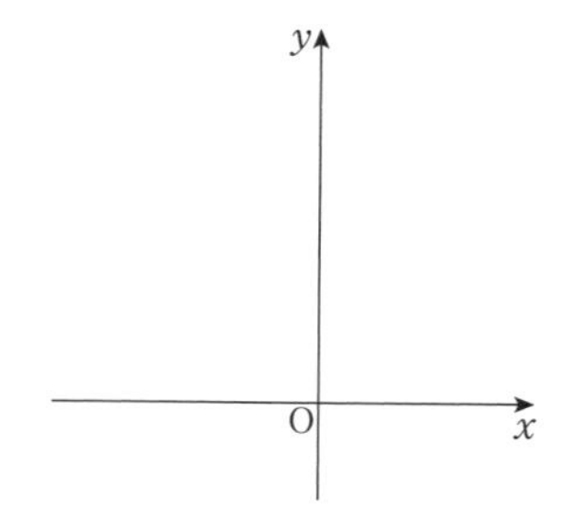

5B　次の関数のグラフをかけ。また，その定義域と値域を求めよ。

(1)　$y=\sqrt{x+2}$

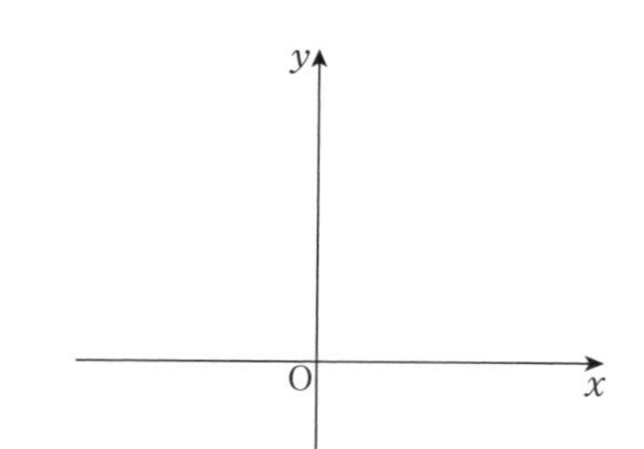

(2)　$y=-\sqrt{-3x-12}$

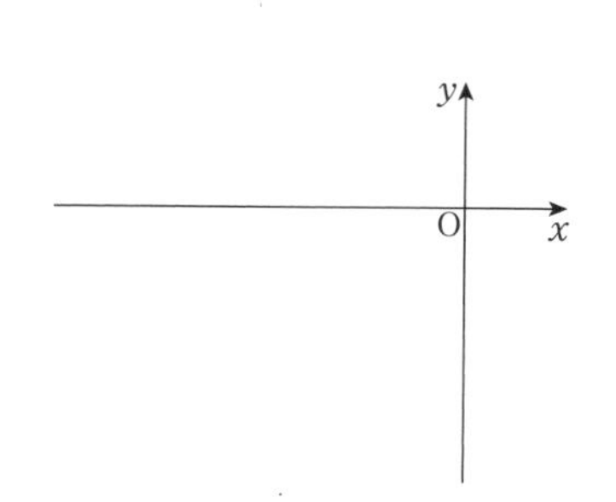

POINT 6 無理関数のグラフと直線の共有点

無理関数 $y=\sqrt{ax+b}$ のグラフと直線 $y=mx+n$ の共有点の座標は，
方程式 $\sqrt{ax+b}=mx+n$ の実数解である。ただし，$ax+b \geqq 0$

例6 関数 $y=\sqrt{x+5}$ について，次の問いに答えよ。

(1) この関数のグラフと直線 $y=x-1$ の共有点の座標を求めよ。

(2) グラフを利用して，不等式 $\sqrt{x+5}>x-1$ を解け。

解答 (1) 共有点の x 座標は，次の方程式の実数解である。

$\sqrt{x+5}=x-1$ ……①

両辺を2乗して整理すると　$x^2-3x-4=0$

よって　$(x+1)(x-4)=0$ より　$x=-1,\ 4$

このうち，①を満たすのは $x=4$ である。

$x=4$ のとき　$y=3$

したがって，求める共有点の座標は　$(4,\ 3)$

(2) 不等式 $\sqrt{x+5}>x-1$ の解は，

関数 $y=\sqrt{x+5}$ のグラフが直線 $y=x-1$

より上側にある部分の x の値の範囲である。

右の図から，求める不等式の解は

$-5 \leqq x < 4$

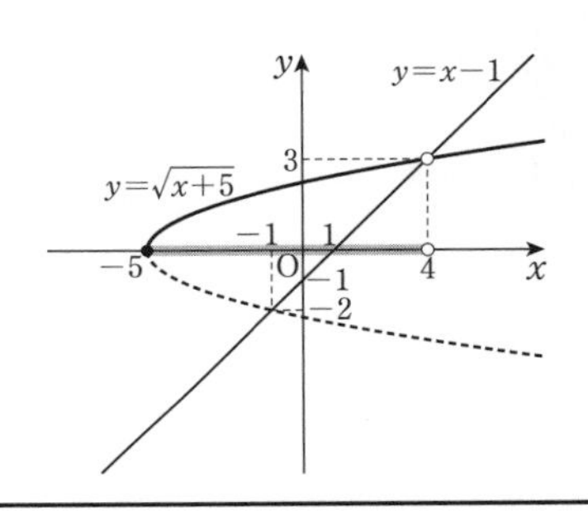

ROUND 2

6 関数 $y=\sqrt{x+1}$ について，次の問いに答えよ。

(1) この関数のグラフと直線 $y=x-1$ の共有点の座標を求めよ。

(2) グラフを利用して，不等式 $\sqrt{x+1} \geqq x-1$ を解け。

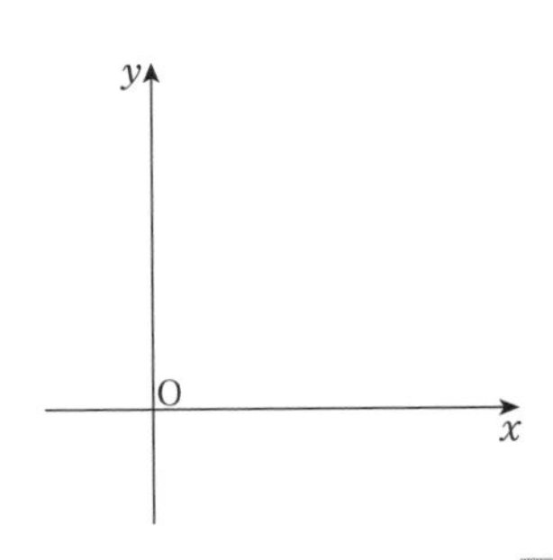

3 逆関数

▶教 p.12〜15

POINT 7
逆関数の求め方

① $y=f(x)$ を変形し，$x=g(y)$ の形にする。
② x と y を入れかえて，$y=g(x)$ とする。

例 7 関数 $y=\dfrac{3}{x-2}$ の逆関数を求めよ。

解答　$y=\dfrac{3}{x-2}$ を変形すると

$y(x-2)=3$ より　　$yx=3+2y$　　……①

$y=0$ は①を満たさないから，$y\neq 0$ より　　$x=\dfrac{3}{y}+2$

x と y を入れかえて，求める逆関数は　　$y=\dfrac{3}{x}+2$

7A 関数 $y=\dfrac{1}{2}x+4$ の逆関数を求めよ。

7B 関数 $y=\dfrac{2}{x+1}$ の逆関数を求めよ。

POINT 8
逆関数のグラフ(1)

関数 $y=f(x)$ のグラフとその逆関数 $y=f^{-1}(x)$ のグラフは，直線 $y=x$ に関して対称である。

例 8 関数 $y=2^x$ の逆関数を求め，そのグラフをかけ。

解答　$y=2^x$ を変形すると　$x=\log_2 y$　　⬅ $y=a^x \iff x=\log_a y$
よって，x と y を入れかえて，求める逆関数は
　　$y=\log_2 x$
$y=\log_2 x$ のグラフは，$y=2^x$ のグラフと直線 $y=x$ に関して対称な曲線で，右の図のようになる。

8A 関数 $y=3^x$ の逆関数を求め，そのグラフをかけ。

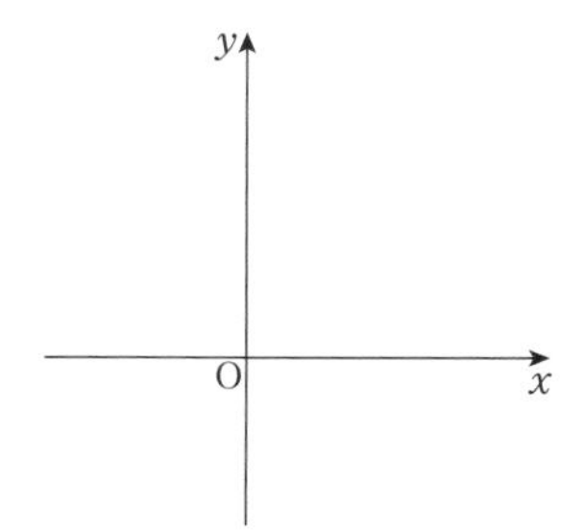

8B 関数 $y=\log_{\frac{1}{2}}x$ の逆関数を求め，そのグラフをかけ。

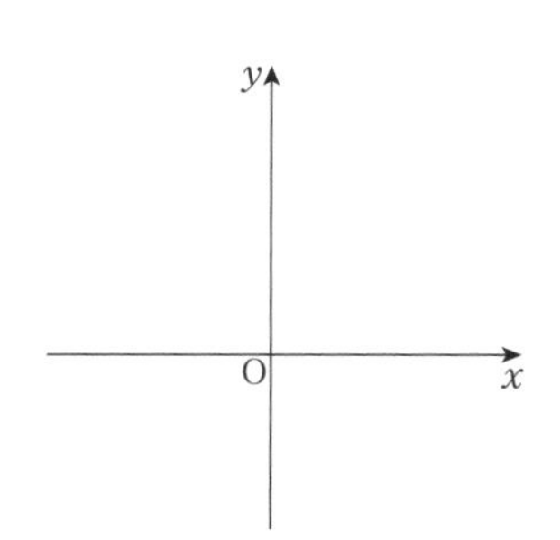

POINT 9 関数 $y=f(x)$ と逆関数 $y=f^{-1}(x)$ では，定義域と値域が入れかわる。

逆関数のグラフ(2)

例 9 関数 $y=x^2-2$ $(x \geqq 0)$ の逆関数を求め，そのグラフをかけ。
また，その逆関数の定義域と値域を求めよ。

解答 $y=x^2-2$ を x について解くと，
$x \geqq 0$ であることから

$x^2=y+2$ より $x=\sqrt{y+2}$

よって，x と y を入れかえて，求める逆関数は

$y=\sqrt{x+2}$

$y=\sqrt{x+2}$ のグラフは，$y=x^2-2$ $(x \geqq 0)$ のグラフと直線 $y=x$ に関して対称な曲線で，右の図のようになる。

定義域は $x \geqq -2$，値域は $y \geqq 0$

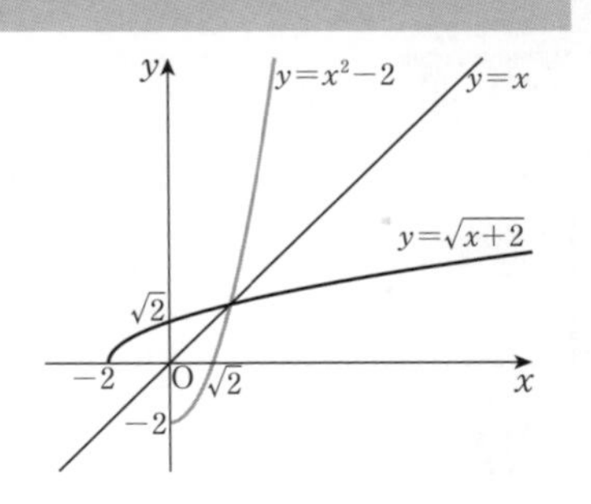

9A 関数 $y=2x^2-2$ $(x \geqq 0)$ の逆関数を求め，そのグラフをかけ。
また，その逆関数の定義域と値域を求めよ。

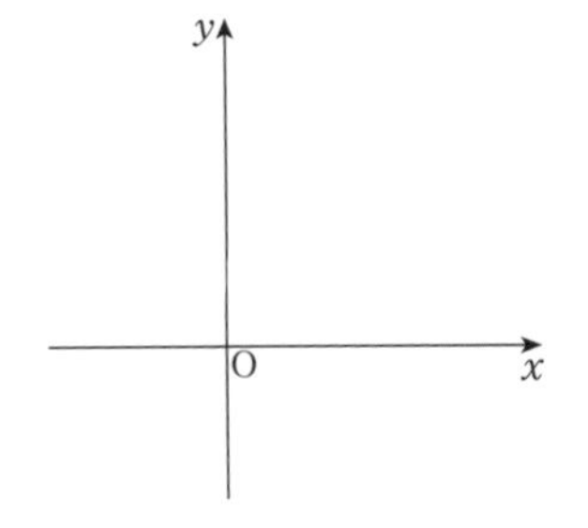

9B 関数 $y=x-5$ $(0 \leqq x \leqq 5)$ の逆関数を求め，そのグラフをかけ。
また，その逆関数の定義域と値域を求めよ。

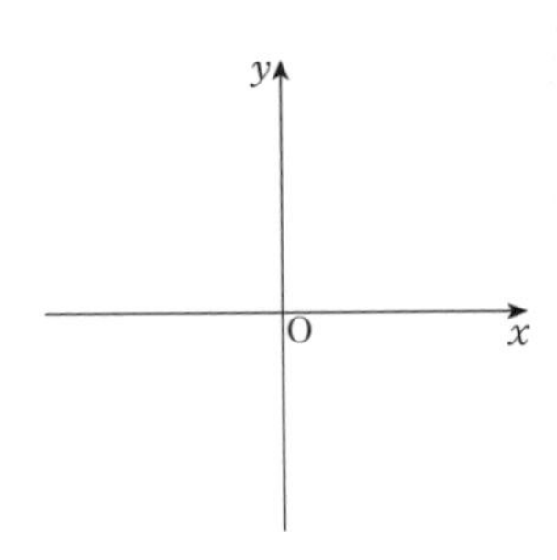

検印

4 合成関数

▶数 p.16～17

POINT 10
合成関数

2 つの関数 $\boldsymbol{f(x)}$ と $\boldsymbol{g(x)}$ について，$\boldsymbol{g(f(x))}$ を $\boldsymbol{f(x)}$ と $\boldsymbol{g(x)}$ の合成関数といい，$\boldsymbol{(g\circ f)(x)}$ で表す。すなわち

$$(g\circ f)(x)=g(f(x))$$

例 10 $f(x)=x+2$，$g(x)=x^2+1$ について，合成関数 $(g\circ f)(x)$，$(f\circ g)(x)$ をそれぞれ求めよ。

解答 $(g\circ f)(x)=g(f(x))=g(x+2)=(x+2)^2+1=x^2+4x+5$

$(f\circ g)(x)=f(g(x))=f(x^2+1)=(x^2+1)+2=x^2+3$

10A 次の 2 つの関数 $f(x)$，$g(x)$ について，合成関数 $(g\circ f)(x)$，$(f\circ g)(x)$ をそれぞれ求めよ。

(1) $\begin{cases} f(x)=-2x+3 \\ g(x)=x^2-2 \end{cases}$

(2) $\begin{cases} f(x)=x^2+3 \\ g(x)=\log_{10}x \end{cases}$

10B 次の 2 つの関数 $f(x)$，$g(x)$ について，合成関数 $(g\circ f)(x)$，$(f\circ g)(x)$ をそれぞれ求めよ。

(1) $\begin{cases} f(x)=x+3 \\ g(x)=\left(\dfrac{1}{2}\right)^x \end{cases}$

(2) $\begin{cases} f(x)=2-x^2 \\ g(x)=\cos x \end{cases}$

検印

5　数列の極限

▶教 p.18～21

POINT 11
数列 $\{a_n\}$ の極限

- 収束　$\lim_{n\to\infty} a_n = \alpha$　（極限値 α）
- 発散
  - $\lim_{n\to\infty} a_n = \infty$　（正の無限大に発散）
  - $\lim_{n\to\infty} a_n = -\infty$　（負の無限大に発散）
  - 振動する　（極限はない）

例 11　次の数列の極限値を求めよ。

$$3,\ 2,\ \frac{5}{3},\ \frac{3}{2},\ \frac{7}{5},\ \cdots\cdots,\ \frac{n+2}{n},\ \cdots\cdots$$

解答　この数列の第 n 項 a_n は

$$a_n = \frac{n+2}{n} = 1 + \frac{2}{n}$$

n を限りなく大きくすると，

$\frac{2}{n}$ は限りなく 0 に近づく。

よって，a_n は限りなく 1 に近づく。

すなわち，この数列の極限値は

$$\lim_{n\to\infty} \frac{n+2}{n} = \lim_{n\to\infty}\left(1 + \frac{2}{n}\right) = 1$$

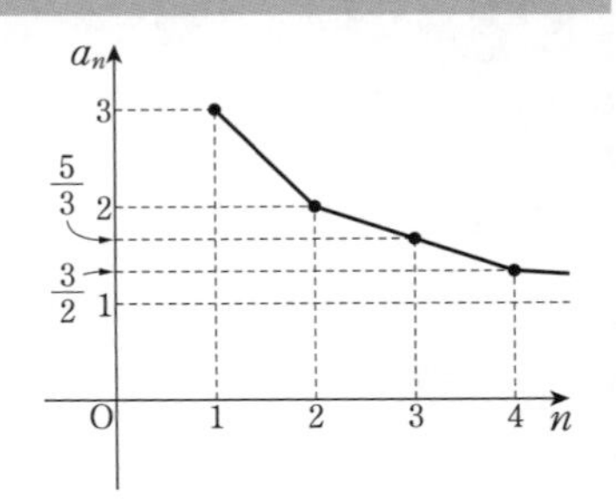

← $\lim_{n\to\infty} \frac{2}{n} = 0$

11A　次の数列の極限値を求めよ。

(1)　$2-1,\ 2-\frac{1}{2},\ 2-\frac{1}{3},\ \cdots\cdots,\ 2-\frac{1}{n},\ \cdots\cdots$

(2)　$4,\ \frac{11}{4},\ \frac{7}{3},\ \cdots\cdots,\ \frac{3n+5}{2n},\ \cdots\cdots$

11B　次の数列の極限値を求めよ。

(1)　$4,\ 1,\ \frac{4}{9},\ \cdots\cdots,\ \frac{4}{n^2},\ \cdots\cdots$

(2)　$1,\ \frac{7}{6},\ \frac{11}{9},\ \cdots\cdots,\ \frac{4n-1}{3n},\ \cdots\cdots$

12A　第 n 項が次の式で与えられる数列について，その極限を調べよ。

(1)　$-2n+1$

(2)　$(-4)^n$

12B　第 n 項が次の式で与えられる数列について，その極限を調べよ。

(1)　$\sqrt{n}$

(2)　$\cos n\pi$

検印

6 数列の極限の性質

▶数 p. 22〜24

POINT 12
数列の極限値の性質

数列 $\{a_n\}$, $\{b_n\}$ が収束して，$\lim_{n\to\infty} a_n = \alpha$, $\lim_{n\to\infty} b_n = \beta$ のとき

[1] $\lim_{n\to\infty} ka_n = k\alpha$　　ただし，k は定数

[2] $\lim_{n\to\infty} (a_n + b_n) = \alpha + \beta$,　$\lim_{n\to\infty} (a_n - b_n) = \alpha - \beta$

[3] $\lim_{n\to\infty} a_n b_n = \alpha\beta$

[4] $\lim_{n\to\infty} \dfrac{a_n}{b_n} = \dfrac{\alpha}{\beta}$　　ただし，$\beta \neq 0$

例 12 $\lim_{n\to\infty} a_n = 5$, $\lim_{n\to\infty} b_n = -2$ のとき，次の極限値を求めよ。

(1) $\lim_{n\to\infty} (2a_n + b_n)$　(2) $\lim_{n\to\infty} a_n b_n$　(3) $\lim_{n\to\infty} \dfrac{3b_n}{2a_n - 4}$

解答

(1) $\lim_{n\to\infty} (2a_n + b_n) = 2\lim_{n\to\infty} a_n + \lim_{n\to\infty} b_n = 2\times 5 + (-2) = 8$

(2) $\lim_{n\to\infty} a_n b_n = (\lim_{n\to\infty} a_n)(\lim_{n\to\infty} b_n) = 5\times(-2) = -10$

(3) $\lim_{n\to\infty} \dfrac{3b_n}{2a_n - 4} = \dfrac{3\lim_{n\to\infty} b_n}{2\lim_{n\to\infty} a_n - \lim_{n\to\infty} 4} = \dfrac{3\times(-2)}{2\times 5 - 4} = \dfrac{-6}{6} = -1$

13A $\lim_{n\to\infty} a_n = 2$, $\lim_{n\to\infty} b_n = -3$ のとき，次の極限値を求めよ。

(1) $\lim_{n\to\infty} (3a_n + b_n)$

(2) $\lim_{n\to\infty} (-2b_n + 5)$

(3) $\lim_{n\to\infty} \left(\dfrac{2}{3} + \dfrac{a_n}{b_n}\right)$

13B $\lim_{n\to\infty} a_n = -1$, $\lim_{n\to\infty} b_n = 2$ のとき，次の極限値を求めよ。

(1) $\lim_{n\to\infty} (5a_n - 3b_n)$

(2) $\lim_{n\to\infty} a_n b_n$

(3) $\lim_{n\to\infty} \dfrac{4b_n}{3a_n + b_n}$

POINT 13 数列の極限 [1]

数列 $\{a_n\}$，$\{b_n\}$ について，$\lim_{n\to\infty} a_n = \infty$，$\lim_{n\to\infty} b_n = \infty$ のとき，

$\lim_{n\to\infty} \frac{a_n}{b_n}$ や $\lim_{n\to\infty}(a_n - b_n)$ の極限は式変形して，$\lim_{n\to\infty}\frac{1}{n} = 0$ などを利用する。

例 13 次の極限値を求めよ。

(1) $\lim_{n\to\infty} \frac{3n-2}{n+4}$　　(2) $\lim_{n\to\infty} \frac{n-6}{2n^2+5}$

解答 (1) $\lim_{n\to\infty} \frac{3n-2}{n+4} = \lim_{n\to\infty} \frac{3-\frac{2}{n}}{1+\frac{4}{n}} = \frac{3}{1} = 3$　　← $\lim_{n\to\infty}\frac{1}{n} = 0$

(2) $\lim_{n\to\infty} \frac{n-6}{2n^2+5} = \lim_{n\to\infty} \frac{\frac{1}{n}-\frac{6}{n^2}}{2+\frac{5}{n^2}} = \frac{0}{2} = 0$　　← $\lim_{n\to\infty}\frac{1}{n^2} = 0$

14A 次の極限値を求めよ。

(1) $\lim_{n\to\infty} \frac{2n+1}{3n-1}$

(2) $\lim_{n\to\infty} \frac{4n^2-5n+1}{-2n^2+3n}$

14B 次の極限値を求めよ。

(1) $\lim_{n\to\infty} \frac{3n^2+4n}{-n^2}$

(2) $\lim_{n\to\infty} \frac{3n^2-5n}{n^3-2n^2+1}$

POINT 14 数列の極限 [2]

数列 $\{a_n\}$，$\{b_n\}$ について，$\lim_{n\to\infty} a_n = \infty$，$\lim_{n\to\infty} b_n = \alpha$ のとき，

$\alpha > 0$ のとき　$\lim_{n\to\infty} a_n b_n = \infty$

$\alpha < 0$ のとき　$\lim_{n\to\infty} a_n b_n = -\infty$

例 14 次の極限を求めよ。

(1) $\lim_{n\to\infty}(n^2-4n)$　　(2) $\lim_{n\to\infty}(5n^2-n^3)$

解答 (1) $\lim_{n\to\infty}(n^2-4n) = \lim_{n\to\infty} n^2\left(1-\frac{4}{n}\right) = \infty$　　← $\begin{cases}\lim_{n\to\infty} n^2 = \infty \\ \lim_{n\to\infty}\frac{1}{n} = 0\end{cases}$

(2) $\lim_{n\to\infty}(5n^2-n^3) = \lim_{n\to\infty} n^3\left(\frac{5}{n}-1\right) = -\infty$　　← $\begin{cases}\lim_{n\to\infty} n^3 = \infty \\ \lim_{n\to\infty}\frac{1}{n} = 0\end{cases}$

15A 次の極限を求めよ。

(1) $\lim_{n\to\infty}(n^3-2n^2-3n)$

(2) $\lim_{n\to\infty}(n-n^3)$

15B 次の極限を求めよ。

(1) $\lim_{n\to\infty}(n^3-3n^2+2n)$

(2) $\lim_{n\to\infty}(3n^2-n^4)$

POINT 15

一般項に無理式を含む数列の極限

乗法公式

$$(a+b)(a-b)=a^2-b^2$$

などを利用して式変形すると，求められる場合がある。

例 15 次の極限値を求めよ。

$$\lim_{n\to\infty}(\sqrt{n^2+5n}-n)$$

解答

$$\lim_{n\to\infty}(\sqrt{n^2+5n}-n)=\lim_{n\to\infty}\frac{(\sqrt{n^2+5n}-n)(\sqrt{n^2+5n}+n)}{\sqrt{n^2+5n}+n}$$

← 分母，分子に $\sqrt{n^2+5n}+n$ を掛ける

$$=\lim_{n\to\infty}\frac{(n^2+5n)-n^2}{\sqrt{n^2+5n}+n}=\lim_{n\to\infty}\frac{5n}{\sqrt{n^2+5n}+n}$$

$$=\lim_{n\to\infty}\frac{5n}{n\sqrt{1+\frac{5}{n}}+n}=\lim_{n\to\infty}\frac{5}{\sqrt{1+\frac{5}{n}}+1}$$

← $n>0$ のとき $\sqrt{n^2+5n}=\sqrt{n^2\left(1+\frac{5}{n}\right)}=n\sqrt{1+\frac{5}{n}}$

$$=\frac{5}{2}$$

16A 次の極限値を求めよ。

(1) $\lim_{n\to\infty}(\sqrt{n+2}-\sqrt{n})$

(2) $\lim_{n\to\infty}(\sqrt{n^2+3n}-n)$

16B 次の極限値を求めよ。

(1) $\lim_{n\to\infty}(\sqrt{2n+3}-\sqrt{2n})$

(2) $\lim_{n\to\infty}\frac{1}{\sqrt{n^2+n}-n}$

検印

7 数列の極限の大小関係

▶教 p.25

POINT 16
数列の極限の大小関係

$\lim_{n\to\infty} a_n = \alpha$, $\lim_{n\to\infty} b_n = \beta$ のとき

[1] すべての n について $a_n \leqq b_n$ ならば　　$\alpha \leqq \beta$

[2] すべての n について $a_n \leqq c_n \leqq b_n$ で，かつ　$\alpha = \beta$ ならば

$\lim_{n\to\infty} c_n = \alpha$

例 16 極限値 $\lim_{n\to\infty} \frac{1}{n}\sin\frac{n\theta}{2}$ を求めよ。ただし，θ は定数とする。

解答　$-1 \leqq \sin\frac{n\theta}{2} \leqq 1$ より　　$-\frac{1}{n} \leqq \frac{1}{n}\sin\frac{n\theta}{2} \leqq \frac{1}{n}$

ここで，$\lim_{n\to\infty}\left(-\frac{1}{n}\right) = 0$, $\lim_{n\to\infty}\frac{1}{n} = 0$ であるから

$\lim_{n\to\infty}\frac{1}{n}\sin\frac{n\theta}{2} = 0$

ROUND 2

17A 次の極限値を求めよ。ただし，θ は定数とする。

(1) $\lim_{n\to\infty}\frac{1}{n}\cos 2n\theta$

(2) $\lim_{n\to\infty}\frac{1}{n^2}\sin^2 n\theta$

17B 次の極限値を求めよ。ただし，θ は定数とする。

(1) $\lim_{n\to\infty}\frac{1}{n}\sin\frac{n\pi}{2}$

(2) $\lim_{n\to\infty}\frac{1}{n+1}\cos^2 n\theta$

検印

8　無限等比数列

▶教 p.26〜29

POINT 17
無限等比数列 $\{r^n\}$ の極限

[1]　$r>1$　のとき　$\lim_{n\to\infty} r^n=\infty$

[2]　$r=1$　のとき　$\lim_{n\to\infty} r^n=1$

[3]　$|r|<1$　のとき　$\lim_{n\to\infty} r^n=0$

[4]　$r\leqq -1$　のとき　振動する　(極限はない)

例 17　第 n 項が次の式で表される無限等比数列の極限を調べよ。

(1)　$\left(-\dfrac{1}{3}\right)^n$　　(2)　$(\sqrt{3})^n$　　(3)　$(-2)^n$

解答　(1)　$\left|-\dfrac{1}{3}\right|<1$ より　$\lim_{n\to\infty}\left(-\dfrac{1}{3}\right)^n=0$

(2)　$\sqrt{3}>1$ より　$\lim_{n\to\infty}(\sqrt{3})^n=\infty$

(3)　$-2<-1$ より，数列 $\{(-2)^n\}$ は振動し，極限はない。

18A　第 n 項が次の式で表される無限等比数列の極限を調べよ。

(1)　$\left(\dfrac{1}{2}\right)^n$

(2)　$\left(-\dfrac{4}{3}\right)^n$

18B　第 n 項が次の式で表される無限等比数列の極限を調べよ。

(1)　$\left(\dfrac{5}{3}\right)^n$

(2)　$\left(-\dfrac{1}{4}\right)^n$

例 18　次の極限を求めよ。

(1)　$\lim_{n\to\infty}\dfrac{5^{n+1}}{5^n-2^n}$　　(2)　$\lim_{n\to\infty}\dfrac{7^n}{4^n+5^n}$

解答　(1)　$\lim_{n\to\infty}\dfrac{5^{n+1}}{5^n-2^n}=\lim_{n\to\infty}\dfrac{5}{1-\left(\dfrac{2}{5}\right)^n}=5$　　← $\lim_{n\to\infty}\left(\dfrac{2}{5}\right)^n=0$

(2)　$\lim_{n\to\infty}\dfrac{7^n}{4^n+5^n}=\lim_{n\to\infty}\dfrac{\left(\dfrac{7}{5}\right)^n}{\left(\dfrac{4}{5}\right)^n+1}=\infty$　　← $\lim_{n\to\infty}\left(\dfrac{7}{5}\right)^n=\infty$，$\lim_{n\to\infty}\left(\dfrac{4}{5}\right)^n=0$

19A　次の極限を求めよ。

(1)　$\lim_{n\to\infty}\dfrac{4^{n+1}}{4^n-3^n}$

(2)　$\lim_{n\to\infty}\dfrac{3^{n+1}+5^{n-1}}{3^n-5^n}$

19B　次の極限を求めよ。

(1)　$\lim_{n\to\infty}\dfrac{6^n}{2^{n+1}+3^{n-1}}$

(2)　$\lim_{n\to\infty}\dfrac{3^{2n-1}}{3^{2n}+(-5)^n}$

POINT 18　r の値によって場合分けして求める。

数列 $\{r^n\}$ を含む式の極限

例 19　数列 $\left\{\dfrac{2r^n}{1+r^n}\right\}$ の極限を，次の各場合について求めよ。

(1)　$|r|<1$　　(2)　$r=1$　　(3)　$|r|>1$

解答　(1)　$|r|<1$ のとき，$\lim\limits_{n\to\infty} r^n=0$ であるから

$$\lim_{n\to\infty}\frac{2r^n}{1+r^n}=\frac{0}{1+0}=0$$

(2)　$r=1$ のとき，$\lim\limits_{n\to\infty} r^n=1$ であるから

$$\lim_{n\to\infty}\frac{2r^n}{1+r^n}=\frac{2}{1+1}=1$$

(3)　$|r|>1$ のとき，$\left|\dfrac{1}{r}\right|<1$ より，$\lim\limits_{n\to\infty}\left(\dfrac{1}{r}\right)^n=0$ であるから

$$\lim_{n\to\infty}\frac{2r^n}{1+r^n}=\lim_{n\to\infty}\frac{2}{\left(\dfrac{1}{r}\right)^n+1}=\frac{2}{0+1}=2$$

ROUND 2

20A　数列 $\left\{\dfrac{1}{r^n+2}\right\}$ の極限を，次の各場合について求めよ。

(1)　$|r|<1$

(2)　$r=1$

(3)　$|r|>1$

20B　数列 $\left\{\dfrac{r^n}{r^n+3}\right\}$ の極限を，次の各場合について求めよ。

(1)　$|r|<1$

(2)　$r=1$

(3)　$|r|>1$

POINT 19

漸化式で定められた数列

$p \neq 1$ のとき，漸化式 $a_{n+1}=pa_n+q$ は，$\alpha=p\alpha+q$ を満たす α を用いて $a_{n+1}-\alpha=p(a_n-\alpha)$ の形に変形し，$b_n=a_n-\alpha$ とおいて考える。

例 20 次の式で定められる数列 $\{a_n\}$ の一般項を求め，その極限値を求めよ。

$$a_1=1,\ a_{n+1}=\frac{1}{3}a_n+2 \quad (n=1,\ 2,\ 3,\ \cdots)$$

解答　与えられた漸化式を変形すると

$$a_{n+1}-3=\frac{1}{3}(a_n-3)$$

← $\alpha=\frac{1}{3}\alpha+2$ より $\alpha=3$

ここで，$b_n=a_n-3$ とおくと

$$b_{n+1}=\frac{1}{3}b_n,\ b_1=a_1-3=1-3=-2$$

よって，数列 $\{b_n\}$ は，初項 -2，公比 $\frac{1}{3}$ の等比数列であるから

$$b_n=-2\left(\frac{1}{3}\right)^{n-1} \qquad \text{ゆえに} \quad a_n-3=-2\left(\frac{1}{3}\right)^{n-1}$$

よって　$a_n=3-2\left(\frac{1}{3}\right)^{n-1}$

したがって　$\lim_{n\to\infty}a_n=\lim_{n\to\infty}\left\{3-2\left(\frac{1}{3}\right)^{n-1}\right\}=3$

ROUND 2

21A 次の式で定められる数列 $\{a_n\}$ の一般項を求め，その極限値を求めよ。

$a_1=1,\ a_{n+1}=\frac{1}{3}a_n+6\ (n=1,\ 2,\ 3,\ \cdots)$

21B 次の式で定められる数列 $\{a_n\}$ の一般項を求め，その極限値を求めよ。

$a_1=1,\ a_{n+1}=\frac{3}{4}a_n+1\ (n=1,\ 2,\ 3,\ \cdots)$

検印

9　無限級数

▶教 p.30～31

POINT 20
無限級数の和

無限級数の一般項が分数式の積の場合は，一般項を部分分数に分解し，部分和 S_n の極限を考える。

例 21 $\dfrac{1}{k(k+1)}=\dfrac{1}{k}-\dfrac{1}{k+1}$ であることを用いて，無限級数 $\displaystyle\sum_{k=1}^{\infty}\frac{1}{k(k+1)}$ の和を求めよ。

解答　与えられた無限級数の部分和 S_n は

$$S_n=\sum_{k=1}^{n}\frac{1}{k(k+1)}=\sum_{k=1}^{n}\left(\frac{1}{k}-\frac{1}{k+1}\right)$$
$$=\left(1-\frac{1}{2}\right)+\left(\frac{1}{2}-\frac{1}{3}\right)+\left(\frac{1}{3}-\frac{1}{4}\right)+\cdots\cdots+\left(\frac{1}{n}-\frac{1}{n+1}\right)$$
$$=1-\frac{1}{n+1}$$

よって　$\displaystyle\lim_{n\to\infty}S_n=\lim_{n\to\infty}\left(1-\frac{1}{n+1}\right)=1$

したがって　$\displaystyle\sum_{k=1}^{\infty}\frac{1}{k(k+1)}=1$

22A $\dfrac{1}{(3k-1)(3k+2)}=\dfrac{1}{3}\left(\dfrac{1}{3k-1}-\dfrac{1}{3k+2}\right)$ であることを用いて，

無限級数 $\displaystyle\sum_{k=1}^{\infty}\frac{1}{(3k-1)(3k+2)}$ の和を求めよ。

22B $\dfrac{1}{(4k-1)(4k+3)}=\dfrac{1}{4}\left(\dfrac{1}{4k-1}-\dfrac{1}{4k+3}\right)$ であることを用いて，

無限級数 $\displaystyle\sum_{k=1}^{\infty}\frac{1}{(4k-1)(4k+3)}$ の和を求めよ。

検印

10 無限等比級数

▶教 p.32〜35

POINT 21
無限等比級数の収束・発散

無限等比級数 $a+ar+ar^2+\cdots\cdots+ar^{n-1}+\cdots\cdots$ について

(i) $a \neq 0$ のとき $\begin{cases} |r|<1 \text{ のとき収束し，その和は } \dfrac{a}{1-r} \text{ である} \\ |r| \geqq 1 \text{ のとき発散する} \end{cases}$

(ii) $a=0$ のとき，r に関係なく収束し，その和は 0

例 22 次の無限等比級数の収束・発散を調べ，収束するときはその和を求めよ。

(1) $1-\dfrac{1}{3}+\dfrac{1}{9}-\dfrac{1}{27}+\cdots\cdots$　　(2) $1-2+4-8+\cdots\cdots$

解答 (1) 初項 1，公比 $-\dfrac{1}{3}$ の無限等比級数である。

よって，$\left|-\dfrac{1}{3}\right|<1$ であるから，この級数は収束する。

その和 S は　$S=\dfrac{1}{1-\left(-\dfrac{1}{3}\right)}=\dfrac{3}{4}$　　⬅ $S=\dfrac{a}{1-r}$

(2) 初項 1，公比 -2 の無限等比級数である。

よって，$|-2|>1$ であるから，この級数は発散する。

23A 次の無限等比級数の収束，発散を調べ，収束するときはその和を求めよ。

(1) $1+\dfrac{1}{3}+\dfrac{1}{9}+\cdots\cdots$

(2) $2-2+2-\cdots\cdots$

(3) $-0.2+0.16-0.128+\cdots\cdots$

23B 次の無限等比級数の収束，発散を調べ，収束するときはその和を求めよ。

(1) $9-6+4-\cdots\cdots$

(2) $2\sqrt{2}-2+\sqrt{2}-\cdots\cdots$

(3) $1+(\sqrt{5}-1)+(6-2\sqrt{5})+\cdots\cdots$

POINT 22 初項が0かどうかで場合分けをして考える。

xの式を含む
無限級数

例 23 次の無限級数が収束するような実数xの値の範囲を求めよ。
また，そのときの和を求めよ。

$$x+x(2-x)+x(2-x)^2+\cdots\cdots+x(2-x)^{n-1}+\cdots\cdots$$

解答 (i) $x \neq 0$ のとき
与えられた無限級数は，初項x，公比$2-x$の無限等比級数である。
収束するための条件は $|2-x|<1$ より

$$-1<2-x<1$$

よって $1<x<3$

このとき，和は $\dfrac{x}{1-(2-x)}=\dfrac{x}{x-1}$

(ii) $x=0$ のとき
この無限級数のすべての項は0となるから収束し，その和は0である。
(i)，(ii)より，与えられた無限級数が収束するような実数xの値の範囲は $x=0$，$1<x<3$
$x=0$ のとき，和は 0
$1<x<3$ のとき，和は $\dfrac{x}{x-1}$

24A 次の無限級数が収束するような実数xの値の範囲を求めよ。
また，そのときの和を求めよ。

$$x+x(x-1)+x(x-1)^2+\cdots\cdots+x(x-1)^{n-1}+\cdots\cdots$$

24B 次の無限級数が収束するような実数xの値の範囲を求めよ。
また，そのときの和を求めよ。

$$x+x(x^2-1)+x(x^2-1)^2+\cdots\cdots+x(x^2-1)^{n-1}+\cdots\cdots$$

POINT 23 相似な図形の面積を求めるときは，相似比などを考えるとよい。

無限級数の図形への応用

例 24 1辺の長さが a の正方形 ABCD がある。この正方形の各辺の中点を結び，正方形 $A_1B_1C_1D_1$ をつくる。さらに，正方形 $A_1B_1C_1D_1$ の各辺の中点を結び，正方形 $A_2B_2C_2D_2$ をつくる。以下，この操作を続けていくとき，

正方形 $A_1B_1C_1D_1$，正方形 $A_2B_2C_2D_2$，……

の面積の総和を求めよ。

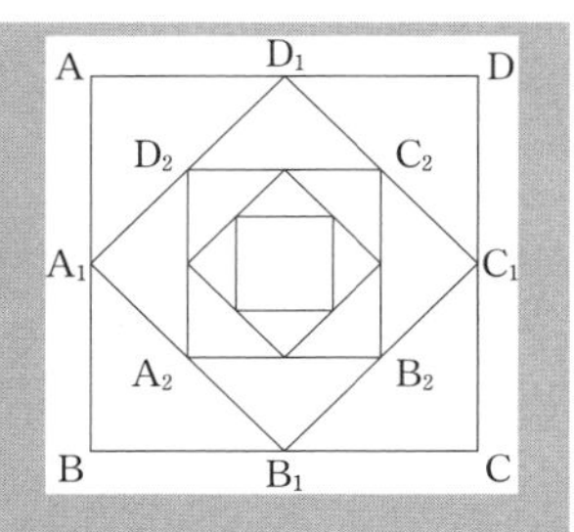

解答 正方形 ABCD の面積を S とすると $S=a^2$

ここで，1つの正方形に対して，各辺の中点を頂点とする正方形は相似であり，

その面積は，もとの正方形の面積の $\frac{1}{2}$ である。

ゆえに 正方形 $A_1B_1C_1D_1=\frac{1}{2}S$，正方形 $A_2B_2C_2D_2=\left(\frac{1}{2}\right)^2S$，…………

よって，求める正方形の面積の総和は，初項 $\frac{1}{2}S$，公比 $\frac{1}{2}$ の無限等比級数である。

$\left|\frac{1}{2}\right|<1$ であるから，この無限等比級数は収束する。

その和は $\dfrac{\frac{1}{2}a^2}{1-\frac{1}{2}}=a^2$

ROUND 2

25 例 24 において，正方形の1辺 A_1B_1，A_2B_2，…… の長さの総和を求めよ。

検印

11 無限級数の性質

▶教 p.36〜37

POINT 24
無限級数の性質

無限級数 $\sum_{n=1}^{\infty} a_n$，$\sum_{n=1}^{\infty} b_n$ がともに収束するとき

[1] $\sum_{n=1}^{\infty} ka_n = k\sum_{n=1}^{\infty} a_n$　　ただし，k は定数

[2] $\sum_{n=1}^{\infty} (a_n+b_n) = \sum_{n=1}^{\infty} a_n+\sum_{n=1}^{\infty} b_n$　　$\sum_{n=1}^{\infty} (a_n-b_n) = \sum_{n=1}^{\infty} a_n-\sum_{n=1}^{\infty} b_n$

例 25
無限級数 $\sum_{n=1}^{\infty}\left(\frac{1}{3^n}-\frac{1}{5^n}\right)$ の和を求めよ。

解答　$\sum_{n=1}^{\infty}\frac{1}{3^n}$ は，初項 $\frac{1}{3}$，公比 $\frac{1}{3}$ の無限等比級数である。

$\left|\frac{1}{3}\right|<1$ より収束し，その和は　$\sum_{n=1}^{\infty}\frac{1}{3^n}=\frac{\frac{1}{3}}{1-\frac{1}{3}}=\frac{1}{2}$

また，$\sum_{n=1}^{\infty}\frac{1}{5^n}$ は，初項 $\frac{1}{5}$，公比 $\frac{1}{5}$ の無限等比級数である。

$\left|\frac{1}{5}\right|<1$ より収束し，その和は　$\sum_{n=1}^{\infty}\frac{1}{5^n}=\frac{\frac{1}{5}}{1-\frac{1}{5}}=\frac{1}{4}$

よって　$\sum_{n=1}^{\infty}\left(\frac{1}{3^n}-\frac{1}{5^n}\right)=\sum_{n=1}^{\infty}\frac{1}{3^n}-\sum_{n=1}^{\infty}\frac{1}{5^n}=\frac{1}{2}-\frac{1}{4}=\frac{1}{4}$

26A 無限級数 $\sum_{n=1}^{\infty}\left(\frac{1}{2^n}+\frac{1}{5^n}\right)$ の和を求めよ。

26B 無限級数 $\sum_{n=1}^{\infty}\left\{\frac{2}{3^n}-\left(-\frac{1}{2}\right)^n\right\}$ の和を求めよ。

POINT 25 無限級数の収束・発散

$\lim_{n\to\infty} a_n \neq 0$ ならば，無限級数 $\sum_{k=1}^{\infty} a_k$ は発散する。

例 26 次の無限級数が発散することを示せ。

$$1+\frac{1}{2}+\frac{3}{7}+\cdots\cdots+\frac{n}{3n-2}+\cdots\cdots$$

証明　$\lim_{n\to\infty}\frac{n}{3n-2}=\lim_{n\to\infty}\frac{1}{3-\frac{2}{n}}=\frac{1}{3}$ より，

数列 $\left\{\frac{n}{3n-2}\right\}$ は 0 に収束しない。

よって，無限級数 $1+\frac{1}{2}+\frac{3}{7}+\cdots\cdots+\frac{n}{3n-2}+\cdots\cdots$

は発散する。 終

27A 次の無限級数が発散することを示せ。

(1)　$3+1+\frac{9}{11}+\cdots\cdots+\frac{3n}{5n-4}+\cdots\cdots$

(2)　$\frac{1}{2}+\frac{3}{4}+\frac{5}{6}+\cdots\cdots+\frac{2n-1}{2n}+\cdots\cdots$

27B 次の無限級数が発散することを示せ。

(1)　$\frac{1}{3}+\frac{3}{5}+\frac{5}{7}+\cdots\cdots+\frac{2n-1}{2n+1}+\cdots\cdots$

(2)　$\frac{1}{3}+\frac{2}{3}+\frac{7}{9}+\cdots\cdots+\frac{3n-2}{3n}+\cdots\cdots$

検印

12 関数の極限

▶数 p.39〜48

POINT 26

関数の極限値の性質

$\lim_{x \to a} f(x) = \alpha$, $\lim_{x \to a} g(x) = \beta$ のとき

[1] $\lim_{x \to a} kf(x) = k\alpha$　　ただし，k は定数

[2] $\lim_{x \to a} \{f(x) + g(x)\} = \alpha + \beta$,　$\lim_{x \to a} \{f(x) - g(x)\} = \alpha - \beta$

[3] $\lim_{x \to a} \{f(x)g(x)\} = \alpha\beta$

[4] $\lim_{x \to a} \dfrac{f(x)}{g(x)} = \dfrac{\alpha}{\beta}$　　ただし，$\beta \neq 0$

例 27 極限値 $\lim_{x \to 2} \sqrt{x+3}$ を求めよ。

解答 $\lim_{x \to 2} \sqrt{x+3} = \sqrt{2+3} = \sqrt{5}$

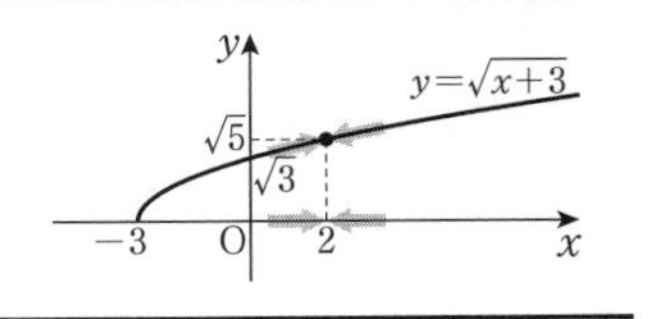

28A 次の関数の極限値を求めよ。

(1) $\lim_{x \to 2} (x^2 - 3x + 1)$

(2) $\lim_{x \to 0} 3^x$

28B 次の関数の極限値を求めよ。

(1) $\lim_{x \to -1} \sqrt{3x+6}$

(2) $\lim_{x \to 9} \log_3 x$

例 28 極限値 $\lim_{x \to 2} \dfrac{x+3}{x^2+x-1}$ を求めよ。

解答 $\lim_{x \to 2} \dfrac{x+3}{x^2+x-1} = \dfrac{2+3}{2^2+2-1} = 1$

29A 次の極限値を求めよ。

(1) $\lim_{x \to -1} \dfrac{x+4}{x^2-2x+3}$

(2) $\lim_{x \to 2} \dfrac{2x-1}{(x+1)(x-3)}$

29B 次の極限値を求めよ。

(1) $\lim_{x \to -3} \dfrac{-x+4}{x^2-x+2}$

(2) $\lim_{x \to 0} \dfrac{-2x+3}{(x-1)(x+2)}$

POINT 27 分数式を含む関数の極限

分母，分子を因数分解して約分する。

例 29 極限値 $\lim_{x \to 3} \dfrac{x^2-x-6}{x-3}$ を求めよ。

解答 $\lim_{x \to 3} \dfrac{x^2-x-6}{x-3} = \lim_{x \to 3} \dfrac{(x-3)(x+2)}{x-3}$

$= \lim_{x \to 3} (x+2) = 5$

30A 次の極限値を求めよ。

(1) $\lim_{x \to 4} \dfrac{x^2-16}{x-4}$

(2) $\lim_{x \to 4} \dfrac{x^2-2x-8}{x^2-x-12}$

30B 次の極限値を求めよ。

(1) $\lim_{x \to -2} \dfrac{x^2-x-6}{x+2}$

(2) $\lim_{x \to -3} \dfrac{x^2+2x-3}{x^2-9}$

POINT 28 無理式を含む関数の極限

乗法公式 $(a+b)(a-b)=a^2-b^2$ を利用して分母または分子を有理化することを考える。

例 30 極限値 $\displaystyle\lim_{x\to 0}\frac{\sqrt{x+9}-3}{x}$ を求めよ。

解答

$$\lim_{x\to 0}\frac{\sqrt{x+9}-3}{x}=\lim_{x\to 0}\frac{(\sqrt{x+9}-3)(\sqrt{x+9}+3)}{x(\sqrt{x+9}+3)}$$
$$=\lim_{x\to 0}\frac{(x+9)-9}{x(\sqrt{x+9}+3)}$$
$$=\lim_{x\to 0}\frac{x}{x(\sqrt{x+9}+3)}$$
$$=\lim_{x\to 0}\frac{1}{\sqrt{x+9}+3}=\frac{1}{6}$$

31A 次の極限値を求めよ。

(1) $\displaystyle\lim_{x\to 9}\frac{\sqrt{x}-3}{x-9}$

(2) $\displaystyle\lim_{x\to 0}\frac{x}{\sqrt{x+25}-5}$

31B 次の極限値を求めよ。

(1) $\displaystyle\lim_{x\to 1}\frac{x-1}{\sqrt{x+3}-2}$

(2) $\displaystyle\lim_{x\to -3}\frac{2-\sqrt{x+7}}{x+3}$

POINT 29
極限値をもつ条件

$\lim_{x\to a}\dfrac{f(x)}{g(x)}$ が極限値をもつとき，$\lim_{x\to a}g(x)=0$ ならば $\lim_{x\to a}f(x)=0$ である。

例 31 次の等式が成り立つように，定数 a，b の値を定めよ。

$$\lim_{x\to 3}\frac{a\sqrt{x+1}+b}{x-3}=1$$

解答 $\lim_{x\to 3}(x-3)=0$ であるから，$\lim_{x\to 3}\dfrac{a\sqrt{x+1}+b}{x-3}=1$ が成り立つとき，

$\lim_{x\to 3}(a\sqrt{x+1}+b)=0$ である。

ゆえに，$\lim_{x\to 3}(a\sqrt{x+1}+b)=2a+b=0$ より　$b=-2a$

このとき

$$\lim_{x\to 3}\frac{a\sqrt{x+1}+b}{x-3}=\lim_{x\to 3}\frac{a(\sqrt{x+1}-2)}{x-3}$$
$$=\lim_{x\to 3}\frac{a(\sqrt{x+1}-2)(\sqrt{x+1}+2)}{(x-3)(\sqrt{x+1}+2)}$$
$$=\lim_{x\to 3}\frac{a(x-3)}{(x-3)(\sqrt{x+1}+2)}$$
$$=\lim_{x\to 3}\frac{a}{\sqrt{x+1}+2}=\frac{a}{4}$$

よって，$\dfrac{a}{4}=1$ より　　$a=4$

このとき　$b=-2\times 4=-8$

したがって　　$a=4$，$b=-8$

ROUND 2

32 次の等式が成り立つように，定数 a，b の値を定めよ。

$$\lim_{x\to 1}\frac{ax+b}{\sqrt{x}-1}=4$$

POINT 30 無限大に発散する関数

x が a と異なる値をとりながら a に限りなく近づくとき

[1] $f(x)$ の値が限りなく大きくなるならば

$$\lim_{x\to a} f(x)=\infty \quad \text{または} \quad x\to a \text{ のとき } f(x)\to\infty$$

と表し，$x\to a$ のとき，$f(x)$ は正の無限大に発散するという。

[2] $f(x)$ の値が負で，その絶対値が限りなく大きくなるならば

$$\lim_{x\to a} f(x)=-\infty \quad \text{または} \quad x\to a \text{ のとき } f(x)\to-\infty$$

と表し，$x\to a$ のとき，$f(x)$ は負の無限大に発散するという。

例 32 $\displaystyle\lim_{x\to -1}\frac{1}{(x+1)^2}$ の極限を求めよ。

解答 $\displaystyle\lim_{x\to -1}\frac{1}{(x+1)^2}=\infty$

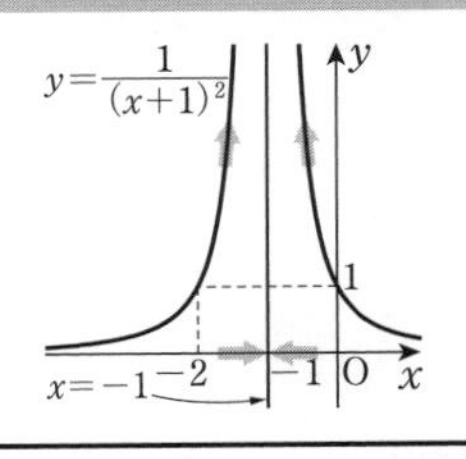

33A $\displaystyle\lim_{x\to 2}\frac{1}{(x-2)^2}$ の極限を求めよ。

33B $\displaystyle\lim_{x\to -3}\left\{-\frac{1}{(x+3)^2}\right\}$ の極限を求めよ。

POINT 31 右側からの極限，左側からの極限

(1) $x>a$ の範囲で x が a に限りなく近づくときの $f(x)$ の極限を右側からの極限といい，$\displaystyle\lim_{x\to a+0} f(x)$ と表す。

(2) $x<a$ の範囲で x が a に限りなく近づくときの $f(x)$ の極限を左側からの極限といい，$\displaystyle\lim_{x\to a-0} f(x)$ と表す。

例 33 次の極限を求めよ。

(1) $\displaystyle\lim_{x\to -2+0}\frac{1}{x+2}$　　(2) $\displaystyle\lim_{x\to -2-0}\frac{1}{x+2}$

解答 (1) $\displaystyle\lim_{x\to -2+0}\frac{1}{x+2}=\infty$

(2) $\displaystyle\lim_{x\to -2-0}\frac{1}{x+2}=-\infty$

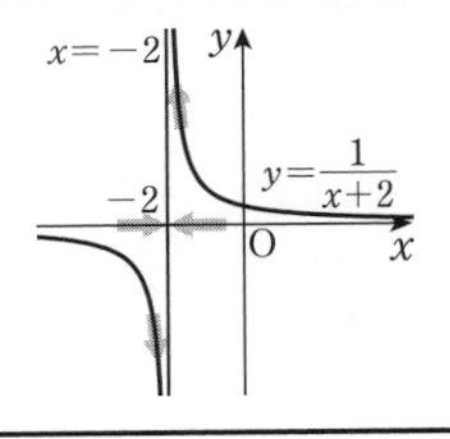

34A 次の極限を求めよ。

(1) $\displaystyle\lim_{x\to 3+0}\frac{1}{x-3}$

(2) $\displaystyle\lim_{x\to 2-0}\left(\frac{3}{x-2}\right)^3$

34B 次の極限を求めよ。

(1) $\displaystyle\lim_{x\to -1-0}\frac{2}{x+1}$

(2) $\displaystyle\lim_{x\to 1-0}\left(-\frac{1}{x-1}\right)$

POINT 32 絶対値の式については，場合分けして絶対値をはずすことを考える。

絶対値の式を含む関数の極限

例 34 関数 $f(x)=\dfrac{x^2+3x}{|x|}$ において，次の極限を調べよ。

(1) $\lim_{x\to+0} f(x)$　　(2) $\lim_{x\to-0} f(x)$

解答 (1) $x>0$ のとき，$|x|=x$ より

$$f(x)=\frac{x^2+3x}{x}=x+3$$

よって $\lim_{x\to+0} f(x)=\lim_{x\to+0}(x+3)=3$

(2) $x<0$ のとき，$|x|=-x$ より

$$f(x)=\frac{x^2+3x}{-x}=-x-3$$

よって $\lim_{x\to-0} f(x)=\lim_{x\to-0}(-x-3)=-3$

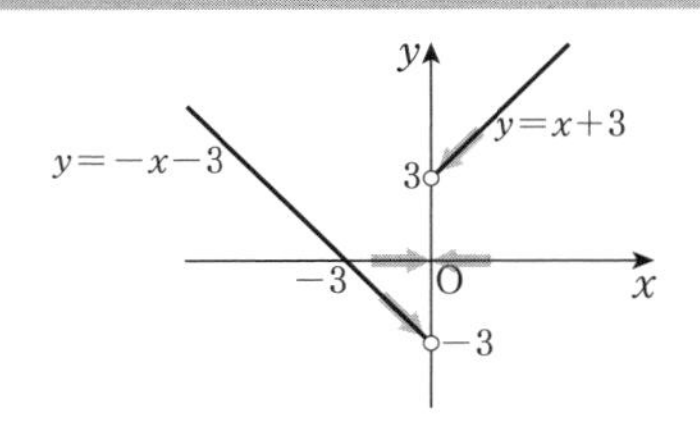

35A 関数 $f(x)=\dfrac{x^2-4}{|x-2|}$ において，次の極限を調べよ。

(1) $\lim_{x\to2+0} f(x)$

(2) $\lim_{x\to2-0} f(x)$

35B 関数 $f(x)=\dfrac{x^2-3x}{|2x|}$ において，次の極限を調べよ。

(1) $\lim_{x\to+0} f(x)$

(2) $\lim_{x\to-0} f(x)$

POINT 33 $x\to\infty$, $x\to-\infty$ のときの極限

$x\to\infty$, $x\to-\infty$ のときの関数の極限は，数列の極限と同様に考える。

例 35 次の極限値を求めよ。

(1) $\displaystyle\lim_{x\to\infty}\frac{3}{x}$ (2) $\displaystyle\lim_{x\to-\infty}\frac{3}{x^2+2}$

解答 (1) $\displaystyle\lim_{x\to\infty}\frac{3}{x}=0$

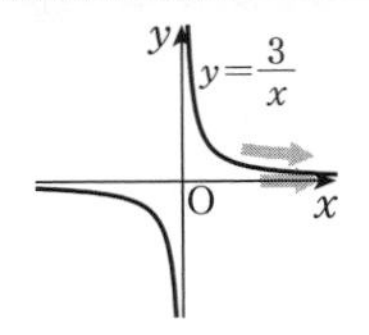

(2) $\displaystyle\lim_{x\to-\infty}\frac{3}{x^2+2}=0$

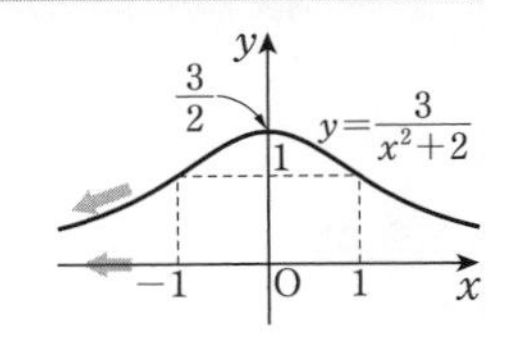

36A 次の極限値を求めよ。

(1) $\displaystyle\lim_{x\to\infty}\frac{1}{x^2}$

(2) $\displaystyle\lim_{x\to\infty}\frac{1}{(x-5)^3}$

36B 次の極限値を求めよ。

(1) $\displaystyle\lim_{x\to-\infty}\frac{2}{x}$

(2) $\displaystyle\lim_{x\to-\infty}\frac{2}{x^2+3}$

POINT 34 $x\to\infty$, $x\to-\infty$ のときの分数関数の極限

$x\to\infty$ のときの関数 $f(x)$ の極限は，$\displaystyle\lim_{x\to\infty}\frac{1}{x}=0$ などを利用する。

例 36 $\displaystyle\lim_{x\to\infty}\frac{3x^2+5x-1}{2x^2-x-4}$ の極限を求めよ。

解答 $$\lim_{x\to\infty}\frac{3x^2+5x-1}{2x^2-x-4}=\lim_{x\to\infty}\frac{3+\frac{5}{x}-\frac{1}{x^2}}{2-\frac{1}{x}-\frac{4}{x^2}}$$
$$=\frac{3}{2}$$

← $\begin{cases}\displaystyle\lim_{x\to\infty}\frac{1}{x}=0\\ \displaystyle\lim_{x\to\infty}\frac{1}{x^2}=0\end{cases}$

37A 次の極限を求めよ。

(1) $\displaystyle\lim_{x\to\infty}\frac{x^2+5x-1}{x^2-2x+1}$

(2) $\displaystyle\lim_{x\to\infty}\frac{2x-3}{3x^2+x-1}$

37B 次の極限を求めよ。

(1) $\displaystyle\lim_{x\to\infty}\frac{-2x^2+x-3}{x^2-x}$

(2) $\displaystyle\lim_{x\to-\infty}\frac{2x^2-5x+1}{x-1}$

POINT 35

積の形の関数 $f(x)g(x)$ の極限

$\lim_{x \to \infty} f(x) = \alpha$, $\lim_{x \to \infty} g(x) = \infty$ のとき

$\alpha > 0$ ならば $\lim_{x \to \infty} f(x)g(x) = \infty$

$\alpha < 0$ ならば $\lim_{x \to \infty} f(x)g(x) = -\infty$

例 37 次の極限を求めよ。

(1) $\lim_{x \to \infty} (x^2 - 4x + 3)$　　(2) $\lim_{x \to -\infty} (x^3 - 5x)$

解答 (1) $\lim_{x \to \infty} (x^2 - 4x + 3) = \lim_{x \to \infty} x^2\left(1 - \frac{4}{x} + \frac{3}{x^2}\right)$

$= \infty$

← $\lim_{x \to \infty} x^2 = \infty$, $\lim_{x \to \infty} \frac{1}{x} = 0$, $\lim_{x \to \infty} \frac{1}{x^2} = 0$

(2) $\lim_{x \to -\infty} (x^3 - 5x) = \lim_{x \to -\infty} x^3\left(1 - \frac{5}{x^2}\right)$

$= -\infty$

← $\lim_{x \to -\infty} x^3 = -\infty$, $\lim_{x \to -\infty} \frac{1}{x^2} = 0$

38A 次の極限を求めよ。

(1) $\lim_{x \to \infty} (x^3 - 2x^2)$

(2) $\lim_{x \to -\infty} (x^2 + 3x)$

38B 次の極限を求めよ。

(1) $\lim_{x \to \infty} (x^3 - 4x^2)$

(2) $\lim_{x \to -\infty} (2x^3 + x)$

POINT 36 根号を含む関数の極限

$x=-t$ とおくと，$x\to-\infty$ のとき $t\to\infty$ である。

例 38 次の極限値を求めよ。

(1) $\displaystyle\lim_{x\to\infty}(\sqrt{x^2+2x}-x)$　　(2) $\displaystyle\lim_{x\to-\infty}(\sqrt{x^2-x}+x)$

解答 (1) $\displaystyle\lim_{x\to\infty}(\sqrt{x^2+2x}-x)=\lim_{x\to\infty}\frac{(\sqrt{x^2+2x}-x)(\sqrt{x^2+2x}+x)}{\sqrt{x^2+2x}+x}$

$$=\lim_{x\to\infty}\frac{x^2+2x-x^2}{\sqrt{x^2+2x}+x}=\lim_{x\to\infty}\frac{2x}{\sqrt{x^2+2x}+x}=\lim_{x\to\infty}\frac{2x}{\sqrt{x^2\left(1+\frac{2}{x}\right)}+x}$$

$$=\lim_{x\to\infty}\frac{2x}{x\sqrt{1+\frac{2}{x}}+x}=\lim_{x\to\infty}\frac{2}{\sqrt{1+\frac{2}{x}}+1}=1$$

(2) $x=-t$ とおくと，$x\to-\infty$ のとき $t\to\infty$ であるから

$$\lim_{x\to-\infty}(\sqrt{x^2-x}+x)=\lim_{t\to\infty}\{\sqrt{(-t)^2-(-t)}+(-t)\}$$

$$=\lim_{t\to\infty}(\sqrt{t^2+t}-t)=\lim_{t\to\infty}\frac{(\sqrt{t^2+t}-t)(\sqrt{t^2+t}+t)}{\sqrt{t^2+t}+t}$$

$$=\lim_{t\to\infty}\frac{t^2+t-t^2}{\sqrt{t^2+t}+t}=\lim_{t\to\infty}\frac{t}{\sqrt{t^2+t}+t}=\lim_{t\to\infty}\frac{t}{\sqrt{t^2\left(1+\frac{1}{t}\right)}+t}$$

$$=\lim_{t\to\infty}\frac{t}{t\sqrt{1+\frac{1}{t}}+t}=\lim_{t\to\infty}\frac{1}{\sqrt{1+\frac{1}{t}}+1}=\frac{1}{2}$$

ROUND 2

39A 極限値 $\displaystyle\lim_{x\to\infty}(\sqrt{x^2+x+1}-x)$ を求めよ。

39B 極限値 $\displaystyle\lim_{x\to-\infty}(\sqrt{x^2-4x}+x)$ を求めよ。

検印

13 指数関数，対数関数の極限

▶教 p.49

POINT 37

指数関数，対数関数の極限

指数関数の極限

(i) $a>1$ のとき

$\lim_{x\to\infty} a^x=\infty$,　$\lim_{x\to-\infty} a^x=0$

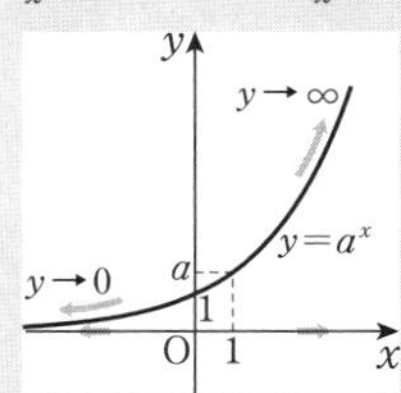

(ii) $0<a<1$ のとき

$\lim_{x\to\infty} a^x=0$,　$\lim_{x\to-\infty} a^x=\infty$

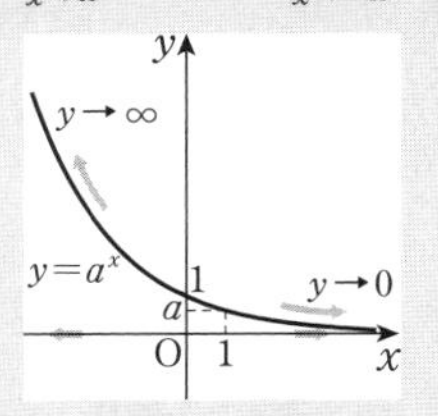

対数関数の極限

(i) $a>1$ のとき

$\lim_{x\to\infty}\log_a x=\infty$,　$\lim_{x\to+0}\log_a x=-\infty$

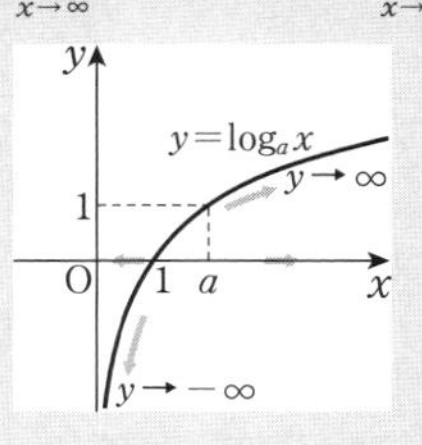

(ii) $0<a<1$ のとき

$\lim_{x\to\infty}\log_a x=-\infty$,　$\lim_{x\to+0}\log_a x=\infty$

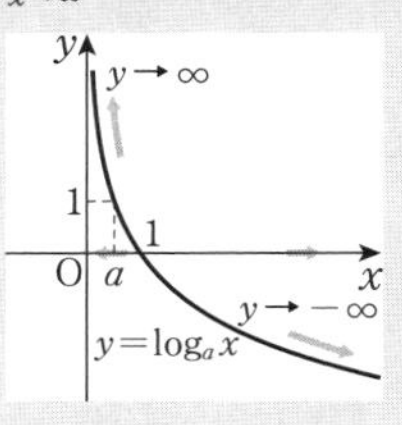

例 39　次の極限を調べよ。

(1) $\lim_{x\to\infty} 2^{-x}$　　(2) $\lim_{x\to\infty}\log_5 x$

解答　(1) $\lim_{x\to\infty} 2^{-x}=\lim_{x\to\infty}(2^{-1})^x=\lim_{x\to\infty}\left(\frac{1}{2}\right)^x=0$

(2) $\lim_{x\to\infty}\log_5 x=\infty$

40A　次の極限を調べよ。

(1) $\lim_{x\to\infty} 3^x$

(2) $\lim_{x\to-\infty}\left(\frac{1}{5}\right)^x$

(3) $\lim_{x\to\infty}\log_{\frac{1}{2}} x$

40B　次の極限を調べよ。

(1) $\lim_{x\to\infty} 3^{-x}$

(2) $\lim_{x\to\infty}\log_2 x$

(3) $\lim_{x\to+0}\log_{\frac{1}{2}} x$

検印

14 三角関数の極限

▶教 p.50〜53

POINT 38
三角関数の極限

三角関数のグラフを利用して求める。
とくに
$$\lim_{x\to a}\sin x=\sin a,\quad \lim_{x\to a}\cos x=\cos a$$
なお，$x\to\infty$ のときの $\sin x$，$\cos x$ の極限はない。

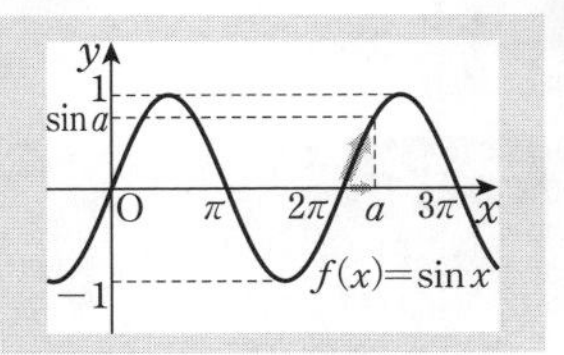

例 40 次の極限を調べよ。

(1) $\displaystyle\lim_{x\to\pi}\sin x$　　(2) $\displaystyle\lim_{x\to-\infty}\cos\frac{1}{2x}$

解答 (1) $\displaystyle\lim_{x\to\pi}\sin x=\sin\pi=0$　　(2) $\displaystyle\lim_{x\to-\infty}\cos\frac{1}{2x}=\cos 0=1$

41A 次の極限を調べよ。

(1) $\displaystyle\lim_{x\to 2\pi}\sin x$

(2) $\displaystyle\lim_{x\to 2\pi}\tan x$

41B 次の極限を調べよ。

(1) $\displaystyle\lim_{x\to -\pi}\cos x$

(2) $\displaystyle\lim_{x\to \infty}\sin\frac{1}{x^2}$

POINT 39
関数の極限の大小関係

$\displaystyle\lim_{x\to a}f(x)=\alpha$，$\displaystyle\lim_{x\to a}g(x)=\beta$ のとき
x が a に近いとき，つねに $f(x)\leqq h(x)\leqq g(x)$ で，かつ $\alpha=\beta$ ならば
$\displaystyle\lim_{x\to a}h(x)=\alpha$　（はさみうちの原理）

例 41 極限値 $\displaystyle\lim_{x\to 0}x\sin\frac{1}{x}$ を求めよ。

解答 $0\leqq\left|\sin\frac{1}{x}\right|\leqq 1$ より　$0\leqq|x|\left|\sin\frac{1}{x}\right|\leqq|x|$

よって　$0\leqq\left|x\sin\frac{1}{x}\right|\leqq|x|$

ここで，$\displaystyle\lim_{x\to 0}|x|=0$ であるから　$\displaystyle\lim_{x\to 0}\left|x\sin\frac{1}{x}\right|=0$

したがって　$\displaystyle\lim_{x\to 0}x\sin\frac{1}{x}=\mathbf{0}$

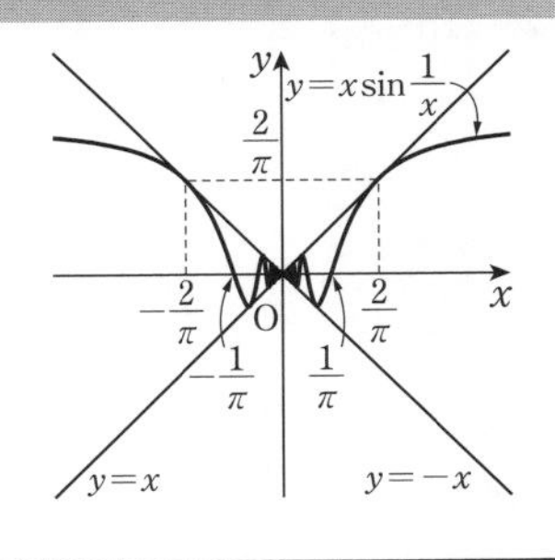

ROUND 2

42A 極限値 $\displaystyle\lim_{x\to 0}x\sin\frac{1}{x^2}$ を求めよ。

42B 極限値 $\displaystyle\lim_{x\to \infty}\frac{\cos x}{x}$ を求めよ。

POINT 40 $\dfrac{\sin\theta}{\theta}$ の極限

三角関数の極限では $\displaystyle\lim_{\theta\to 0}\frac{\sin\theta}{\theta}=1$ を利用できるように変形する。

例 42 次の極限値を求めよ。

(1) $\displaystyle\lim_{x\to 0}\frac{\sin 2x}{3x}$　　(2) $\displaystyle\lim_{x\to 0}\frac{\sin 2x}{\sin 3x}$

解答 (1) $\displaystyle\lim_{x\to 0}\frac{\sin 2x}{3x}=\lim_{x\to 0}\left(\frac{2}{3}\times\frac{\sin 2x}{2x}\right)=\frac{2}{3}\times 1=\frac{2}{3}$

← $2x=\theta$ とおくと $\displaystyle\lim_{\theta\to 0}\left(\frac{2}{3}\times\frac{\sin\theta}{\theta}\right)$

(2) $\displaystyle\lim_{x\to 0}\frac{\sin 2x}{\sin 3x}=\lim_{x\to 0}\frac{\frac{\sin 2x}{x}}{\frac{\sin 3x}{x}}=\lim_{x\to 0}\frac{2\times\frac{\sin 2x}{2x}}{3\times\frac{\sin 3x}{3x}}$

$\displaystyle=\frac{2\times 1}{3\times 1}=\frac{2}{3}$

43A 次の極限値を求めよ。

(1) $\displaystyle\lim_{x\to 0}\frac{\sin 3x}{x}$

(2) $\displaystyle\lim_{x\to 0}\frac{\sin 4x}{\sin 3x}$

(3) $\displaystyle\lim_{x\to 0}\frac{\tan x}{\sin 2x}$

43B 次の極限値を求めよ。

(1) $\displaystyle\lim_{x\to 0}\frac{x}{\sin x}$

(2) $\displaystyle\lim_{x\to 0}\frac{x}{\tan x}$

(3) $\displaystyle\lim_{x\to 0}\frac{\tan x+\sin 3x}{2x}$

例 43 極限値 $\lim_{x\to 0}\frac{x\sin 3x}{1-\cos 3x}$ を求めよ。

解答 $\frac{x\sin 3x}{1-\cos 3x}=\frac{x\sin 3x(1+\cos 3x)}{(1-\cos 3x)(1+\cos 3x)}=\frac{x\sin 3x(1+\cos 3x)}{1-\cos^2 3x}$

$=\frac{x\sin 3x(1+\cos 3x)}{\sin^2 3x}=\frac{1}{3}\times\frac{3x}{\sin 3x}\times(1+\cos 3x)$

よって $\lim_{x\to 0}\frac{x\sin 3x}{1-\cos 3x}=\lim_{x\to 0}\left\{\frac{1}{3}\times\frac{3x}{\sin 3x}\times(1+\cos 3x)\right\}$

$=\frac{1}{3}\times 1\times(1+1)=\frac{2}{3}$

ROUND 2

44A 次の極限値を求めよ。

(1) $\lim_{x\to 0}\frac{2x^2}{1-\cos 4x}$

(2) $\lim_{x\to 0}\frac{1-\cos 2x}{x\sin 2x}$

44B 次の極限値を求めよ。

(1) $\lim_{x\to 0}\frac{1-\cos 3x}{x^2}$

(2) $\lim_{x\to 0}\frac{x\sin 2x}{1-\cos x}$

検印

15 関数の連続性

▶教 p.54〜58

POINT 41
関数の連続性

関数 $f(x)$ において，その定義域内の x の値 a に対して $\lim_{x \to a} f(x) = f(a)$ が成り立つとき，$f(x)$ は $x = a$ で連続であるという。

例 44 関数 $f(x) = 3^x$ は $x = 1$ で連続であるかどうか調べよ。

解答 関数 $f(x) = 3^x$ において

$\lim_{x \to 1} f(x) = 3^1 = 3$

また，$f(1) = 3^1 = 3$

ゆえに　$\lim_{x \to 1} f(x) = f(1)$

よって，関数 $f(x) = 3^x$ は $x = 1$ で連続である。

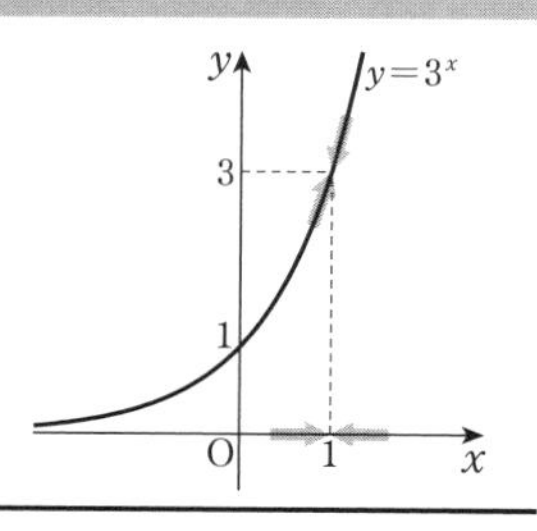

45A 関数 $f(x) = \dfrac{x}{x-1}$ は $x = 9$ で連続であるかどうか調べよ。

45B 関数 $f(x) = \log_3 x$ は $x = 9$ で連続であるかどうか調べよ。

POINT 42
ガウス記号 [ ]

実数 x に対して，x を超えない最大の整数を $[x]$ で表す。
記号 [ ] を **ガウス記号** という。

例 45 関数 $f(x) = [x]$ について，$x = 3$ における連続性を調べよ。

解答 $2 \leqq x < 3$ のとき　$[x] = 2$

$3 \leqq x < 4$ のとき　$[x] = 3$ であるから

$\lim_{x \to 3-0} [x] = 2$,　$\lim_{x \to 3+0} [x] = 3$

より，$\lim_{x \to 3} [x]$ は存在しない。

すなわち，関数 $f(x) = [x]$ は，$x = 3$ で連続でない。

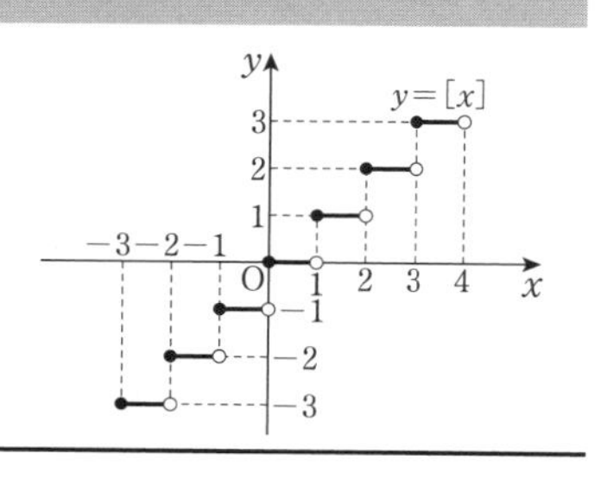

46A 関数 $f(x) = [x]$ について，$x = -2$ における連続性を調べよ。

46B 関数 $f(x) = [\sqrt{x}]$ について，$x = 4$ における連続性を調べよ。

POINT 43 中間値の定理

関数 $f(x)$ が区間 $[a,\ b]$ で連続で，$f(a) \neq f(b)$ のとき

[1] $f(a)$ と $f(b)$ の間の任意の値 k に対して，

$$f(c)=k,\ a<c<b$$

を満たす実数 c が，a と b の間に少なくとも1つ存在する。

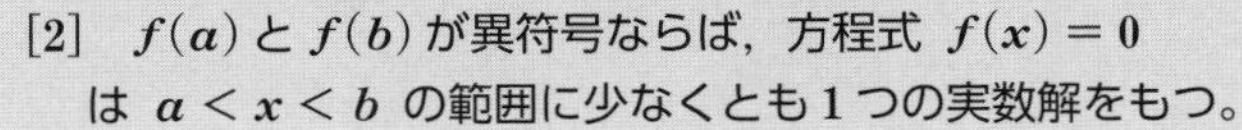

[2] $f(a)$ と $f(b)$ が異符号ならば，方程式 $f(x)=0$ は $a<x<b$ の範囲に少なくとも1つの実数解をもつ。

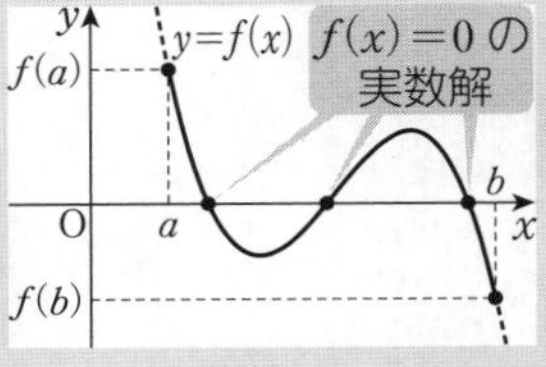

例 46 方程式 $2^x-5x+4=0$ は，$1<x<2$ の範囲に少なくとも1つの実数解をもつことを証明せよ。

証明 $f(x)=2^x-5x+4$ とおくと，関数 $f(x)$ は区間 $[1,\ 2]$ で連続で

$$f(1)=2^1-5\cdot1+4=1>0$$

$$f(2)=2^2-5\cdot2+4=-2<0$$

であるから，$f(1)$ と $f(2)$ は異符号である。

よって，方程式 $f(x)=0$ すなわち，$2^x-5x+4=0$ は

$1<x<2$ の範囲に少なくとも1つの実数解をもつ。 終

47A 方程式 $3^x-4x=0$ は，$0<x<1$ の範囲に少なくとも1つの実数解をもつことを証明せよ。

47B 方程式 $\sin x-x+1=0$ は，$0<x<\pi$ の範囲に少なくとも1つの実数解をもつことを証明せよ。

検印

例題 1　いろいろな数列の極限

極限値 $\displaystyle\lim_{n\to\infty}\frac{1^2+2^2+3^2+\cdots\cdots+n^2}{1\cdot2+2\cdot3+3\cdot4+\cdots\cdots+n(n+1)}$ を求めよ。

考え方　$\displaystyle\sum_{k=1}^{n}k=\frac{1}{2}n(n+1)$, $\displaystyle\sum_{k=1}^{n}k^2=\frac{1}{6}n(n+1)(2n+1)$ を用いて，式を変形して極限値を求める。

解答

$$1^2+2^2+3^2+\cdots\cdots+n^2=\sum_{k=1}^{n}k^2=\frac{1}{6}n(n+1)(2n+1)$$

また

$$\begin{aligned}1\cdot2+2\cdot3+3\cdot4+\cdots\cdots+n(n+1)&=\sum_{k=1}^{n}k(k+1)=\sum_{k=1}^{n}k^2+\sum_{k=1}^{n}k\\&=\frac{1}{6}n(n+1)(2n+1)+\frac{1}{2}n(n+1)\\&=\frac{1}{6}n(n+1)\{(2n+1)+3\}=\frac{1}{3}n(n+1)(n+2)\end{aligned}$$

よって

$$\begin{aligned}\lim_{n\to\infty}\frac{1^2+2^2+3^2+\cdots\cdots+n^2}{1\cdot2+2\cdot3+3\cdot4+\cdots\cdots+n(n+1)}&=\lim_{n\to\infty}\frac{\frac{1}{6}n(n+1)(2n+1)}{\frac{1}{3}n(n+1)(n+2)}\\&=\lim_{n\to\infty}\frac{2n+1}{2(n+2)}=\lim_{n\to\infty}\frac{2+\frac{1}{n}}{2+\frac{4}{n}}=1\end{aligned}$$

答

48　次の極限値を求めよ。

(1) $\displaystyle\lim_{n\to\infty}\frac{2+4+6+\cdots\cdots+2n}{1+3+5+\cdots\cdots+(2n-1)}$

(2) $\displaystyle\lim_{n\to\infty}\frac{1^2+2^2+3^2+\cdots\cdots+n^2}{(1+2+3+\cdots\cdots+n)^2}$

例題 2 関数の決定

▶教 p.60 章末 7

関数 $f(x)=\begin{cases}\dfrac{x+3}{x-1} & (x<-1,\ 2<x)\\ ax+b & (-1\leqq x\leqq 2)\end{cases}$ が，すべての x の値において連続となるように，定数 a，b の値を定めよ。

考え方 $x\to-1-0$，$x\to2+0$ のときの $f(x)$ がそれぞれ $f(-1)$，$f(2)$ に一致すればよい。

解答 $\dfrac{x+3}{x-1}=\dfrac{4}{x-1}+1$ であるから $x<-1,\ 2<x$ において，$f(x)=\dfrac{x+3}{x-1}$ は連続である。

また，$-1\leqq x\leqq 2$ において，$f(x)=ax+b$ は連続である。

ここで $\displaystyle\lim_{x\to-1-0}\frac{x+3}{x-1}=\frac{2}{-2}=-1$

$\displaystyle\lim_{x\to2+0}\frac{x+3}{x-1}=\frac{5}{1}=5$

であるから

$f(-1)=-a+b=-1$ ……①

$f(2)=2a+b=5$ ……②

であれば，関数 $f(x)$ はすべて x の値で連続となる。

よって，①，②より $a=2$，$b=1$ **答**

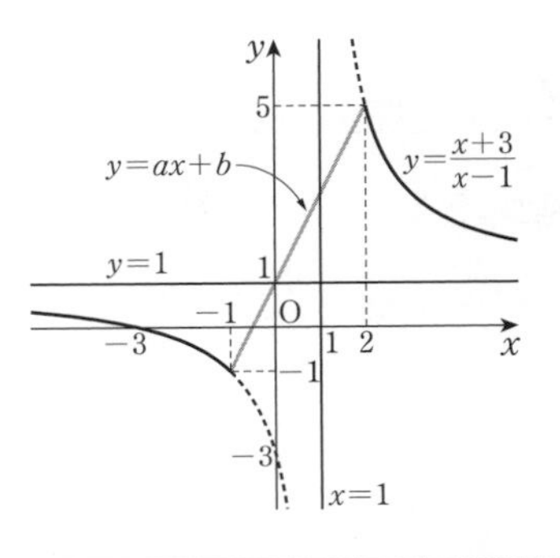

49 関数 $f(x)=\begin{cases}\dfrac{2x-3}{x-1} & (x<0,\ 2<x)\\ ax+b & (0\leqq x\leqq 2)\end{cases}$ が，すべての x の値において連続となるように，定数 a，b の値を定めよ。

検印

16 微分係数

▶教 p.64〜65

POINT 44
微分係数

関数 $f(x)$ の $x=a$ における微分係数 $f'(a)$ は　$f'(a)=\lim_{h\to 0}\dfrac{f(a+h)-f(a)}{h}$

例 47　関数 $f(x)=\dfrac{1}{x-1}$ について，微分係数 $f'(2)$ を求めよ。

解答

$$f'(2)=\lim_{h\to 0}\frac{f(2+h)-f(2)}{h}=\lim_{h\to 0}\frac{\dfrac{1}{(2+h)-1}-\dfrac{1}{2-1}}{h}$$

$$=\lim_{h\to 0}\frac{\dfrac{1}{1+h}-1}{h}=\lim_{h\to 0}\frac{\dfrac{-h}{1+h}}{h}=\lim_{h\to 0}\frac{-1}{1+h}=-1$$

50A　関数 $f(x)=\dfrac{1}{x+1}$ について，微分係数 $f'(1)$ を求めよ。

50B　関数 $f(x)=\dfrac{2}{x-3}$ について，微分係数 $f'(2)$ を求めよ。

POINT 45 微分可能

関数 $f(x)$ について，$x=a$ における微分係数 $f'(a)$ が存在するとき，$f(x)$ は $x=a$ で微分可能である。
すなわち，

$$\lim_{h\to+0}\frac{f(a+h)-f(a)}{h}=\lim_{h\to-0}\frac{f(a+h)-f(a)}{h}$$

であれば，$f(x)$ は $x=a$ で微分可能である。

例 48 関数 $f(x)=|x-2|$ が $x=2$ において微分可能でないことを示せ。

証明

$$\lim_{h\to+0}\frac{f(2+h)-f(2)}{h}=\lim_{h\to+0}\frac{|h|}{h}=\lim_{h\to+0}\frac{h}{h}=1$$

$$\lim_{h\to-0}\frac{f(2+h)-f(2)}{h}=\lim_{h\to-0}\frac{|h|}{h}=\lim_{h\to-0}\frac{-h}{h}=-1$$

ゆえに，$f'(2)$ は存在しない。
よって，関数 $f(x)=|x-2|$ は $x=2$ で微分可能でない。 終

51A 関数 $f(x)=|x+1|$ が $x=-1$ において微分可能でないことを示せ。

51B 関数 $f(x)=|x^2-1|$ が $x=1$ において微分可能でないことを示せ。

検印

17 導関数

▶教 p.66〜71

POINT 46
導関数

関数 $f(x)$ の導関数は　$f'(x)=\lim_{h\to 0}\frac{f(x+h)-f(x)}{h}$

関数 $y=f(x)$ の導関数 $f'(x)$ を，y'，$\frac{dy}{dx}$，$\frac{d}{dx}f(x)$ などの記号で表すこともある。

例 49　関数 $f(x)=\sqrt{x+3}$ の導関数を，定義にしたがって求めよ。

解答

$$f'(x)=\lim_{h\to 0}\frac{f(x+h)-f(x)}{h}=\lim_{h\to 0}\frac{\sqrt{(x+h)+3}-\sqrt{x+3}}{h}$$

$$=\lim_{h\to 0}\frac{(\sqrt{x+h+3}-\sqrt{x+3})(\sqrt{x+h+3}+\sqrt{x+3})}{h(\sqrt{x+h+3}+\sqrt{x+3})}$$ ⬅ $(\sqrt{a}-\sqrt{b})(\sqrt{a}+\sqrt{b})=a-b$

$$=\lim_{h\to 0}\frac{(x+h+3)-(x+3)}{h(\sqrt{x+h+3}+\sqrt{x+3})}=\lim_{h\to 0}\frac{1}{\sqrt{x+h+3}+\sqrt{x+3}}=\frac{1}{2\sqrt{x+3}}$$

52A　関数 $f(x)=\sqrt{x-1}$ の導関数を，定義にしたがって求めよ。

52B　関数 $f(x)=\frac{1}{2x+1}$ の導関数を，定義にしたがって求めよ。

POINT 47
微分法の公式と積の微分法

$n=1,\ 2,\ 3,\ \cdots\cdots$ のとき　$(x^n)'=nx^{n-1}$

関数 $f(x)$，$g(x)$ が微分可能であるとき，次の公式が成り立つ。

[1]　$\{kf(x)\}'=kf'(x)$　ただし，k は定数

[2]　$\{f(x)+g(x)\}'=f'(x)+g'(x)$

[3]　$\{f(x)-g(x)\}'=f'(x)-g'(x)$

[4]　$\{f(x)g(x)\}'=f'(x)g(x)+f(x)g'(x)$

例 50　次の関数を微分せよ。

(1)　$y=3x^5-2x^3+5x$　　(2)　$y=(x^2+2)(3x-4)$

解答　(1)　$y'=(3x^5-2x^3+5x)'=(3x^5)'-(2x^3)'+(5x)'=3(x^5)'-2(x^3)'+5(x)'$

$=3\cdot 5x^4-2\cdot 3x^2+5\cdot 1=15x^4-6x^2+5$

(2)　$y'=(x^2+2)'(3x-4)+(x^2+2)(3x-4)'$

$=2x(3x-4)+(x^2+2)\cdot 3=9x^2-8x+6$

53A　次の関数を微分せよ

(1)　$y=2x^4-3x^3+5x-4$

(2)　$y=(x+5)(2x+3)$

(3)　$y=(3x+1)(2x^2-x+4)$

53B　次の関数を微分せよ

(1)　$y=-2x^3+7x^2-1$

(2)　$y=(x^2-1)(4x+3)$

(3)　$y=(3x^2-2)(x^2+x+1)$

POINT 48 商の微分法

$$\left\{\frac{1}{g(x)}\right\}' = -\frac{g'(x)}{\{g(x)\}^2} \qquad \left\{\frac{f(x)}{g(x)}\right\}' = \frac{f'(x)g(x)-f(x)g'(x)}{\{g(x)\}^2}$$

例 51 次の関数を微分せよ。

(1) $y=\dfrac{1}{2x-3}$　　(2) $y=\dfrac{3x-4}{x^2+2}$

解答 (1) $y'=\left(\dfrac{1}{2x-3}\right)'=-\dfrac{(2x-3)'}{(2x-3)^2}=-\dfrac{2}{(2x-3)^2}$

(2) $y'=\left(\dfrac{3x-4}{x^2+2}\right)'=\dfrac{(3x-4)'(x^2+2)-(3x-4)(x^2+2)'}{(x^2+2)^2}$

$=\dfrac{3(x^2+2)-(3x-4)\cdot 2x}{(x^2+2)^2}=\dfrac{-3x^2+8x+6}{(x^2+2)^2}$

54A 次の関数を微分せよ。

(1) $y=\dfrac{1}{3x+2}$

(2) $y=\dfrac{x}{x^2-2}$

54B 次の関数を微分せよ。

(1) $y=\dfrac{2}{x^2+3}$

(2) $y=\dfrac{2x-5}{3x^2+1}$

POINT 49

x^n の導関数

n が整数のとき　$(x^n)'=nx^{n-1}$

例 52 次の関数を微分せよ。

(1) $y=\dfrac{1}{2x^4}$　　(2) $y=\dfrac{x^3+2x^2-1}{x^2}$

解答 (1) $y'=\left(\dfrac{1}{2x^4}\right)'=\left(\dfrac{1}{2}x^{-4}\right)'=\dfrac{1}{2}\cdot(-4)x^{-4-1}=-2x^{-5}=-\dfrac{2}{x^5}$

(2) $y=x+2-x^{-2}$ であるから

$y'=(x+2-x^{-2})'=1+0-(-2)x^{-2-1}=1+2x^{-3}=1+\dfrac{2}{x^3}$

55A 次の関数を微分せよ。

(1) $y=\dfrac{3}{x^2}$

(2) $y=3x^2+\dfrac{2}{x^3}$

(3) $y=\dfrac{3x^3-2x^2+x}{x^2}$

55B 次の関数を微分せよ。

(1) $y=-\dfrac{5}{3x^4}$

(2) $y=-x^3+\dfrac{5}{x^4}-6$

(3) $y=\dfrac{5x^4+3x^2-2}{x^2}$

検印

18 合成関数の微分法

▶教 p.72〜75

POINT 50
合成関数の微分法 [1]

関数 $\boldsymbol{y=f(u)}$, $\boldsymbol{u=g(x)}$ が，ともに微分可能であるとき，合成関数 $\boldsymbol{y=f(g(x))}$ も微分可能であり $\boldsymbol{\dfrac{dy}{dx}=\dfrac{dy}{du}\cdot\dfrac{du}{dx}}$

例 53 関数 $y=(3x^2-1)^3$ を微分せよ。

解答　$u=3x^2-1$ とおくと，$y=u^3$ であるから

$$\frac{dy}{du}=3u^2,\quad \frac{du}{dx}=6x$$

よって $\dfrac{dy}{dx}=\dfrac{dy}{du}\cdot\dfrac{du}{dx}=3u^2\cdot6x=3(3x^2-1)^2\cdot6x=18x(3x^2-1)^2$

56A 関数 $y=(2x+3)^3$ を微分せよ。

56B 関数 $y=(x^3-2)^4$ を微分せよ。

POINT 51
合成関数の微分法 [2]

関数 $\boldsymbol{y=f(u)}$, $\boldsymbol{u=g(x)}$ のとき，$\boldsymbol{\dfrac{dy}{dx}=\dfrac{dy}{du}\cdot\dfrac{du}{dx}}$ は次のように表すこともできる。

$\boldsymbol{\{f(g(x))\}'=f'(g(x))g'(x)}$

例 54 関数 $y=(3x^2-1)^3$ を微分せよ。

解答　$y'=\{(3x^2-1)^3\}'=3(3x^2-1)^2\cdot(3x^2-1)'$
$=3(3x^2-1)^2\cdot6x=18x(3x^2-1)^2$

57A 次の関数を微分せよ。

(1) $y=(x^3+3)^2$

(2) $y=\dfrac{1}{(x-3)^4}$

57B 次の関数を微分せよ。

(1) $y=(2-3x-2x^2)^4$

(2) $y=\dfrac{1}{(2x+5)^3}$

POINT 52 x^r の導関数

r が有理数のとき　$(x^r)' = rx^{r-1}$

例 55 次の関数を微分せよ。

(1) $y = \sqrt[6]{x^5}$　　(2) $y = \dfrac{1}{\sqrt{x^2-4}}$

解答 (1) $y' = (\sqrt[6]{x^5})' = (x^{\frac{5}{6}})' = \dfrac{5}{6}x^{\frac{5}{6}-1} = \dfrac{5}{6}x^{-\frac{1}{6}} = \dfrac{5}{6x^{\frac{1}{6}}} = \dfrac{5}{6\sqrt[6]{x}}$

(2) $y' = \left(\dfrac{1}{\sqrt{x^2-4}}\right)' = \{(x^2-4)^{-\frac{1}{2}}\}'$

$= -\dfrac{1}{2}(x^2-4)^{-\frac{1}{2}-1}\cdot(x^2-4)'$

$= -\dfrac{1}{2}(x^2-4)^{-\frac{3}{2}}\cdot 2x = -\dfrac{x}{(x^2-4)\sqrt{x^2-4}}$

58A 次の関数を微分せよ。

(1) $y = \sqrt[5]{x^3}$

(2) $y = \sqrt[4]{(2x+3)^3}$

(3) $y = \dfrac{1}{\sqrt[3]{3x-2}}$

58B 次の関数を微分せよ。

(1) $y = \dfrac{1}{\sqrt[3]{x}}$

(2) $y = \sqrt[3]{5-x}$

(3) $y = \dfrac{1}{\sqrt[4]{(2x+5)^3}}$

検印

19 いろいろな関数の導関数

▶数 p.77〜83

POINT 53
三角関数の導関数

$$(\sin x)' = \cos x \qquad (\cos x)' = -\sin x \qquad (\tan x)' = \frac{1}{\cos^2 x}$$

例 56 次の関数を微分せよ。

(1) $y = \sin 5x$　　(2) $y = x\cos x$　　(3) $y = \dfrac{1}{\tan(2x-1)}$

解答

(1) $y' = (\sin 5x)' = \cos 5x \cdot (5x)' = \cos 5x \cdot 5 = 5\cos 5x$

(2) $y' = (x\cos x)' = (x)'\cos x + x(\cos x)'$
$= 1 \cdot \cos x + x \cdot (-\sin x) = \cos x - x\sin x$

(3) $y' = \left\{\dfrac{1}{\tan(2x-1)}\right\}' = -\dfrac{\{\tan(2x-1)\}'}{\tan^2(2x-1)} = -\dfrac{1}{\tan^2(2x-1)} \cdot \dfrac{(2x-1)'}{\cos^2(2x-1)}$
$= -\dfrac{2}{\sin^2(2x-1)}$　　⬅ $\dfrac{1}{\tan^2(2x-1)} = \dfrac{\cos^2(2x-1)}{\sin^2(2x-1)}$

59A 次の関数を微分せよ。

(1) $y = \cos 3x$

(2) $y = \tan 4x$

(3) $y = x\sin x$

(4) $y = \dfrac{1}{\cos x}$

59B 次の関数を微分せよ。

(1) $y = \sin^4 x$

(2) $y = \tan(3x^2 - 1)$

(3) $y = -x^2\cos x$

(4) $y = \dfrac{1}{1+\tan x}$

POINT 54
対数関数の導関数

[1] $(\log x)' = \dfrac{1}{x}$　　$(\log_a x)' = \dfrac{1}{x\log a}$

[2] $(\log|x|)' = \dfrac{1}{x}$　　$(\log_a|x|)' = \dfrac{1}{x\log a}$

[3] $\{\log|f(x)|\}' = \dfrac{f'(x)}{f(x)}$

例 57 次の関数を微分せよ。

(1) $y = \log(4x-1)$　　(2) $y = \log_3|\sin x|$

解答 (1) $y' = \{\log(4x-1)\}' = \dfrac{1}{4x-1}\cdot(4x-1)' = \dfrac{4}{4x-1}$

(2) $y' = (\log_3|\sin x|)' = \dfrac{1}{\sin x\cdot\log 3}\cdot(\sin x)' = \dfrac{\cos x}{\sin x\cdot\log 3}$

60A 次の関数を微分せよ。

(1) $y = \log 5x$

(2) $y = \log_5 4x$

(3) $y = \log|3x-2|$

(4) $y = \log|\sin 2x|$

60B 次の関数を微分せよ。

(1) $y = \log(3x+5)$

(2) $y = \log_3(2x-3)$

(3) $y = \log_4|x^2-x|$

(4) $y = \log_5|\cos x|$

POINT 55 指数関数の導関数

$(e^x)' = e^x \qquad (a^x)' = a^x \log a$

例 58 次の関数を微分せよ。

(1) $y = e^{-2x}$　　(2) $y = x \cdot 5^x$

解答 (1) $y' = (e^{-2x})' = e^{-2x}(-2x)' = -2e^{-2x}$

(2) $y' = (x \cdot 5^x)' = (x)'5^x + x(5^x)' = 1 \cdot 5^x + x \cdot 5^x \log 5 = 5^x(1 + x\log 5)$

61A 次の関数を微分せよ。

(1) $y = e^{4x}$

(2) $y = 7^x$

(3) $y = xe^{3x}$

(4) $y = e^x \sin x$

61B 次の関数を微分せよ。

(1) $y = e^{x^2}$

(2) $y = 3^{-2x}$

(3) $y = \dfrac{e^x}{x}$

(4) $y = e^{-x}\cos x$

検印

20 曲線の方程式と導関数

▶教 p.85〜86

POINT 56

x，y の方程式で表された関数の導関数

x，y の方程式の両辺を

$$\frac{df(y)}{dx}=\frac{df(y)}{dy}\cdot\frac{dy}{dx}$$

を用いて，x で微分する。

例 59 方程式 $9x^2+4y^2=36$ で定められる x の関数 y について，$\dfrac{dy}{dx}$ を求めよ。

解答　$9x^2+4y^2=36$ の両辺を x で微分すると　$9\cdot 2x+4\cdot 2y\dfrac{dy}{dx}=0$

よって，$y \neq 0$ のとき　$\dfrac{dy}{dx}=-\dfrac{9x}{4y}$

← $\dfrac{d}{dx}y^2=\dfrac{d}{dy}y^2\cdot\dfrac{dy}{dx}=2y\dfrac{dy}{dx}$

62A 次の方程式で定められる x の関数 y について，$\dfrac{dy}{dx}$ を求めよ。

(1)　$x^2+4y^2=4$

(2)　$xy=5$

62B 次の方程式で定められる x の関数 y について，$\dfrac{dy}{dx}$ を求めよ。

(1)　$4x^2-y^2=36$

(2)　$x^2y=3$

POINT 57
媒介変数表示された曲線の導関数

$\begin{cases} x = f(t) \\ y = g(t) \end{cases}$ のとき　$\dfrac{dy}{dx} = \dfrac{\frac{dy}{dt}}{\frac{dx}{dt}} = \dfrac{g'(t)}{f'(t)}$

例 60　$\begin{cases} x = 2t - 3 \\ y = t^2 + 3 \end{cases}$ と媒介変数表示された曲線について，$\dfrac{dy}{dx}$ を t の関数として表せ。

解答　$\dfrac{dx}{dt} = 2$，$\dfrac{dy}{dt} = 2t$ であるから　$\dfrac{dy}{dx} = \dfrac{\frac{dy}{dt}}{\frac{dx}{dt}} = \dfrac{2t}{2} = t$

63A　次の媒介変数表示された曲線について，$\dfrac{dy}{dx}$ を t の関数として表せ。

(1) $\begin{cases} x = 3t - 2 \\ y = 4t^2 + 6 \end{cases}$

(2) $\begin{cases} x = t - \dfrac{1}{t} \\ y = t + \dfrac{1}{t} \end{cases}$

63B　次の媒介変数表示された曲線について，$\dfrac{dy}{dx}$ を t の関数として表せ。

(1) $\begin{cases} x = t^2 + 1 \\ y = 2t^3 \end{cases}$

(2) $\begin{cases} x = 4\cos t \\ y = 3\sin t \end{cases}$

検印

21 高次導関数

▶教 p.87〜88

POINT 58
高次導関数

関数 $y=f(x)$ を n 回微分することによって得られる関数を $f(x)$ の**第 n 次導関数** といい，次のような記号で表す。

$$y^{(n)},\ f^{(n)}(x),\ \frac{d^ny}{dx^n},\ \frac{d^n}{dx^n}f(x)$$

例 61 関数 $y=e^{5x}$ の第 n 次導関数を求めよ。

解答 $y'=5e^{5x}$，$y''=25e^{5x}=5^2e^{5x}$，$y'''=125e^{5x}=5^3e^{5x}$ ……
よって，第 n 次導関数は　$y^{(n)}=5^ne^{5x}$

64A 次の関数の第 3 次導関数を求めよ。

(1) $y=x^3+3x$

(2) $y=e^{-4x}$

64B 次の関数の第 3 次導関数を求めよ。

(1) $y=\sqrt{x}$

(2) $y=\sin 3x$

65A 関数 $y=e^{-3x}$ の第 n 次導関数を求めよ。

65B 関数 $y=(x+2)e^x$ の第 n 次導関数を求めよ。

検印

例題 3 $\lim_{t\to0}(1+t)^{\frac{1}{t}}=e$ **を用いた極限値**

▶教 p.91 章末 6

$\lim_{t\to0}(1+t)^{\frac{1}{t}}=e$ を用いて，次の極限値を求めよ。

(1) $\lim_{t\to0}(1+3t)^{\frac{1}{t}}$　　(2) $\lim_{n\to\infty}\left(1+\frac{2}{n}\right)^n$

考え方　$\lim_{t\to0}(1+t)^{\frac{1}{t}}=e$ が使えるように文字を置きかえたり式を変形したりする。

解答　(1) $h=3t$ とおくと，$t\to0$ のとき $h\to0$ より

$$\lim_{t\to0}(1+3t)^{\frac{1}{t}}=\lim_{h\to0}(1+h)^{\frac{3}{h}}=\lim_{h\to0}\{(1+h)^{\frac{1}{h}}\}^3=e^3$$ 答

(2) $h=\frac{2}{n}$ とおくと，$n\to\infty$ のとき $h\to+0$ より

$$\lim_{n\to\infty}\left(1+\frac{2}{n}\right)^n=\lim_{h\to+0}(1+h)^{\frac{2}{h}}$$

$$=\lim_{h\to+0}\{(1+h)^{\frac{1}{h}}\}^2=e^2$$ 答

66 $\lim_{t\to0}(1+t)^{\frac{1}{t}}=e$ を用いて，次の極限値を求めよ。

(1) $\lim_{t\to0}(1-2t)^{\frac{1}{t}}$　　(2) $\lim_{n\to\infty}\left(1+\frac{1}{2n}\right)^{n+1}$

例題 4 対数微分法

▶教 p.84 思考力＋

対数微分法を利用して，関数 $y=\dfrac{x^2(x+1)}{(x-2)^3}$ を微分せよ。

考え方 両辺の絶対値の自然対数をとり，両辺を x で微分することにより y' を求める。

解答 両辺の絶対値の自然対数をとると

$$\log|y|=\log\left|\frac{x^2(x+1)}{(x-2)^3}\right|=\log\frac{|x|^2|x+1|}{|x-2|^3}=2\log|x|+\log|x+1|-3\log|x-2|$$

この両辺を x で微分すると

$$(\log|y|)'=(2\log|x|+\log|x+1|-3\log|x-2|)'$$

$$\frac{y'}{y}=\frac{2}{x}+\frac{1}{x+1}-\frac{3}{x-2}$$

← $\dfrac{d}{dx}\log|y|=\dfrac{d}{dy}\log|y|\cdot\dfrac{dy}{dx}$

$$=\frac{2(x+1)(x-2)+x(x-2)-3x(x+1)}{x(x+1)(x-2)}=\frac{-7x-4}{x(x+1)(x-2)}$$

よって $y'=\dfrac{-7x-4}{x(x+1)(x-2)}\cdot y=\dfrac{-7x-4}{x(x+1)(x-2)}\cdot\dfrac{x^2(x+1)}{(x-2)^3}$

$$=-\frac{x(7x+4)}{(x-2)^4}$$ 答

67 対数微分法を利用して，次の関数を微分せよ。

(1) $y=\dfrac{(x+1)^2(x-2)}{(x+3)^3}$

(2) $y=\dfrac{(x-1)^3}{(x+1)(x^2+1)}$

22 接線の方程式

▶教 p.94〜95

POINT 59
接線の方程式

曲線 $y=f(x)$ 上の点 $\mathrm{A}(a,\ f(a))$ における接線の方程式は
$$y-f(a)=f'(a)(x-a)$$

例 62 曲線 $y=\sqrt{x+2}$ 上の点 $\mathrm{A}(-1,\ 1)$ における接線の方程式を求めよ。

解答　$f(x)=\sqrt{x+2}$ とおくと，$f'(x)=\dfrac{1}{2\sqrt{x+2}}$ であるから

$$f'(-1)=\frac{1}{2}$$

よって，点 $\mathrm{A}(-1,\ 1)$ における接線の方程式は

$$y-1=\frac{1}{2}(x+1)\quad \text{すなわち}\quad y=\frac{1}{2}x+\frac{3}{2}$$

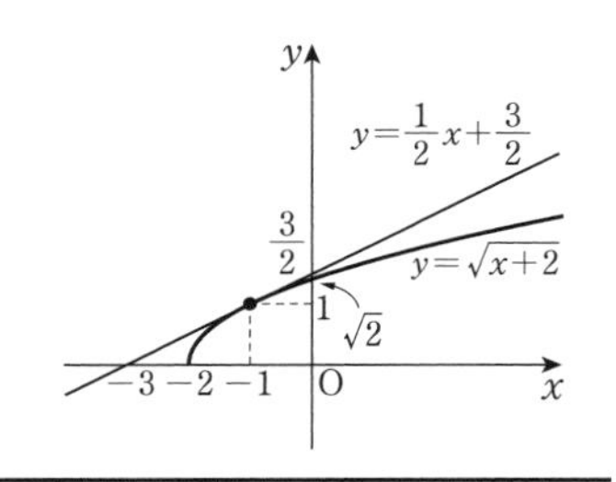

68A 次の曲線上の点Aにおける接線の方程式を求めよ。

(1) $y=\sqrt{x+1}$，$\mathrm{A}(3,\ 2)$

(2) $y=\cos 2x$，$\mathrm{A}\left(\dfrac{\pi}{4},\ 0\right)$

68B 次の曲線上の点Aにおける接線の方程式を求めよ。

(1) $y=\dfrac{x}{x+2}$，$\mathrm{A}\left(1,\ \dfrac{1}{3}\right)$

(2) $y=\log x$，$\mathrm{A}(e^2,\ 2)$

POINT 60 曲線の接線

接点の座標を $(a,\ f(a))$ とおくと，接線の方程式は　$y-f(a)=f'(a)(x-a)$ と表される。
与えられた条件を用いて a の値を求める。

例 63 曲線 $y=\sqrt{x-2}$ について，次のような接線の方程式を求めよ。

(1) 傾きが $\dfrac{1}{2}$ である　　(2) 原点を通る

解答 $y=\sqrt{x-2}$ より　$y'=\dfrac{1}{2\sqrt{x-2}}$

曲線上の接点の座標を $(a,\ \sqrt{a-2})$ とすると，接線の方程式は

$$y-\sqrt{a-2}=\frac{1}{2\sqrt{a-2}}(x-a)\quad\cdots\cdots①$$

(1) 接線①の傾きが $\dfrac{1}{2}$ であるから $\dfrac{1}{2\sqrt{a-2}}=\dfrac{1}{2}$ より　$a=3$

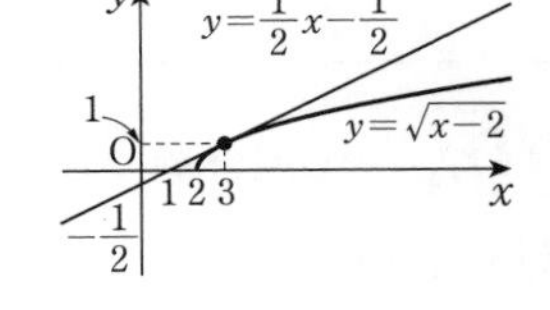

よって，求める接線の方程式は　$y-1=\dfrac{1}{2}(x-3)$

すなわち　$y=\dfrac{1}{2}x-\dfrac{1}{2}$

(2) 接線①が原点 $(0,\ 0)$ を通るから

$$0-\sqrt{a-2}=\frac{1}{2\sqrt{a-2}}(0-a)\ \text{より}\quad a=4$$

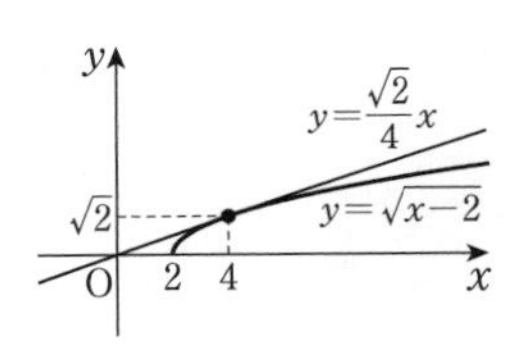

よって，求める接線の方程式は　$y-\sqrt{2}=\dfrac{\sqrt{2}}{4}(x-4)$

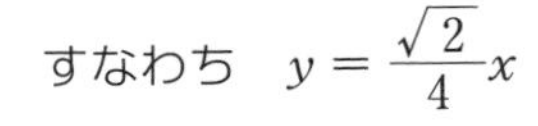

すなわち　$y=\dfrac{\sqrt{2}}{4}x$

ROUND 2

69 曲線 $y=\sqrt{x^2+1}$ について，次のような接線の方程式を求めよ。

(1) 傾きが $\dfrac{1}{2}$ である　　(2) 点 $(1,\ 0)$ を通る

23 法線の方程式

▶教 p.96

POINT 61
法線の方程式

点 $A(a,\ f(a))$ における法線の方程式は

$$y-f(a)=-\frac{1}{f'(a)}(x-a) \quad \text{ただし，} f'(a) \neq 0$$

例 64 曲線 $y=x^3+3x$ 上の点 $A(1,\ 4)$ における法線の方程式を求めよ。

解答　$f(x)=x^3+3x$ とおくと　$f'(x)=3x^2+3$

より　　$f'(1)=6$

ゆえに　　$-\dfrac{1}{f'(1)}=-\dfrac{1}{6}$

よって，点 $A(1,\ 4)$ における法線の方程式は

$$y-4=-\frac{1}{6}(x-1) \quad \text{すなわち} \quad y=-\frac{1}{6}x+\frac{25}{6}$$

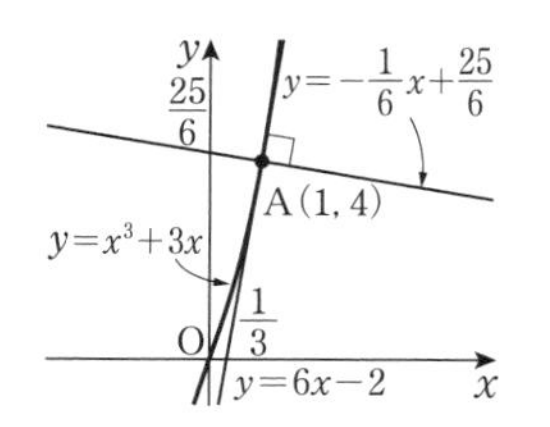

70A 次の曲線上の点Aにおける法線の方程式を求めよ。

(1)　$y=\sqrt{x-1}$，$A(5,\ 2)$

(2)　$y=\log(x-1)$，$A(2,\ 0)$

70B 次の曲線上の点Aにおける法線の方程式を求めよ。

(1)　$y=\dfrac{4}{x^2}$，$A(2,\ 1)$

(2)　$y=\cos x$，$A\left(\dfrac{\pi}{3},\ \dfrac{1}{2}\right)$

検印

24 曲線の方程式と接線

▶教 p.97

POINT 62 曲線の方程式と接線

曲線の方程式の両辺を x で微分することにより，y' を求める。

例 65 楕円 $\dfrac{x^2}{12}+\dfrac{y^2}{4}=1$ 上の点 (3, 1) における接線の方程式を求めよ。

解答 $\dfrac{x^2}{12}+\dfrac{y^2}{4}=1$ の両辺を x で微分すると $\dfrac{2x}{12}+\dfrac{2yy'}{4}=0$

ゆえに，$y\neq 0$ のとき $y'=-\dfrac{x}{3y}$

よって，点 (3, 1) における接線の傾きは $-\dfrac{3}{3\times 1}=-1$

したがって，求める接線の方程式は

$y-1=-(x-3)$ すなわち $y=-x+4$

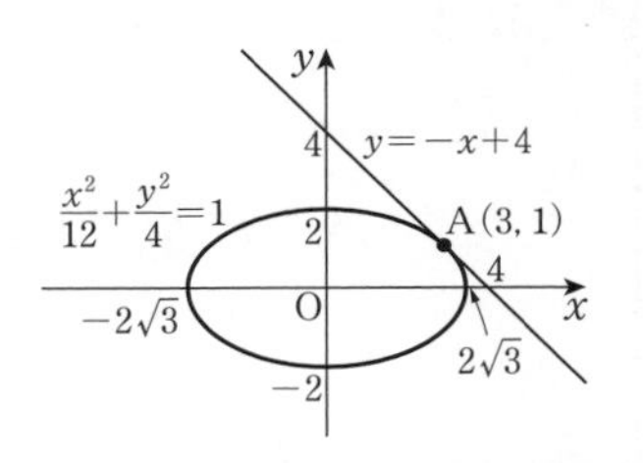

71A 次の曲線上の点Aにおける接線の方程式を求めよ。

(1) 円 $x^2+y^2=25$, A(3, -4)

(2) 双曲線 $x^2-y^2=1$, A(2, $\sqrt{3}$)

71B 次の曲線上の点Aにおける接線の方程式を求めよ。

(1) 楕円 $\dfrac{x^2}{4}+y^2=1$, A$\left(\sqrt{3},\ \dfrac{1}{2}\right)$

(2) 放物線 $y^2=8x$, A(2, -4)

検印

25 平均値の定理

▶教 p. 98〜99

POINT 63
平均値の定理

関数 $f(x)$ が区間 $[a,\ b]$ で連続で，区間 $(a,\ b)$ で微分可能であるとき，

$$\frac{f(b)-f(a)}{b-a}=f'(c),\ a<c<b$$

を満たす実数 c が存在する。

例 66 平均値の定理を用いて，次の不等式を証明せよ。

$$0<a<b<\frac{\pi}{2} \text{ のとき} \quad \cos b<\frac{\sin b-\sin a}{b-a}<\cos a$$

証明　関数 $f(x)=\sin x$ は，$0<x<\frac{\pi}{2}$ で微分可能で　$f'(x)=\cos x$

区間 $[a,\ b]$ において，平均値の定理を用いると

$$\frac{\sin b-\sin a}{b-a}=\cos c \quad \cdots\cdots①$$

$$a<c<b \quad \cdots\cdots②$$

を満たす実数 c が存在する。

ここで，$0<a<b<\frac{\pi}{2}$ であるから，②より

$$\cos a>\cos c>\cos b$$

← $0<x<\frac{\pi}{2}$ で $\cos x$ は減少

すなわち　$\cos b<\cos c<\cos a$

よって，①より

$0<a<b<\frac{\pi}{2}$ のとき　$\cos b<\frac{\sin b-\sin a}{b-a}<\cos a$　終

ROUND 2

72 平均値の定理を用いて，次の不等式を証明せよ。

$$0<a<b \text{ のとき} \quad \frac{1}{2\sqrt{b}}<\frac{\sqrt{b}-\sqrt{a}}{b-a}<\frac{1}{2\sqrt{a}}$$

検印

26 関数の増加・減少と極大・極小

▶教 p.100〜103

POINT 64

導関数の符号と関数の増減

関数 $f(x)$ が区間 $[a,\ b]$ で連続で，区間 $(a,\ b)$ で微分可能であるとき，
区間 $(a,\ b)$ において

(i) つねに $f'(x)>0$ ならば $f(x)$ は区間 $[a,\ b]$ で増加する。
(ii) つねに $f'(x)<0$ ならば $f(x)$ は区間 $[a,\ b]$ で減少する。
(iii) つねに $f'(x)=0$ ならば $f(x)$ は区間 $[a,\ b]$ で定数である。

例 67

関数 $y=2x^4-4x^2+2$ の増減を調べよ。

解答 $f(x)=2x^4-4x^2+2$ とおくと

$$f'(x)=8x^3-8x=8x(x+1)(x-1)$$

ここで，$f'(x)=0$ となる x の値は　$x=-1,\ 0,\ 1$

よって，$f(x)$ の増減表は，次のようになる。

x	$\cdots$	-1	$\cdots$	0	$\cdots$	1	$\cdots$
$f'(x)$	$-$	0	$+$	0	$-$	0	$+$
$f(x)$	↘	0	↗	2	↘	0	↗

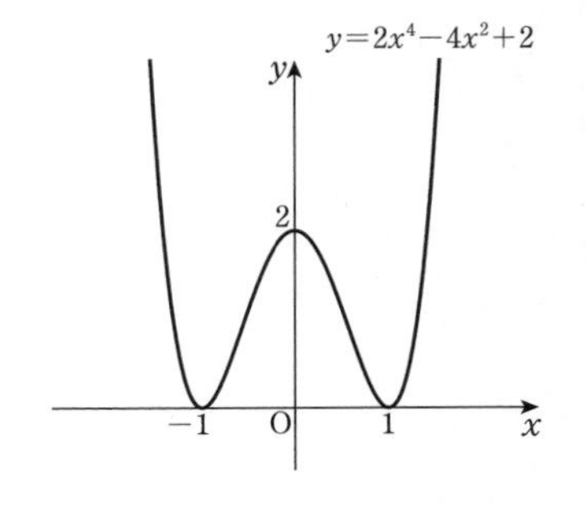

したがって，y は

区間 $x\leqq-1,\ 0\leqq x\leqq1$ で減少し，
区間 $-1\leqq x\leqq0,\ 1\leqq x$ で増加する。

73A 関数 $y=x^4-2x^2+2$ の増減を調べよ。

73B 関数 $y=(x^2-3)e^x$ の増減を調べよ。

POINT 65
関数の極大・極小

微分可能な関数 $f(x)$ について，$x=a$ の前後で
(i) $f'(x)$ の符号が正から負に変わるとき，$f(x)$ は $x=a$ で極大値 $f(a)$ をとる。
(ii) $f'(x)$ の符号が負から正に変わるとき，$f(x)$ は $x=a$ で極小値 $f(a)$ をとる。

例 68 関数 $y=\dfrac{4x+2}{x^2+2}$ の極値を求めよ。

解答 $f(x)=\dfrac{4x+2}{x^2+2}$ とおくと

$$f'(x)=\frac{4(x^2+2)-(4x+2)\cdot 2x}{(x^2+2)^2}=\frac{-4x^2-4x+8}{(x^2+2)^2}=\frac{-4(x+2)(x-1)}{(x^2+2)^2}$$

ここで，$f'(x)=0$ となる x の値は $x=-2,\ 1$

よって，$f(x)$ の増減表は，次のようになる。

x	$\cdots$	-2	$\cdots$	1	$\cdots$
$f'(x)$	$-$	0	$+$	0	$-$
$f(x)$	↘	極小 -1	↗	極大 2	↘

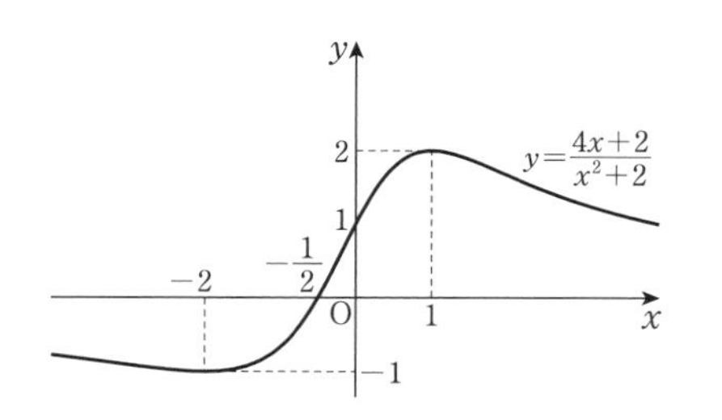

したがって，y は

$x=-2$ で 極小値 -1，

$x=1$ で 極大値 2 をとる。

74A 関数 $y=\dfrac{x-1}{x^2+3}$ の極値を求めよ。

74B 関数 $y=(x+1)e^x$ の極値を求めよ。

検印

27 関数のグラフ

▶教 p.104〜111

POINT 66
曲線の凹凸と変曲点

$f''(x)>0$ となる区間では，曲線 $y=f(x)$ は　下に凸
$f''(x)<0$ となる区間では，曲線 $y=f(x)$ は　上に凸
$f''(a)=0$ のとき，$x=a$ の前後で $f''(x)$ の符号が変わるならば，点 $(a,\ f(a))$ は曲線 $y=f(x)$ の**変曲点**である。

例 69　曲線 $y=x^4-2x^3+2$ の凹凸を調べ，変曲点を求めよ。

解答　$y'=4x^3-6x^2$
$y''=12x^2-12x=12x(x-1)$
よって，この曲線 $y=x^4-2x^3+2$ は，
$0<x<1$ のとき，$y''<0$ より　　上に凸
$x<0,\ 1<x$ のとき，$y''>0$ より　下に凸
また，変曲点は $(0,\ 2)$，$(1,\ 1)$

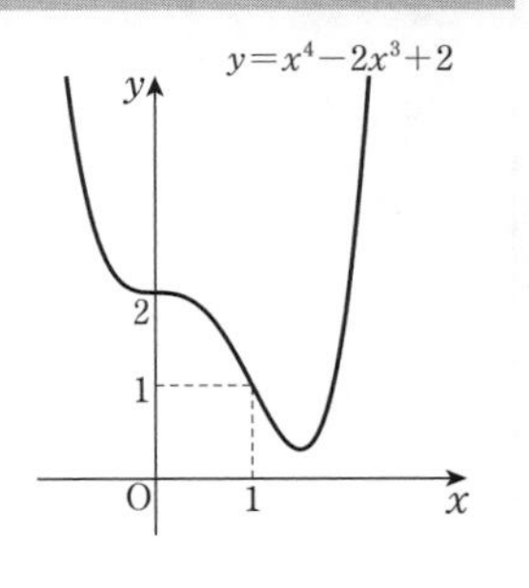

75A　次の曲線の凹凸を調べ，変曲点を求めよ。

(1)　$y=x^3-3x^2-12x+5$

(2)　$y=x^2+\dfrac{8}{x}$

75B　次の曲線の凹凸を調べ，変曲点を求めよ。

(1)　$y=-x^4+8x^2-8$

(2)　$y=x+\log(x^2+4)$

POINT 67 関数のグラフの概形

関数 $y=f(x)$ のグラフの概形をかくときは，次のようなことを調べるとよい。

① 定義域　② 対称性や周期性　③ 増減や極値
④ 凹凸や変曲点　⑤ 座標軸との共有点　⑥ 漸近線
⑦ 連続でない点，微分可能でない点の近くでのグラフのようす

例 70 関数 $y=-\frac{1}{2}x+\sin x$ $(0\leqq x\leqq 2\pi)$ の増減，極値，グラフの凹凸および変曲点を調べて，そのグラフをかけ。

解答　$y'=-\frac{1}{2}+\cos x$,　$y''=-\sin x$

$0<x<2\pi$ において，

$y'=0$ となる x の値は　$x=\frac{\pi}{3},\ \frac{5}{3}\pi$　← $-\frac{1}{2}+\cos x=0$ より $\cos x=\frac{1}{2}$

$y''=0$ となる x の値は　$x=\pi$

ゆえに，y の増減およびグラフの凹凸は，次の表のようになる。

x	0	$\cdots$	$\frac{\pi}{3}$	$\cdots$	π	$\cdots$	$\frac{5}{3}\pi$	$\cdots$	2π
y'		$+$	0	$-$	$-$	$-$	0	$+$	
y''		$-$	$-$	$-$	0	$+$	$+$	$+$	
y	0	↗(上に凸)	極大 $-\frac{\pi}{6}+\frac{\sqrt{3}}{2}$	↘(上に凸)	$-\frac{\pi}{2}$	↘(下に凸)	極小 $-\frac{5}{6}\pi-\frac{\sqrt{3}}{2}$	↗(下に凸)	$-\pi$

よって，y は

$x=\frac{\pi}{3}$ のとき　極大値 $-\frac{\pi}{6}+\frac{\sqrt{3}}{2}$

$x=\frac{5}{3}\pi$ のとき　極小値 $-\frac{5}{6}\pi-\frac{\sqrt{3}}{2}$

をとる。

変曲点は $\left(\pi,\ -\frac{\pi}{2}\right)$ である。

以上より，このグラフは右の図のようになる。

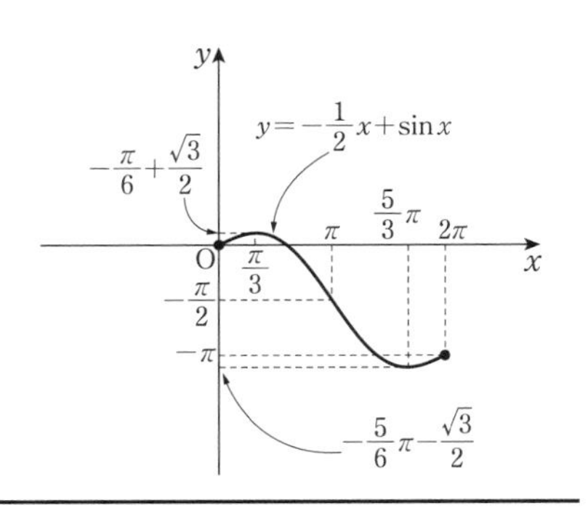

76A 関数 $y=x-\sin 2x\ (0 \leqq x \leqq \pi)$ の増減，極値，グラフの凹凸および変曲点を調べて，そのグラフをかけ。

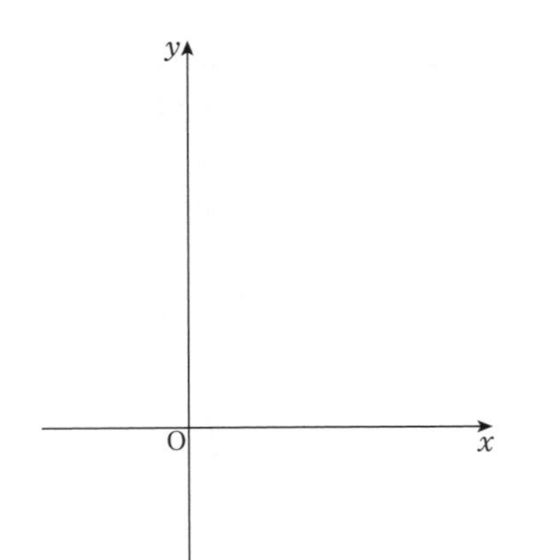

76B 関数 $y=\dfrac{x}{\sqrt{2}}+\sin x\ (0 \leqq x \leqq 2\pi)$ の増減，極値，グラフの凹凸および変曲点を調べて，そのグラフをかけ。

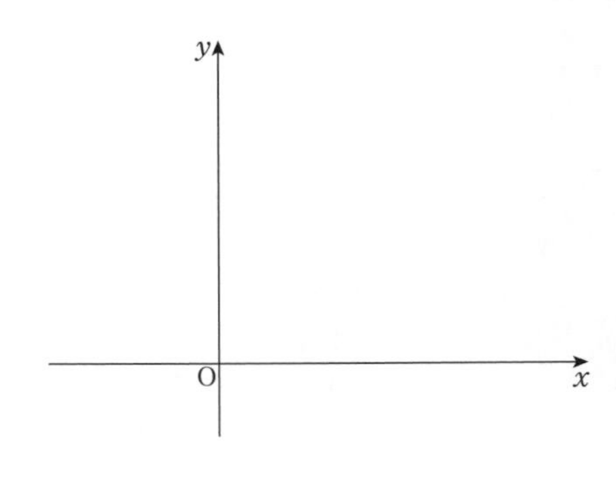

POINT 68 関数のグラフと漸近線 [1]

関数 $y=f(x)$ について，$\lim_{x\to\infty} f(x)=c$ または $\lim_{x\to-\infty} f(x)=c$ であるとき，直線 $y=c$（$c=0$ のとき x 軸）は，この関数のグラフの漸近線である。

例 71 関数 $y=\dfrac{4}{3x^2+1}$ の増減，極値，グラフの凹凸および変曲点を調べて，そのグラフをかけ。

解答

$$y'=-\frac{4\cdot 6x}{(3x^2+1)^2}=-\frac{24x}{(3x^2+1)^2}$$

$$y''=-\frac{24(3x^2+1)^2-24x\cdot 2(3x^2+1)\cdot 6x}{(3x^2+1)^4}$$

$$=-\frac{24(3x^2+1)-288x^2}{(3x^2+1)^3}$$

$$=\frac{24(9x^2-1)}{(3x^2+1)^3}=\frac{24(3x+1)(3x-1)}{(3x^2+1)^3}$$

より，$y'=0$ となる x の値は　$x=0$

$y''=0$ となる x の値は　$x=\pm\dfrac{1}{3}$

ゆえに，y の増減およびグラフの凹凸は，次の表のようになる。

x	$\cdots$	$-\frac{1}{3}$	$\cdots$	0	$\cdots$	$\frac{1}{3}$	$\cdots$
y'	$+$	$+$	$+$	0	$-$	$-$	$-$
y''	$+$	0	$-$	$-$	$-$	0	$+$
y	⤴	3	↗	極大 4	↘	3	⤵

よって，y は $x=0$ のとき極大値 4 をとり，極小値はない。

変曲点は $\left(-\dfrac{1}{3},\ 3\right)$，$\left(\dfrac{1}{3},\ 3\right)$ である。

また，$\lim_{x\to\infty} y=0$，$\lim_{x\to-\infty} y=0$

より，x 軸が漸近線である。

以上より，このグラフは右の図のようになる。

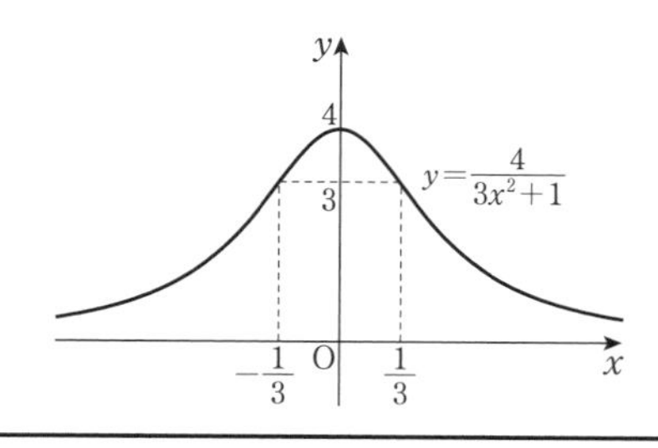

77A 関数 $y=\dfrac{x}{x^2+1}$ の増減，極値，グラフの凹凸および変曲点を調べて，そのグラフをかけ。

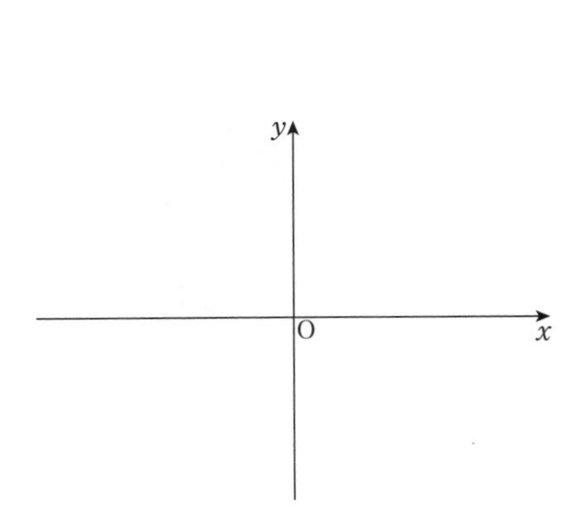

77B 関数 $y=3e^{-\frac{x^2}{2}}$ の増減，極値，グラフの凹凸および変曲点を調べて，そのグラフをかけ。

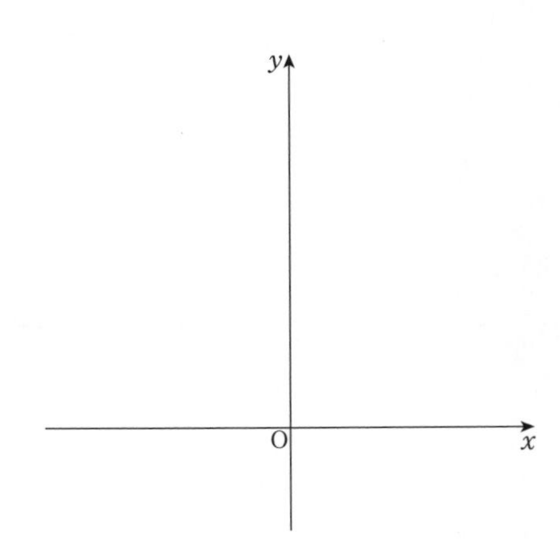

POINT 69 関数のグラフと漸近線 [2]

関数 $y=f(x)$ について，$\lim_{x\to\infty}\{y-(ax+b)\}=0$ または $\lim_{x\to-\infty}\{y-(ax+b)\}=0$ であるとき，直線 $y=ax+b$ は，この関数のグラフの漸近線である。

例 72 関数 $y=\dfrac{x^2-3}{x-2}$ のグラフをかけ。

解答 この関数の定義域は $x\neq 2$ である。

$$y'=\frac{2x(x-2)-(x^2-3)\cdot 1}{(x-2)^2}$$

$$=\frac{(x-1)(x-3)}{(x-2)^2}$$

$$y''=\frac{(2x-4)(x-2)^2-(x-1)(x-3)\cdot 2(x-2)}{(x-2)^4}$$

$$=\frac{2}{(x-2)^3}$$

より，$y'=0$ となる x の値は　$x=1,\ 3$

$y''=0$ となる x の値はない。

ゆえに，y の増減およびグラフの凹凸は，次の表のようになる。

x	$\cdots$	1	$\cdots$	2	$\cdots$	3	$\cdots$
y'	+	0	−	／	−	0	+
y''	−	−	−	／	+	+	+
y	↗(上に凸)	極大 2	↘(上に凸)	／	↘(下に凸)	極小 6	↗(下に凸)

また，$\lim_{x\to 2-0}y=-\infty$，$\lim_{x\to 2+0}y=\infty$ より，

直線 $x=2$ は，このグラフの漸近線である。

さらに，$y=\dfrac{x^2-3}{x-2}=x+2+\dfrac{1}{x-2}$ より

$$\lim_{x\to\infty}\{y-(x+2)\}=\lim_{x\to\infty}\frac{1}{x-2}=0$$

$$\lim_{x\to-\infty}\{y-(x+2)\}=\lim_{x\to-\infty}\frac{1}{x-2}=0$$

よって，直線 $y=x+2$ も，この関数のグラフの漸近線である。

以上より，このグラフは右の図のようになる。

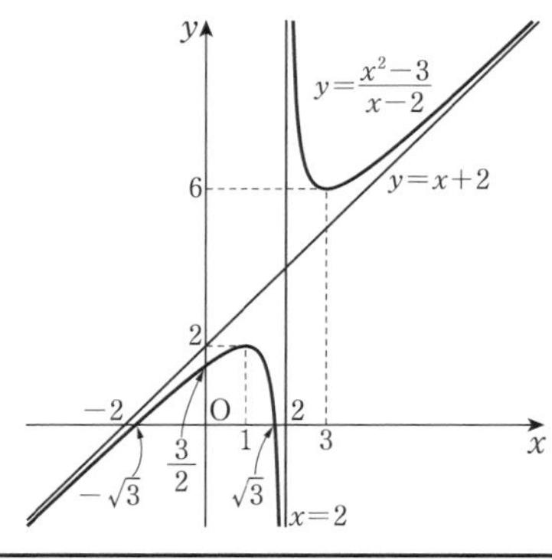

ROUND 2

78A 関数 $y=x+\dfrac{1}{x+1}$ のグラフをかけ。

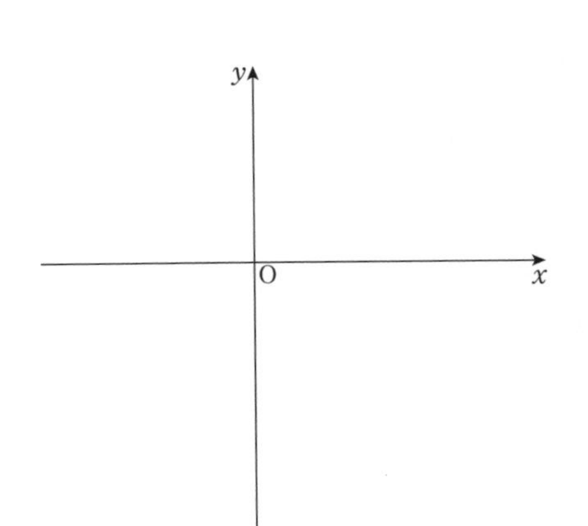

78B 関数 $y=\dfrac{x^2-8x+8}{x-1}$ のグラフをかけ。

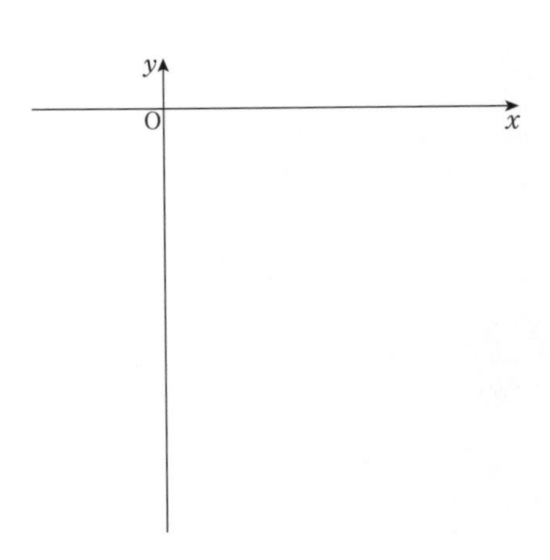

POINT 70

$f''(a)$ の符号と極大・極小

関数 $f(x)$ の第 2 次導関数 $f''(x)$ が連続であるとき

[1]　$f'(a)=0$, $f''(a)>0$ ならば $f(a)$ は**極小値**である。

[2]　$f'(a)=0$, $f''(a)<0$ ならば $f(a)$ は**極大値**である。

例 73　第 2 次導関数を利用して，次の関数の極値を求めよ。

$$f(x)=x+2\sin x \quad (0 \leqq x \leqq 2\pi)$$

解答　$f'(x)=1+2\cos x$,　$f''(x)=-2\sin x$

$0<x<2\pi$ において，$f'(x)=0$ となる x の値は

$$x=\frac{2}{3}\pi,\ \frac{4}{3}\pi$$

⬅ $1+2\cos x=0$ より $\cos x=-\frac{1}{2}$

このとき　$f''\left(\frac{2}{3}\pi\right)=-2\sin\frac{2}{3}\pi=-\sqrt{3}<0$ より，$f\left(\frac{2}{3}\pi\right)$ は極大値であり，

$f''\left(\frac{4}{3}\pi\right)=-2\sin\frac{4}{3}\pi=\sqrt{3}>0$ より，$f\left(\frac{4}{3}\pi\right)$ は極小値である。

ここで　$f\left(\frac{2}{3}\pi\right)=\frac{2}{3}\pi+2\sin\frac{2}{3}\pi=\frac{2}{3}\pi+\sqrt{3}$

$f\left(\frac{4}{3}\pi\right)=\frac{4}{3}\pi+2\sin\frac{4}{3}\pi=\frac{4}{3}\pi-\sqrt{3}$

よって，$f(x)$ は　$x=\frac{2}{3}\pi$ で 極大値 $\frac{2}{3}\pi+\sqrt{3}$

$x=\frac{4}{3}\pi$ で 極小値 $\frac{4}{3}\pi-\sqrt{3}$

をとる。

79A　第 2 次導関数を利用して，次の関数の極値を求めよ。

$$f(x)=-x^4+2x^2-1$$

79B　第 2 次導関数を利用して，次の関数の極値を求めよ。

$$f(x)=x-2\cos x \quad (0 \leqq x \leqq 2\pi)$$

検印

28 関数の最大・最小

▶教 p.114

POINT 71
関数の最大値・最小値

関数の最大値・最小値を求めるには，定義域の両端での関数の値と極値の大小を調べればよい。

例 74 関数 $y = x\sin x + \cos x$ $(0 \leqq x \leqq 2\pi)$ の最大値と最小値を求めよ。

解答　$y' = \sin x + x\cos x - \sin x = x\cos x$

$0 < x < 2\pi$ において，$y' = 0$ となる x の値は

$x = \dfrac{\pi}{2},\ \dfrac{3}{2}\pi$　← $\cos x = 0$

よって，y の増減表は次のようになる。

x	0	$\cdots$	$\frac{\pi}{2}$	$\cdots$	$\frac{3}{2}\pi$	$\cdots$	2π
y'		+	0	−	0	+	
y	1	↗	$\frac{\pi}{2}$	↘	$-\frac{3}{2}\pi$	↗	1

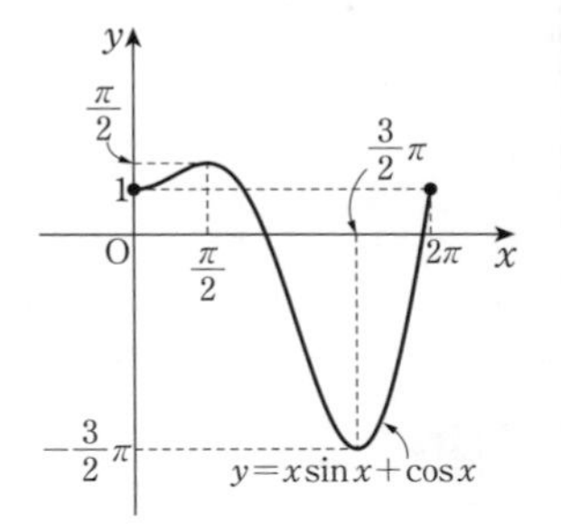

したがって，y は

$x = \dfrac{\pi}{2}$ のとき　最大値 $\dfrac{\pi}{2}$

$x = \dfrac{3}{2}\pi$ のとき　最小値 $-\dfrac{3}{2}\pi$

をとる。

ROUND 2

80 関数 $y = \sin x - \sqrt{2\sin x}$ $(0 \leqq x \leqq \pi)$ の最大値と最小値を求めよ。

29 方程式・不等式への応用

▶教 p.116〜117

POINT 72 不等式 $A > B$ の証明

$f(x) = A - B$ とおいて，$f(x) > 0$ を示す。

例 75 $0 < x < \pi$ のとき，不等式 $\sin x > x\cos x$ を証明せよ。

証明 $f(x) = \sin x - x\cos x$ とおくと

$$f'(x) = \cos x - (\cos x - x\sin x) = x\sin x$$

$0 < x < \pi$ のとき，$0 < \sin x \leqq 1$ であるから　$f'(x) > 0$

ゆえに，$f(x)$ は区間 $0 \leqq x \leqq \pi$ で増加する。

よって，$0 < x < \pi$ のとき　$f(x) > f(0) = 0$

したがって，$\sin x - x\cos x > 0$ より　$\sin x > x\cos x$　終

ROUND 2

81A $x > 0$ のとき，不等式

$1 + \dfrac{x}{2} > \sqrt{1+x}$ を証明せよ。

81B $x > 0$ のとき，不等式

$\sqrt{e^x} > 1 + \dfrac{x}{2}$ を証明せよ。

POINT 73 $y=f(x)$ のグラフと直線 $y=a$ の共有点の個数を調べる。

方程式 $f(x)=a$ の実数解の個数

例 76 a を定数とするとき，次の方程式の実数解の個数を調べよ。

$$x-2\sqrt{x-1}=a$$

解答　$f(x)=x-2\sqrt{x-1}$ とおくと　← 定義域は $x \geqq 1$

$$f'(x)=1-\frac{1}{\sqrt{x-1}}=\frac{\sqrt{x-1}-1}{\sqrt{x-1}}$$

$f'(x)=0$ となる x の値は　$x=2$　← $\sqrt{x-1}-1=0$

よって，$f(x)$ の増減表は右のようになる。また

$$\lim_{x\to\infty} f(x)=\infty$$

x	1	$\cdots$	2	$\cdots$
$f'(x)$	／	$-$	0	$+$
$f(x)$	1	↘	極小 0	↗

ゆえに，$y=f(x)$ のグラフは右の図のようになる。このグラフと直線 $y=a$ の共有点の個数は，求める実数解の個数と一致する。したがって

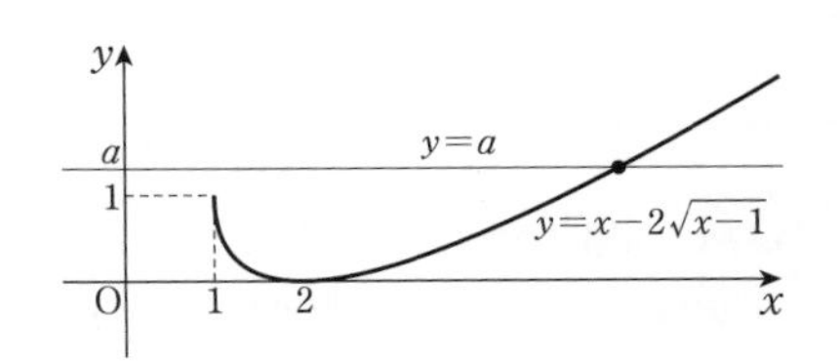

$0<a \leqq 1$　のとき　2 個

$a=0,\ 1<a$　のとき　1 個

$a<0$　のとき　0 個

ROUND 2

82 a を定数とするとき，次の方程式の実数解の個数を調べよ。

$$\frac{x^3-3x+2}{x}=a$$

30 速度・加速度

▶教 p.118〜121

POINT 74
直線上の点の運動

数直線上を運動する点Pの座標xが，時刻tの関数として $x=f(t)$ で表されるとき

速度 $v=\dfrac{dx}{dt}=f'(t)$　　加速度 $\alpha=\dfrac{dv}{dt}=\dfrac{d^2x}{dt^2}=f''(t)$

例 77 数直線上を運動する点Pの時刻tにおける座標xが $x=25t-5t^2$ で表されるとき，時刻 $t=2$ における速度vと加速度αを求めよ。

解答　$v=\dfrac{dx}{dt}=25-10t$，　$\alpha=\dfrac{dv}{dt}=-10$

よって，時刻 $t=2$ における速度vと加速度αは

$v=25-10\times2=5$

$\alpha=-10$

83A 数直線上を運動する点Pの時刻tにおける座標xが，次の式で表されるとき，(　)内の時刻における速度vと加速度αを求めよ。

(1) $x=3t^2-5t$　$(t=3)$

(2) $x=\cos\pi t$　$\left(t=\dfrac{2}{3}\right)$

83B 数直線上を運動する点Pの時刻tにおける座標xが，次の式で表されるとき，(　)内の時刻における速度vと加速度αを求めよ。

(1) $x=\sqrt{t}+2$　$(t=4)$

(2) $x=2\sin\left(\pi t-\dfrac{\pi}{6}\right)$　$(t=3)$

POINT 75 平面上の点の運動

座標平面上を運動する点Pの座標 $(\boldsymbol{x},\ \boldsymbol{y})$ が，時刻 $\boldsymbol{t}$ の関数として $\boldsymbol{x}=f(\boldsymbol{t})$，$\boldsymbol{y}=g(\boldsymbol{t})$ で表されるとき，点Pの時刻 $\boldsymbol{t}$ における速度 $\vec{v}$，速さ $|\vec{v}|$ と加速度 $\vec{\alpha}$，加速度の大きさ $|\vec{\alpha}|$ は

$$\vec{v}=\left(\frac{dx}{dt},\ \frac{dy}{dt}\right),\quad |\vec{v}|=\sqrt{\left(\frac{dx}{dt}\right)^2+\left(\frac{dy}{dt}\right)^2}$$

$$\vec{\alpha}=\left(\frac{d^2x}{dt^2},\ \frac{d^2y}{dt^2}\right),\quad |\vec{\alpha}|=\sqrt{\left(\frac{d^2x}{dt^2}\right)^2+\left(\frac{d^2y}{dt^2}\right)^2}$$

例 78 座標平面上を運動する点Pの時刻 t における座標 $(x,\ y)$ が

$$x=2\cos\pi t,\ y=3\sin\pi t$$

で表されるとき，点Pの時刻 $t=2$ における速さと加速度の大きさを求めよ。

解答 点Pの時刻 t における速度を $\vec{v}$，加速度を $\vec{\alpha}$ とする。

$\vec{v}$ の成分は $\dfrac{dx}{dt}=-2\pi\sin\pi t$，$\dfrac{dy}{dt}=3\pi\cos\pi t$

よって，$t=2$ における点Pの速さ $|\vec{v}|$ は

$$|\vec{v}|=\sqrt{(-2\pi\sin 2\pi)^2+(3\pi\cos 2\pi)^2}=3\pi$$

$\vec{\alpha}$ の成分は $\dfrac{d^2x}{dt^2}=-2\pi^2\cos\pi t$，$\dfrac{d^2y}{dt^2}=-3\pi^2\sin\pi t$

よって，$t=2$ における点Pの加速度の大きさ $|\vec{\alpha}|$ は

$$|\vec{\alpha}|=\sqrt{(-2\pi^2\cos 2\pi)^2+(-3\pi^2\sin 2\pi)^2}=2\pi^2$$

84A 座標平面上を運動する点Pの時刻 t における座標 $(x,\ y)$ が次の式で与えられるとき，$t=3$ における点Pの速さと加速度の大きさを求めよ。

(1) $x=2t,\ y=-t^2+3$

(2) $x=2\cos\dfrac{3}{2}\pi t,\ y=2\sin\dfrac{3}{2}\pi t$

84B 座標平面上を運動する点Pの時刻 t における座標 $(x,\ y)$ が次の式で与えられるとき，$t=2$ における点Pの速さと加速度の大きさを求めよ。

(1) $x=t^3,\ y=3t^2$

(2) $x=2+\cos\pi t,\ y=1+\sin\pi t$

31 近似式

▶教 p.122〜123

POINT 76
近似式

[1] h が 0 に近いとき　$f(a+h) \fallingdotseq f(a)+f'(a)h$
[2] x が 0 に近いとき　$f(x) \fallingdotseq f(0)+f'(0)x$

例 79　x が 0 に近いとき，$\dfrac{1}{1+x} \fallingdotseq 1-x$ が成り立つことを示せ。

証明　$f(x)=\dfrac{1}{1+x}$ のとき　$f'(x)=-\dfrac{1}{(1+x)^2}$
よって，x が 0 に近いとき

$$\frac{1}{1+x} \fallingdotseq \frac{1}{1+0}-\frac{1}{(1+0)^2}\cdot x=1-x$$ 終

85A　x が 0 に近いとき，$e^{-2x} \fallingdotseq 1-2x$ が成り立つことを示せ。

85B　x が 0 に近いとき，$3^x \fallingdotseq 1+x\log 3$ が成り立つことを示せ。

例 80　h が 0 に近いとき，$\log(a+h) \fallingdotseq \log a+\dfrac{h}{a}$ が成り立つことを示し，$\log 1.01$ の近似値を求めよ。

解答　$f(x)=\log x$ とおくと　$f'(x)=\dfrac{1}{x}$
h が 0 に近いとき，$f(a+h) \fallingdotseq f(a)+f'(a)h$ より

$$\log(a+h) \fallingdotseq \log a+\frac{h}{a}$$

ここで，$1.01=1+0.01$ であるから

$$\log 1.01=\log(1+0.01) \fallingdotseq \log 1+\frac{0.01}{1}=0.01$$

86A h が 0 に近いとき，

$\tan(a+h) \fallingdotseq \tan a + \dfrac{h}{\cos^2 a}$ が成り立つ

ことを示し，$\tan 29^\circ$ の近似値を求めよ。

86B h が 0 に近いとき，

$\dfrac{1}{\cos(a+h)} \fallingdotseq \dfrac{1}{\cos a} + \dfrac{\sin a}{\cos^2 a}h$ が成り立つ

ことを示し，$\dfrac{1}{\cos 46^\circ}$ の近似値を求めよ。

POINT 77 x が 0 に近いとき　$(1+x)^k \fallingdotseq 1+kx$　（ただし，k は定数）

$(1+x)^k$ の近似式

例 81 $\dfrac{1}{\sqrt{102}}$ の近似値を求めよ。

解答　$\dfrac{1}{\sqrt{1+x}} = (1+x)^{-\frac{1}{2}}$ であるから，x が 0 に近いとき　$(1+x)^{-\frac{1}{2}} \fallingdotseq 1 - \dfrac{1}{2}x$

これより，$\dfrac{1}{\sqrt{102}}$ の近似値を求めると

$$\frac{1}{\sqrt{102}} = \frac{1}{\sqrt{100(1+0.02)}} = \{10^2(1+0.02)\}^{-\frac{1}{2}}$$

$$= \frac{1}{10}(1+0.02)^{-\frac{1}{2}} \fallingdotseq \frac{1}{10}\left(1-\frac{1}{2}\cdot 0.02\right) = 0.099$$

87A 次の数の近似値を，小数第 3 位まで求めよ。

(1)　1.001^3

(2)　$\dfrac{1}{\sqrt[3]{1.003}}$

87B 次の数の近似値を，小数第 3 位まで求めよ。

(1)　0.999^5

(2)　$\dfrac{1}{\sqrt{98}}$

検印

例題 5　共通接線　▶教 p.126 章末 7

2 つの曲線 $y=ax^2$, $y=\log x$ が，点Pを共有し，かつ点Pで共通な接線をもつように，定数 a の値を定めよ。

考え方　2 曲線 $y=f(x)$, $y=g(x)$ が $x=x_0$ の共有点Pで共通接線をもつための条件は $f(x_0)=g(x_0)$, $f'(x_0)=g'(x_0)$ が成り立つことである。

解答　$f(x)=ax^2$, $g(x)=\log x$ とおくと

$f'(x)=2ax$, $g'(x)=\dfrac{1}{x}$

共有する点Pの x 座標を x_0 とすると

点Pにおけるそれぞれの y 座標が等しいことから　$ax_0{}^2=\log x_0$　……①　⬅ $f(x_0)=g(x_0)$

点Pにおけるそれぞれの微分係数が等しいことから　$2ax_0=\dfrac{1}{x_0}$　……②　⬅ $f'(x_0)=g'(x_0)$

①，②より　$\log x_0=\dfrac{1}{2}$　ゆえに　$x_0=\sqrt{e}$　……③

③を①に代入すると　$ae=\dfrac{1}{2}$　より　$a=\dfrac{1}{2e}$　**答**

88　2 つの曲線 $y=x^2+a$, $y=4\sqrt{x}$ が，点Pを共有し，かつ点Pで共通な接線をもつように，定数 a の値を定めよ。

例題 6　最大・最小の図形への応用

▶数 p.115

半径1の円Oに内接する AB = AC の二等辺三角形の面積をSとする。$\angle A=\theta$ とおいて，Sの最大値を求めよ。ただし，$0<\theta<\dfrac{\pi}{2}$ とする。

考え方　点Aから辺BCに垂線AHをおろすと，$S=\dfrac{1}{2}\mathrm{BC}\cdot\mathrm{AH}$ となるから，BCとAHをθを用いて表すと，Sはθの関数として表される。

解答　点Aから辺BCに垂線AHをおろすと

$$\mathrm{AH}=\mathrm{AO}+\mathrm{OH}=1+\cos\theta,\ \mathrm{BC}=2\mathrm{BH}=2\sin\theta$$

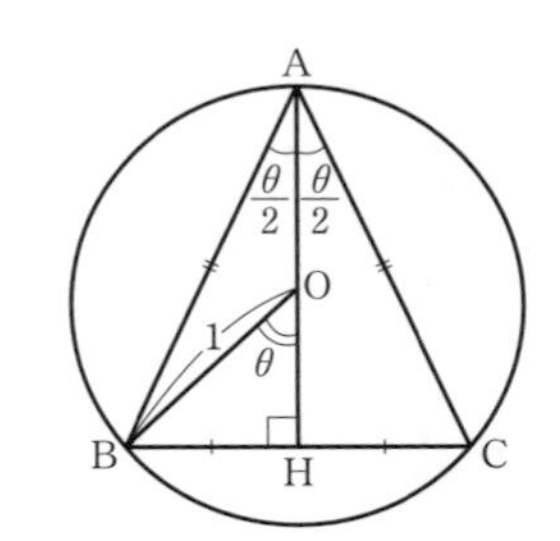

ゆえに　$S=\dfrac{1}{2}\mathrm{BC}\cdot\mathrm{AH}=(1+\cos\theta)\sin\theta$

Sをθで微分すると

$$\frac{dS}{d\theta}=-\sin\theta\sin\theta+(1+\cos\theta)\cos\theta$$
$$=-(1-\cos^2\theta)+\cos\theta+\cos^2\theta$$
$$=2\cos^2\theta+\cos\theta-1=(2\cos\theta-1)(\cos\theta+1)$$

$0<\theta<\dfrac{\pi}{2}$ において，$\dfrac{dS}{d\theta}=0$ となるθの値は

$\cos\theta=\dfrac{1}{2}$ より　$\theta=\dfrac{\pi}{3}$

よって，Sの増減表は右のようになる。

したがって，Sは

$\theta=\dfrac{\pi}{3}$ のとき　最大値 $\dfrac{3\sqrt{3}}{4}$ をとる。 答

θ	0	……	$\frac{\pi}{3}$	……	$\frac{\pi}{2}$
S'	／	+	0	−	／
S	／	↗	極大 $\frac{3\sqrt{3}}{4}$	↘	／

89　体積が2πである円柱について，表面積が最小となるときの底面の円の半径と高さをそれぞれ求めよ。

検印

32 不定積分

▶教 p.128～131

POINT 78
不定積分

$F'(x)=f(x)$ のとき $\int f(x)\,dx=F(x)+C$ 　 C は積分定数

x^α の不定積分

$\alpha \neq -1$ のとき $\int x^\alpha dx=\dfrac{1}{\alpha+1}x^{\alpha+1}+C$

$\alpha=-1$ のとき $\int x^{-1}dx=\int \dfrac{1}{x}dx=\log|x|+C$

例 82 次の不定積分を求めよ。

(1) $\int \dfrac{1}{x^2}dx$ 　　(2) $\int \sqrt[4]{x}\,dx$

解答 (1) $\int \dfrac{1}{x^2}dx=\int x^{-2}dx=\dfrac{1}{-2+1}x^{-2+1}+C=-x^{-1}+C=-\dfrac{1}{x}+C$

(2) $\int \sqrt[4]{x}\,dx=\int x^{\frac{1}{4}}dx=\dfrac{1}{\frac{1}{4}+1}x^{\frac{1}{4}+1}+C=\dfrac{4}{5}x^{\frac{5}{4}}+C=\dfrac{4}{5}x\sqrt[4]{x}+C$

← $x^{\frac{5}{4}}=x^{1+\frac{1}{4}}$
$=x\sqrt[4]{x}$

90A 不定積分 $\int \dfrac{1}{x^3}dx$ を求めよ。

90B 不定積分 $\int \dfrac{1}{x\sqrt{x}}dx$ を求めよ。

POINT 79
不定積分の性質

[1] $\int kf(x)\,dx=k\int f(x)\,dx$ （ただし，k は定数）

[2] $\int \{f(x)+g(x)\}\,dx=\int f(x)\,dx+\int g(x)\,dx$

[3] $\int \{f(x)-g(x)\}\,dx=\int f(x)\,dx-\int g(x)\,dx$

例 83 不定積分 $\int \dfrac{5x^2-3x+1}{x^2}dx$ を求めよ。

解答 $\int \dfrac{5x^2-3x+1}{x^2}dx=\int\left(5-\dfrac{3}{x}+\dfrac{1}{x^2}\right)dx=5\int dx-\int\dfrac{3}{x}dx+\int x^{-2}dx$

$=5x-3\log|x|-\dfrac{1}{x}+C$

91A 次の不定積分を求めよ。

(1) $\int 2x^5\,dx$

91B 次の不定積分を求めよ。

(1) $\int \dfrac{7}{\sqrt[4]{x^3}}dx$

(2) $\int \frac{3x+1}{x^2}dx$

(2) $\int \frac{(x-3)^2}{x^2}dx$

(3) $\int \frac{2x^2+3x-1}{x}dx$

(3) $\int \frac{2x^3-4x^2+3x-1}{x}dx$

(4) $\int \frac{(\sqrt{x}+3)^2}{x}dx$

(4) $\int \left(x+\frac{1}{x}\right)^2 dx$

(5) $\int \frac{y+1}{y^2}dy$

(5) $\int \frac{u\sqrt{u}-4}{\sqrt{u}}du$

(6) $\int \left(3x-\frac{1}{2x^2}\right)^2 dx$

(6) $\int \sqrt{x}(2x+1)^2 dx$

POINT 80 三角関数の不定積分

$\int \sin x\,dx = -\cos x + C$　　$\int \cos x\,dx = \sin x + C$　　$\int \frac{1}{\cos^2 x}\,dx = \tan x + C$

例 84 次の不定積分を求めよ。

(1) $\int (3\sin x - \cos x)\,dx$　　(2) $\int (\tan^2 x + 1)\,dx$

解答 (1) $\int (3\sin x - \cos x)\,dx = -3\cos x - \sin x + C$

(2) $\int (\tan^2 x + 1)\,dx = \int \frac{1}{\cos^2 x}\,dx = \tan x + C$

92A 次の不定積分を求めよ。

(1) $\int (2\cos x + 3\sin x)\,dx$

(2) $\int \frac{1 + 2\cos^3 x}{\cos^2 x}\,dx$

(3) $\int (1 - \tan x)\cos x\,dx$

92B 次の不定積分を求めよ。

(1) $\int (4\sin x - 3\cos x)\,dx$

(2) $\int (\tan^2 x + \sin x)\,dx$

(3) $\int \frac{1 + \cos^2 x}{1 - \sin^2 x}\,dx$

POINT 81
指数関数の不定積分

[1] $\displaystyle\int e^x\,dx = e^x + C$　　[2] $\displaystyle\int a^x\,dx = \frac{a^x}{\log a} + C$

例 85　不定積分 $\displaystyle\int (3e^x - 2^x)\,dx$ を求めよ。

解答　$\displaystyle\int (3e^x - 2^x)\,dx = 3\int e^x\,dx - \int 2^x\,dx = 3e^x - \frac{2^x}{\log 2} + C$

93A　次の不定積分を求めよ。

(1) $\displaystyle\int (5e^x + 4x)\,dx$

(2) $\displaystyle\int (3e^x - 5^x)\,dx$

(3) $\displaystyle\int \frac{3^{2x} - 1}{3^x + 1}\,dx$

93B　次の不定積分を求めよ。

(1) $\displaystyle\int \left(10^x - \frac{3}{x}\right)dx$

(2) $\displaystyle\int (2^x + 2e^x)\,dx$

(3) $\displaystyle\int \frac{e^{2x} - 1}{e^x - 1}\,dx$

検印

33 置換積分法

▶教 p.132〜137

POINT 82
置換積分法

$x=g(t)$ のとき　$\int f(x)\,dx=\int f(g(t))g'(t)\,dt$

例 86　次の不定積分を置換積分法によって求めよ。

(1)　$\int(3x+1)^5\,dx$　　(2)　$\int\sqrt{x-1}\,dx$

解答　(1)　$3x+1=t$ とおくと，$x=\frac{1}{3}t-\frac{1}{3}$ より　$\frac{dx}{dt}=\frac{1}{3}$

よって　$\int(3x+1)^5\,dx=\int t^5\cdot\frac{1}{3}\,dt=\frac{1}{3}\int t^5\,dt$　　⬅ $dx=\frac{1}{3}dt$

$=\frac{1}{3}\cdot\frac{1}{5+1}t^{5+1}+C=\frac{1}{18}t^6+C=\frac{1}{18}(3x+1)^6+C$

(2)　$\sqrt{x-1}=t$ とおくと，$x=t^2+1$ より　$\frac{dx}{dt}=2t$

よって　$\int\sqrt{x-1}\,dx=\int t\cdot 2t\,dt=2\int t^2\,dt$　　⬅ $dx=2t\,dt$

$=2\cdot\frac{1}{2+1}t^{2+1}+C=\frac{2}{3}t^3+C=\frac{2}{3}(x-1)\sqrt{x-1}+C$

94A　次の不定積分を置換積分法によって求めよ。

(1)　$\int(2x-5)^4\,dx$

(2)　$\int\sqrt{3x-2}\,dx$

94B　次の不定積分を置換積分法によって求めよ。

(1)　$\int(3x+5)^5\,dx$

(2)　$\int\sqrt[3]{2x+5}\,dx$

例 87 不定積分 $\int x(x+2)^2\,dx$ を置換積分法によって求めよ。

解答 $x+2=t$ とおくと，$x=t-2$ より $\dfrac{dx}{dt}=1$

よって $\int x(x+2)^2\,dx=\int (t-2)t^2\cdot 1\,dt$ ← $dx=1dt$

$$=\int (t^3-2t^2)\,dt=\frac{1}{4}t^4-\frac{2}{3}t^3+C$$

$$=\frac{1}{12}t^3(3t-8)+C=\frac{1}{12}(x+2)^3(3x-2)+C$$

95A 次の不定積分を置換積分法によって求めよ。

(1) $\int x(x-5)^4\,dx$

(2) $\int x\sqrt{2x-1}\,dx$

95B 次の不定積分を置換積分法によって求めよ。

(1) $\int 4x(2x-3)^5\,dx$

(2) $\int (x-2)\sqrt[3]{x+2}\,dx$

POINT 83

$f(ax+b)$ の不定積分

$F'(x)=f(x)$, $a \neq 0$ のとき

$$\int f(ax+b)\,dx=\frac{1}{a}F(ax+b)+C$$

例 88 次の不定積分を求めよ。

(1) $\displaystyle\int(2x+1)^3\,dx$　(2) $\displaystyle\int\frac{1}{3x-1}\,dx$　(3) $\displaystyle\int\sin(4x-3)\,dx$　(4) $\displaystyle\int e^{3x+2}\,dx$

解答

(1) $\displaystyle\int(2x+1)^3\,dx=\frac{1}{2}\cdot\frac{1}{4}(2x+1)^4+C=\frac{1}{8}(2x+1)^4+C$

(2) $\displaystyle\int\frac{1}{3x-1}\,dx=\frac{1}{3}\log|3x-1|+C$　← $\displaystyle\int\frac{1}{t}\,dt=\log|t|+C$

(3) $\displaystyle\int\sin(4x-3)\,dx=-\frac{1}{4}\cos(4x-3)+C$

(4) $\displaystyle\int e^{3x+2}\,dx=\frac{1}{3}e^{3x+2}+C$

96A 次の不定積分を求めよ。

(1) $\displaystyle\int(3x-2)^5\,dx$

(2) $\displaystyle\int\frac{1}{4x+1}\,dx$

(3) $\displaystyle\int\sin(2x+5)\,dx$

(4) $\displaystyle\int e^{4x+5}\,dx$

96B 次の不定積分を求めよ。

(1) $\displaystyle\int\frac{1}{(2x+3)^6}\,dx$

(2) $\displaystyle\int\frac{1}{-2x+1}\,dx$

(3) $\displaystyle\int\frac{1}{\cos^2(3x+4)}\,dx$

(4) $\displaystyle\int 5^{4x+3}\,dx$

POINT 84 $f(g(x))g'(x)$ の不定積分

$g(x)=t$ のとき　$\int f(g(x))g'(x)\,dx=\int f(t)\,dt$

例 89 次の不定積分を求めよ。

(1) $\int (x^2-3x+1)^3(2x-3)\,dx$　　(2) $\int \cos^2 x\sin x\,dx$

解答 (1) $x^2-3x+1=t$ とおくと　$\dfrac{dt}{dx}=2x-3$

よって　$\int (x^2-3x+1)^3(2x-3)\,dx=\int t^3\,dt$　　← $(2x-3)dx=dt$

$=\dfrac{1}{4}t^4+C=\dfrac{1}{4}(x^2-3x+1)^4+C$

(2) $\cos x=t$ とおくと　$\dfrac{dt}{dx}=-\sin x$

よって　$\int \cos^2 x\sin x\,dx=-\int t^2\,dt=-\dfrac{1}{3}t^3+C=-\dfrac{1}{3}\cos^3 x+C$

97A 次の不定積分を求めよ。

(1) $\int (3x^2+x-2)^4(6x+1)\,dx$

(2) $\int \sin^3 x\cos x\,dx$

(3) $\int \dfrac{\log(x+1)}{x+1}\,dx$

97B 次の不定積分を求めよ。

(1) $\int (2x^2-3x+1)^5(4x-3)\,dx$

(2) $\int \cos^3 x\sin x\,dx$

(3) $\int \dfrac{\log(x-2)}{x-2}\,dx$

POINT 85

$\dfrac{g'(x)}{g(x)}$ の不定積分

$$\int\frac{g'(x)}{g(x)}dx=\log|g(x)|+C$$

例 90 次の不定積分を求めよ。

(1) $\displaystyle\int\frac{3x}{x^2+1}dx$　　(2) $\displaystyle\int 3\tan x\,dx$

解答 (1) $\displaystyle\int\frac{3x}{x^2+1}dx=\frac{3}{2}\int\frac{(x^2+1)'}{x^2+1}dx$

$\displaystyle=\frac{3}{2}\log|x^2+1|+C=\frac{3}{2}\log(x^2+1)+C$　　← $x^2+1>0$

(2) $\displaystyle\int 3\tan x\,dx=3\int\frac{\sin x}{\cos x}dx=-3\int\frac{(\cos x)'}{\cos x}dx=-3\log|\cos x|+C$

98A 次の不定積分を求めよ。

(1) $\displaystyle\int\frac{2x}{x^2-3}dx$

(2) $\displaystyle\int\frac{\sin x+\cos x}{\sin x-\cos x}dx$

98B 次の不定積分を求めよ。

(1) $\displaystyle\int\frac{6x+9}{x^2+3x+1}dx$

(2) $\displaystyle\int\frac{e^x-e^{-x}}{e^x+e^{-x}}dx$

検印

34 部分積分法

▶教 p.138〜139

POINT 86
部分積分法

$$\int f(x)g'(x)\,dx = f(x)g(x) - \int f'(x)g(x)\,dx$$

例 91 不定積分 $\int x\cos x\,dx$ を求めよ。

解答 $\int x\cos x\,dx = \int x(\sin x)'\,dx$

$= x\sin x - \int (x)'\sin x\,dx = x\sin x - \int \sin x\,dx$

$= x\sin x + \cos x + C$

99A 次の不定積分を求めよ。

(1) $\int (3x+2)e^x\,dx$

(2) $\int (x+1)\sin x\,dx$

(3) $\int (2-x)e^{3x}\,dx$

99B 次の不定積分を求めよ。

(1) $\int xe^{-x}\,dx$

(2) $\int (2x+1)\cos x\,dx$

(3) $\int 4xe^{-2x}\,dx$

例 92 不定積分 $\int \log(x-2)\,dx$ を求めよ。

解答 $\int \log(x-2)\,dx = \int \{\log(x-2)\} \cdot (x-2)'\,dx$ ← $(x-2)'=1$

$= (x-2)\log(x-2) - \int \{\log(x-2)\}' \cdot (x-2)\,dx$

$= (x-2)\log(x-2) - \int \frac{1}{x-2} \cdot (x-2)\,dx$

$= (x-2)\log(x-2) - \int dx = (x-2)\log(x-2) - x + C$

ROUND 2

100A 次の不定積分を求めよ。

(1) $\int \log(x+3)\,dx$

(2) $\int (2x-1)\log x\,dx$

100B 次の不定積分を求めよ。

(1) $\int \log(1-x)\,dx$

(2) $\int (4x+3)\log x\,dx$

検印

35 いろいろな関数の不定積分

▶教 p.140〜142

POINT 87
分数関数の
不定積分 [1]

分子 A の次数が分母 B の次数以上の分数式の場合

$\dfrac{A}{B}=Q+\dfrac{R}{B}$ （A を B で割ったときの商が Q，余りがR）と変形するとよい。

例 93 $\displaystyle\int\frac{x^2-x+1}{x-2}dx$ の不定積分を求めよ。

解答

$$\frac{x^2-x+1}{x-2}=\frac{(x-2)(x+1)+3}{x-2}$$
$$=x+1+\frac{3}{x-2}$$

$$\begin{array}{r} x+1 \\ x-2\,\overline{)\,x^2-\ \ x+1} \\ \underline{x^2-2x} \\ x+1 \\ \underline{x-2} \\ 3 \end{array}$$

であるから

$$\int\frac{x^2-x+1}{x-2}dx=\int\left(x+1+\frac{3}{x-2}\right)dx$$
$$=\frac{1}{2}x^2+x+3\log|x-2|+C$$

101A 次の不定積分を求めよ。

(1) $\displaystyle\int\frac{2x+7}{x+3}dx$

(2) $\displaystyle\int\frac{4x^2-5x-3}{x-2}dx$

101B 次の不定積分を求めよ。

(1) $\displaystyle\int\frac{6x-5}{2x-1}dx$

(2) $\displaystyle\int\frac{6x^2-2x+1}{3x+2}dx$

POINT 88 分数関数の不定積分 [2]

$\dfrac{mx+n}{(x+\alpha)(x+\beta)}=\dfrac{a}{x+\alpha}+\dfrac{b}{x+\beta}$ とおいて，a，b を求め，部分分数に分解する。

例 94 $\dfrac{1}{(x-1)(x+1)}=\dfrac{a}{x-1}+\dfrac{b}{x+1}$ を満たす定数 a，b を求めよ。

また，この結果を利用して不定積分 $\displaystyle\int\frac{1}{(x-1)(x+1)}dx$ を求めよ。

解答 $\dfrac{a}{x-1}+\dfrac{b}{x+1}=\dfrac{a(x+1)+b(x-1)}{(x-1)(x+1)}=\dfrac{(a+b)x+a-b}{(x-1)(x+1)}$

よって　$\dfrac{1}{(x-1)(x+1)}=\dfrac{(a+b)x+a-b}{(x-1)(x+1)}$

両辺の分子を比べて　$a+b=0$，$a-b=1$

これを解いて　$a=\dfrac{1}{2}$，$b=-\dfrac{1}{2}$

この結果を利用すると

$\dfrac{1}{(x-1)(x+1)}=\dfrac{1}{2}\left(\dfrac{1}{x-1}-\dfrac{1}{x+1}\right)$ であるから

$$\int\frac{1}{(x-1)(x+1)}dx=\frac{1}{2}\int\left(\frac{1}{x-1}-\frac{1}{x+1}\right)dx$$

$$=\frac{1}{2}(\log|x-1|-\log|x+1|)+C=\frac{1}{2}\log\left|\frac{x-1}{x+1}\right|+C$$

102 $\dfrac{1}{(x-3)(x-1)}=\dfrac{a}{x-3}+\dfrac{b}{x-1}$ を満たす定数 a，b を求めよ。

また，この結果を利用して不定積分 $\displaystyle\int\frac{1}{(x-3)(x-1)}dx$ を求めよ。

POINT 89 三角関数に関する不定積分

2倍角の公式から得られる公式や積を和・差に直す公式を用いて次数を下げる。

$$\sin^2\alpha=\frac{1-\cos 2\alpha}{2},\quad \cos^2\alpha=\frac{1+\cos 2\alpha}{2},\quad \sin\alpha\cos\alpha=\frac{\sin 2\alpha}{2}$$

$$\sin\alpha\cos\beta=\frac{1}{2}\{\sin(\alpha+\beta)+\sin(\alpha-\beta)\}$$

$$\cos\alpha\sin\beta=\frac{1}{2}\{\sin(\alpha+\beta)-\sin(\alpha-\beta)\}$$

$$\cos\alpha\cos\beta=\frac{1}{2}\{\cos(\alpha+\beta)+\cos(\alpha-\beta)\}$$

$$\sin\alpha\sin\beta=-\frac{1}{2}\{\cos(\alpha+\beta)-\cos(\alpha-\beta)\}$$

例 95 次の不定積分を求めよ。

(1) $\int\sin^2 x\,dx$　　(2) $\int\sin 2x\cos x\,dx$

解答 (1) $\int\sin^2 x\,dx=\frac{1}{2}\int(1-\cos 2x)\,dx$　← $\sin^2 x=\frac{1-\cos 2x}{2}$

$$=\frac{1}{2}\left(x-\frac{1}{2}\sin 2x\right)+C=\frac{1}{2}x-\frac{1}{4}\sin 2x+C$$

(2) $\int\sin 2x\cos x\,dx=\frac{1}{2}\int(\sin 3x+\sin x)\,dx$　← $\sin 2x\cos x=\frac{1}{2}\{\sin(2x+x)+\sin(2x-x)\}$

$$=\frac{1}{2}\left(-\frac{1}{3}\cos 3x-\cos x\right)+C=-\frac{1}{6}\cos 3x-\frac{1}{2}\cos x+C$$

103A 次の不定積分を求めよ。

(1) $\int\cos^2\frac{x}{2}\,dx$

(2) $\int\cos 5x\cos 2x\,dx$

103B 次の不定積分を求めよ。

(1) $\int\sin^2 3x\,dx$

(2) $\int\sin 3x\cos 2x\,dx$

36 定積分とその性質

▶教 p.144〜147

POINT 90
定積分

$F'(x)=f(x)$ のとき $\displaystyle\int_a^b f(x)\,dx=\Big[F(x)\Big]_a^b=F(b)-F(a)$

例 96 定積分 $\displaystyle\int_1^8 \sqrt[3]{x}\,dx$ を求めよ。

解答 $\displaystyle\int_1^8 \sqrt[3]{x}\,dx=\int_1^8 x^{\frac{1}{3}}\,dx=\left[\frac{3}{4}x^{\frac{4}{3}}\right]_1^8=\frac{3}{4}\left[x^{\frac{4}{3}}\right]_1^8$

$\displaystyle=\frac{3}{4}\left(8^{\frac{4}{3}}-1^{\frac{4}{3}}\right)=\frac{3}{4}(16-1)=\frac{45}{4}$

← $8^{\frac{4}{3}}=(2^3)^{\frac{4}{3}}=2^4$

104A 次の定積分を求めよ。

(1) $\displaystyle\int_{-2}^1 x^4\,dx$

(2) $\displaystyle\int_4^9 \frac{1}{x\sqrt{x}}\,dx$

(3) $\displaystyle\int_{\frac{\pi}{6}}^{\frac{\pi}{3}} \frac{1}{\cos^2 x}\,dx$

104B 次の定積分を求めよ。

(1) $\displaystyle\int_1^8 \sqrt[3]{x^2}\,dx$

(2) $\displaystyle\int_1^e \frac{1}{x}\,dx$

(3) $\displaystyle\int_{-1}^2 3^x\,dx$

POINT 91
定積分の性質

[1] $\displaystyle\int_a^b kf(x)\,dx = k\int_a^b f(x)\,dx$　　ただし，k は定数

[2] $\displaystyle\int_a^b \{f(x)+g(x)\}\,dx = \int_a^b f(x)\,dx + \int_a^b g(x)\,dx$

[3] $\displaystyle\int_a^b \{f(x)-g(x)\}\,dx = \int_a^b f(x)\,dx - \int_a^b g(x)\,dx$

[4] $\displaystyle\int_a^a f(x)\,dx = 0$

[5] $\displaystyle\int_b^a f(x)\,dx = -\int_a^b f(x)\,dx$

[6] $\displaystyle\int_a^b f(x)\,dx = \int_a^c f(x)\,dx + \int_c^b f(x)\,dx$

例 97 次の定積分を求めよ。

(1) $\displaystyle\int_1^2 (x^3+2x^2-4x)\,dx + \int_1^2 (4x-2x^2+x^3)\,dx$　(2) $\displaystyle\int_{-2}^1 \sqrt{x+2}\,dx + \int_1^2 \sqrt{x+2}\,dx$

解答 (1) $\displaystyle\int_1^2 (x^3+2x^2-4x)\,dx + \int_1^2 (4x-2x^2+x^3)\,dx$　← 性質 [2]

$\displaystyle = \int_1^2 2x^3\,dx = 2\left[\frac{1}{4}x^4\right]_1^2 = 2\cdot\frac{1}{4}(16-1) = \frac{15}{2}$

(2) $\displaystyle\int_{-2}^1 \sqrt{x+2}\,dx + \int_1^2 \sqrt{x+2}\,dx = \int_{-2}^2 \sqrt{x+2}\,dx$　← 性質 [6]

$\displaystyle = \int_{-2}^2 (x+2)^{\frac{1}{2}}\,dx = \left[\frac{2}{3}(x+2)^{\frac{3}{2}}\right]_{-2}^2 = \frac{2}{3}(8-0) = \frac{16}{3}$

105A 次の定積分を求めよ。

(1) $\displaystyle\int_{-1}^{\sqrt{2}} (4x^3-6x^2+2x+3)\,dx$

(2) $\displaystyle\int_{-1}^2 (2x^3+3x^2-x)\,dx + \int_{-1}^2 (x-3x^2-x^3)\,dx$

(3) $\displaystyle\int_1^2 \sqrt[3]{1-x^2}\,dx + \int_2^1 \sqrt[3]{1-x^2}\,dx$

105B 次の定積分を求めよ。

(1) $\displaystyle\int_1^e \left(\frac{x-1}{x}\right)^2 dx$

(2) $\displaystyle\int_{-2}^0 (x+\sin x-2^x)\,dx - \int_{-2}^0 (\sin x-2^x-3x)\,dx$

(3) $\displaystyle\int_{-\frac{\pi}{6}}^0 \tan^2 x\,dx - \int_{\frac{\pi}{3}}^0 \tan^2 x\,dx$

POINT 92

絶対値のついた関数 $|f(x)|$ の定積分は，$f(x)$ の符号によって場合分けして求める。

絶対値のついた関数の定積分

例 98 定積分 $\displaystyle\int_0^{\pi}|\sin 2x|\,dx$ を求めよ。

解答 $0 \leqq x \leqq \dfrac{\pi}{2}$ のとき，　← $0 \leqq 2x \leqq \pi$

$\sin 2x \geqq 0$ より　$|\sin 2x| = \sin 2x$

$\dfrac{\pi}{2} \leqq x \leqq \pi$ のとき，　← $\pi \leqq 2x \leqq 2\pi$

$\sin 2x \leqq 0$ より　$|\sin 2x| = -\sin 2x$

よって

$$\int_0^{\pi}|\sin 2x|\,dx = \int_0^{\frac{\pi}{2}}|\sin 2x|\,dx + \int_{\frac{\pi}{2}}^{\pi}|\sin 2x|\,dx$$

$$= \int_0^{\frac{\pi}{2}}\sin 2x\,dx + \int_{\frac{\pi}{2}}^{\pi}(-\sin 2x)\,dx$$

$$= \left[-\frac{1}{2}\cos 2x\right]_0^{\frac{\pi}{2}} - \left[-\frac{1}{2}\cos 2x\right]_{\frac{\pi}{2}}^{\pi} = \left(\frac{1}{2}+\frac{1}{2}\right) - \left(-\frac{1}{2}-\frac{1}{2}\right) = 2$$

106A 定積分 $\displaystyle\int_{\frac{\pi}{6}}^{\frac{2}{3}\pi}|\cos x|\,dx$ を求めよ。

106B 定積分 $\displaystyle\int_{-1}^{2}|e^x - e|\,dx$ を求めよ。

POINT 93
定積分と微分

a が定数のとき　$\dfrac{d}{dx}\displaystyle\int_a^x f(t)\,dt = f(x)$

例 99　次の関数 $F(x)$ を x で微分せよ。

(1)　$F(x)=\displaystyle\int_0^x e^t \sin t\,dt$　　(2)　$F(x)=\displaystyle\int_0^x (x+3t)\sin t\,dt$

解答　(1)　$F'(x)=\dfrac{d}{dx}\displaystyle\int_0^x e^t\sin t\,dt = e^x\sin x$

(2)　$F(x)=x\displaystyle\int_0^x \sin t\,dt+3\int_0^x t\sin t\,dt$ であるから

$$F'(x)=(x)'\int_0^x \sin t\,dt + x\left(\frac{d}{dx}\int_0^x \sin t\,dt\right)+3\cdot\frac{d}{dx}\int_0^x t\sin t\,dt$$
$$=\int_0^x \sin t\,dt + x\sin x + 3x\sin x$$
$$=\Big[-\cos t\Big]_0^x + 4x\sin x = 4x\sin x - \cos x + 1$$

107A　次の関数 $F(x)$ を x で微分せよ。

(1)　$F(x)=\displaystyle\int_0^x (4\cos t - 3\sin t)\,dt$

(2)　$F(x)=\displaystyle\int_0^x (x-t)\sin 2t\,dt$

107B　次の関数 $F(x)$ を x で微分せよ。

(1)　$F(x)=\displaystyle\int_2^x t(\log t)^2\,dt$

(2)　$F(x)=\displaystyle\int_{-3}^x e^{t+x}\,dt$

第4章　積分法

検印

37 定積分の置換積分法と部分積分法

▶教 p.148〜154

POINT 94
定積分の置換積分法

$x=g(t)$ のとき，$a=g(\alpha)$，$b=g(\beta)$ ならば

$$\int_a^b f(x)\,dx=\int_\alpha^\beta f(g(t))g'(t)\,dt$$

x	$a\longrightarrow b$
t	$\alpha\longrightarrow\beta$

例 100 次の定積分を求めよ。

(1) $\displaystyle\int_0^2 x^2(x-1)^3\,dx$　　(2) $\displaystyle\int_0^3 x\sqrt{1+x}\,dx$

解答 (1) $x-1=t$ とおくと，$x=t+1$ より $\dfrac{dx}{dt}=1$

であり，x と t の対応は右の表のようになる。

x	$0\longrightarrow 2$
t	$-1\longrightarrow 1$

よって $\displaystyle\int_0^2 x^2(x-1)^3\,dx=\int_{-1}^1 (t+1)^2t^3\cdot 1\,dt=\int_{-1}^1 (t^5+2t^4+t^3)\,dt$

$$=\left[\frac{1}{6}t^6+\frac{2}{5}t^5+\frac{1}{4}t^4\right]_{-1}^1=\left(\frac{1}{6}+\frac{2}{5}+\frac{1}{4}\right)-\left(\frac{1}{6}-\frac{2}{5}+\frac{1}{4}\right)=\frac{4}{5}$$

(2) $\sqrt{1+x}=t$ とおくと，$x=t^2-1$ より $\dfrac{dx}{dt}=2t$

であり，x と t の対応は右の表のようになる。

x	$0\longrightarrow 3$
t	$1\longrightarrow 2$

よって $\displaystyle\int_0^3 x\sqrt{1+x}\,dx=\int_1^2 (t^2-1)t\cdot 2t\,dt=2\int_1^2 (t^4-t^2)\,dt$

$$=2\left[\frac{1}{5}t^5-\frac{1}{3}t^3\right]_1^2=2\left\{\left(\frac{32}{5}-\frac{8}{3}\right)-\left(\frac{1}{5}-\frac{1}{3}\right)\right\}=\frac{116}{15}$$

108A 次の定積分を求めよ。

(1) $\displaystyle\int_1^2 4x(2x-3)^3\,dx$

(2) $\displaystyle\int_2^3 x\sqrt{x-2}\,dx$

108B 次の定積分を求めよ。

(1) $\displaystyle\int_{-1}^1 \frac{x}{(x+2)^2}\,dx$

(2) $\displaystyle\int_2^3 x\sqrt{3-x}\,dx$

POINT 95　$\sqrt{a^2-x^2}$ の定積分は $x=a\sin\theta$ とおく。

おきかえの工夫 [1]

例 101　定積分 $\displaystyle\int_0^5 \sqrt{25-x^2}\,dx$ を求めよ。

解答　$x=5\sin\theta$ とおくと　$\dfrac{dx}{d\theta}=5\cos\theta$

であり，x と θ の対応は右の表のようになる。

x	$0 \longrightarrow 5$
θ	$0 \longrightarrow \dfrac{\pi}{2}$

また，$0 \leqq \theta \leqq \dfrac{\pi}{2}$ のとき，$\cos\theta \geqq 0$ であるから

$$\sqrt{25-x^2}=\sqrt{25(1-\sin^2\theta)}=\sqrt{25\cos^2\theta}=5\cos\theta$$

よって

$$\int_0^5 \sqrt{25-x^2}\,dx=\int_0^{\frac{\pi}{2}} 5\cos\theta\cdot 5\cos\theta\,d\theta$$

← $dx=5\cos\theta\,d\theta$

$$=25\int_0^{\frac{\pi}{2}}\cos^2\theta\,d\theta=25\cdot\frac{1}{2}\int_0^{\frac{\pi}{2}}(1+\cos 2\theta)\,d\theta$$

← $\cos^2\theta=\dfrac{1+\cos 2\theta}{2}$

$$=\frac{25}{2}\left[\theta+\frac{\sin 2\theta}{2}\right]_0^{\frac{\pi}{2}}=\frac{25}{4}\pi$$

109A　定積分 $\displaystyle\int_0^{\frac{1}{2}} \sqrt{1-x^2}\,dx$ を求めよ。

109B　定積分 $\displaystyle\int_2^{2\sqrt{3}} \frac{1}{\sqrt{16-x^2}}\,dx$ を求めよ。

POINT 96 おきかえの工夫 [2]

$\dfrac{1}{x^2+a^2}$ の定積分は $x=a\tan\theta$ とおく。

例 102 定積分 $\displaystyle\int_0^3 \frac{1}{x^2+9}\,dx$ を求めよ。

解答　$x=3\tan\theta$ とおくと $\dfrac{dx}{d\theta}=\dfrac{3}{\cos^2\theta}$

であり，x と θ の対応は右の表のようになる。

x	$0 \longrightarrow 3$
θ	$0 \longrightarrow \dfrac{\pi}{4}$

よって $\displaystyle\int_0^3 \frac{1}{x^2+9}\,dx=\int_0^{\frac{\pi}{4}} \frac{1}{9(\tan^2\theta+1)}\cdot\frac{3}{\cos^2\theta}\,d\theta$　⬅ $dx=\dfrac{3}{\cos^2\theta}d\theta$

$\displaystyle=\frac{1}{3}\int_0^{\frac{\pi}{4}}\cos^2\theta\cdot\frac{1}{\cos^2\theta}\,d\theta$　⬅ $\tan^2\theta+1=\dfrac{1}{\cos^2\theta}$

$\displaystyle=\frac{1}{3}\int_0^{\frac{\pi}{4}}d\theta=\frac{1}{3}\Big[\theta\Big]_0^{\frac{\pi}{4}}=\frac{\pi}{12}$

ROUND 2

110A 定積分 $\displaystyle\int_{-1}^1 \frac{1}{x^2+1}\,dx$ を求めよ。

110B 定積分 $\displaystyle\int_{-2}^{2\sqrt{3}} \frac{2}{x^2+4}\,dx$ を求めよ。

POINT 97 偶関数と奇関数の定積分

[1] $f(x)$ が偶関数　ならば　$\int_{-a}^{a} f(x)\,dx = 2\int_{0}^{a} f(x)\,dx$

[2] $f(x)$ が奇関数　ならば　$\int_{-a}^{a} f(x)\,dx = 0$

例 103 次の定積分を求めよ。

(1) $\int_{-1}^{1}(2x^3 - x^2 + 4x - 3)\,dx$　　(2) $\int_{-\frac{\pi}{2}}^{\frac{\pi}{2}}(\sin x + \cos x)\,dx$

解答 (1) $\int_{-1}^{1}(2x^3 - x^2 + 4x - 3)\,dx = \int_{-1}^{1}(-x^2 - 3)\,dx + \int_{-1}^{1}(2x^3 + 4x)\,dx$

$$= 2\int_{0}^{1}(-x^2 - 3)\,dx = 2\left[-\frac{1}{3}x^3 - 3x\right]_{0}^{1} = -\frac{20}{3}$$

(2) $\int_{-\frac{\pi}{2}}^{\frac{\pi}{2}}(\sin x + \cos x)\,dx = \int_{-\frac{\pi}{2}}^{\frac{\pi}{2}}\sin x\,dx + \int_{-\frac{\pi}{2}}^{\frac{\pi}{2}}\cos x\,dx$

$$= 2\int_{0}^{\frac{\pi}{2}}\cos x\,dx = 2\Big[\sin x\Big]_{0}^{\frac{\pi}{2}} = 2$$

111A 次の定積分を求めよ。

(1) $\int_{-3}^{3}(5x^3 - 2x^2 + 3x + 4)\,dx$

(2) $\int_{-\frac{\pi}{6}}^{\frac{\pi}{6}}(\sin x + 2\cos x + 3\tan x)\,dx$

(3) $\int_{-\frac{\pi}{4}}^{\frac{\pi}{4}} x^2 \tan x\,dx$

111B 次の定積分を求めよ。

(1) $\int_{-2}^{2}(x^4 - x^3 + x^2 - x + 1)\,dx$

(2) $\int_{-\frac{\pi}{2}}^{\frac{\pi}{2}}(3\sin 2x + 2\cos x)\,dx$

(3) $\int_{-\pi}^{\pi}\frac{\sin x}{x^2 + 3}\,dx$

POINT 98
定積分の
部分積分法

$$\int_a^b f(x)g'(x)\,dx = \Big[f(x)g(x)\Big]_a^b - \int_a^b f'(x)g(x)\,dx$$

例 104 定積分 $\int_{\frac{1}{4}}^{1}(4x+3)e^x\,dx$ を求めよ。

解答 $\int_{\frac{1}{4}}^{1}(4x+3)e^x\,dx = \int_{\frac{1}{4}}^{1}(4x+3)(e^x)'\,dx$

$= \Big[(4x+3)e^x\Big]_{\frac{1}{4}}^{1} - \int_{\frac{1}{4}}^{1}(4x+3)'e^x\,dx$

$= 7e - 4e^{\frac{1}{4}} - 4\int_{\frac{1}{4}}^{1}e^x\,dx$

$= 7e - 4e^{\frac{1}{4}} - 4\Big[e^x\Big]_{\frac{1}{4}}^{1}$

$= 7e - 4e^{\frac{1}{4}} - 4(e - e^{\frac{1}{4}}) = 3e$

112A 次の定積分を求めよ。

(1) $\int_0^{\frac{1}{3}} xe^{3x}\,dx$

(2) $\int_0^{\pi} x\sin 2x\,dx$

112B 次の定積分を求めよ。

(1) $\int_0^1 \frac{x}{e^x}\,dx$

(2) $\int_1^e 4x\log x\,dx$

検印

38 定積分と和の極限

▶教 p.156〜159

POINT 99
定積分と和の極限

$$\lim_{n\to\infty}\sum_{k=1}^{n}\frac{1}{n}f\left(\frac{k}{n}\right)=\int_0^1 f(x)\,dx$$

例 105 次の極限値を求めよ。

$$\lim_{n\to\infty}\frac{1}{n\sqrt[3]{n}}(\sqrt[3]{1}+\sqrt[3]{2}+\sqrt[3]{3}+\cdots\cdots+\sqrt[3]{n})$$

解答

$$\frac{1}{n\sqrt[3]{n}}(\sqrt[3]{1}+\sqrt[3]{2}+\sqrt[3]{3}+\cdots\cdots+\sqrt[3]{n})$$

$$=\frac{1}{n}\left(\sqrt[3]{\frac{1}{n}}+\sqrt[3]{\frac{2}{n}}+\sqrt[3]{\frac{3}{n}}+\cdots\cdots+\sqrt[3]{\frac{n}{n}}\right)$$

$$=\sum_{k=1}^{n}\frac{1}{n}\sqrt[3]{\frac{k}{n}}$$

ここで，$f(x)=\sqrt[3]{x}$ とすると，$f\left(\frac{k}{n}\right)=\sqrt[3]{\frac{k}{n}}$

であるから，求める極限値は

$$\lim_{n\to\infty}\sum_{k=1}^{n}\frac{1}{n}f\left(\frac{k}{n}\right)=\int_0^1 f(x)\,dx=\int_0^1\sqrt[3]{x}\,dx=\left[\frac{3}{4}x^{\frac{4}{3}}\right]_0^1=\frac{3}{4}$$

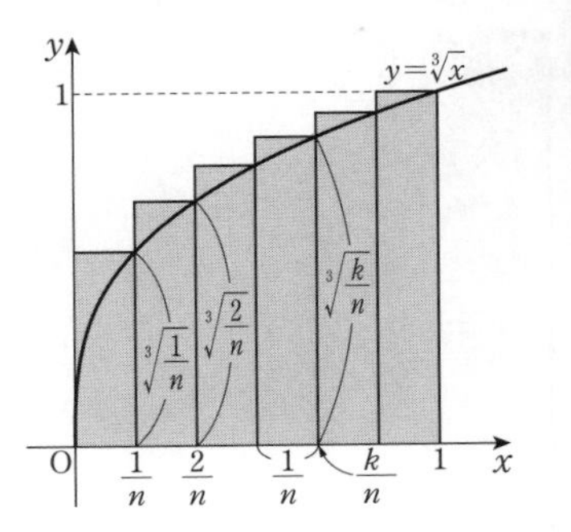

113A 次の極限値を求めよ。

$$\lim_{n\to\infty}\frac{1}{n}\left\{\left(\frac{1}{n}\right)^3+\left(\frac{2}{n}\right)^3+\left(\frac{3}{n}\right)^3+\cdots\cdots+\left(\frac{n}{n}\right)^3\right\}$$

113B 次の極限値を求めよ。

$$\lim_{n\to\infty}\frac{1}{n}\left\{\frac{1}{\left(1+\frac{1}{n}\right)^2}+\frac{1}{\left(1+\frac{2}{n}\right)^2}+\frac{1}{\left(1+\frac{3}{n}\right)^2}+\cdots\cdots+\frac{1}{\left(1+\frac{n}{n}\right)^2}\right\}$$

検印

39 定積分と不等式

▶教 p.160〜161

POINT 100
定積分と不等式 [1]

区間 $[a,\ b]$ で連続な関数 $f(x)$，$g(x)$ について，次のことが成り立つ。

(i) $f(x) \geqq 0$ ならば $\displaystyle\int_a^b f(x)\,dx \geqq 0$

等号が成り立つのは，つねに $f(x)=0$ のときに限る。

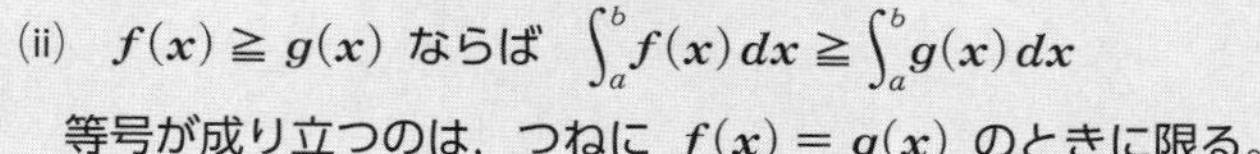

(ii) $f(x) \geqq g(x)$ ならば $\displaystyle\int_a^b f(x)\,dx \geqq \int_a^b g(x)\,dx$

等号が成り立つのは，つねに $f(x)=g(x)$ のときに限る。

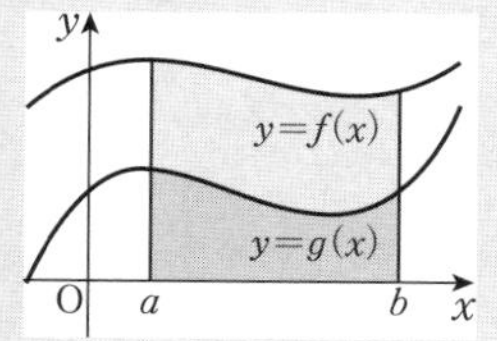

例 106 $x \geqq 0$ のとき，$\dfrac{1}{x^2-x+1} \leqq \dfrac{1}{(x-1)^2}$ であることを示し，不等式 $\displaystyle\int_0^{\frac{1}{2}} \frac{1}{x^2-x+1}\,dx < 1$ が成り立つことを証明せよ。

証明　$x \geqq 0$ のとき　$x^2-x+1 \geqq x^2-2x+1$

であるから　$x^2-x+1 \geqq (x-1)^2$

$0 \leqq x \leqq \dfrac{1}{2}$ のとき，両辺はともに正であるから，両辺の逆数をとると

$$\frac{1}{x^2-x+1} \leqq \frac{1}{(x-1)^2}$$

この式で等号が成り立つのは，$x=0$ のときだけであるから

$$\int_0^{\frac{1}{2}} \frac{1}{x^2-x+1}\,dx < \int_0^{\frac{1}{2}} \frac{1}{(x-1)^2}\,dx$$

右辺は　$\displaystyle\int_0^{\frac{1}{2}} \frac{1}{(x-1)^2}\,dx = \left[-\frac{1}{x-1}\right]_0^{\frac{1}{2}} = 1$

よって　$\displaystyle\int_0^{\frac{1}{2}} \frac{1}{x^2-x+1}\,dx < 1$　終

114A $x \geqq 0$ のとき，$\dfrac{1}{x^2+3x+1} \leqq \dfrac{1}{(x+1)^2}$ であることを示し，不等式 $\displaystyle\int_0^1 \frac{1}{x^2+3x+1}\,dx < \frac{1}{2}$ が成り立つことを証明せよ。

114B $0 \leqq x \leqq \dfrac{\pi}{3}$ のとき，$1 \leqq \dfrac{1}{\cos x} \leqq 2$ であることを示し，不等式 $\dfrac{\pi}{3} < \displaystyle\int_0^{\frac{\pi}{3}} \frac{1}{\cos x}\,dx < \frac{2}{3}\pi$ が成り立つことを証明せよ。

POINT 101　不等式において，一方の和を長方形の面積の合計と考えるとよい場合がある。

定積分と不等式 [2]

例 107　n を自然数とするとき，次の不等式を証明せよ。

$$\frac{n}{n+1} < 1 + \frac{1}{2^2} + \frac{1}{3^2} + \cdots\cdots + \frac{1}{n^2}$$

証明　$x>0$ のとき，関数 $f(x)=\dfrac{1}{x^2}$ は減少関数であるから，

$k \leqq x \leqq k+1$ の範囲では

$$\frac{1}{x^2} \leqq \frac{1}{k^2}$$

この式で等号が成り立つのは，$x=k$ のときだけであるから

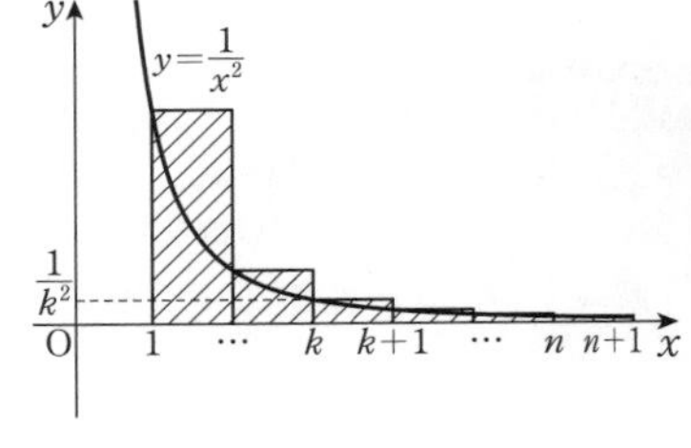

$$\int_k^{k+1} \frac{1}{x^2}\,dx < \int_k^{k+1} \frac{1}{k^2}\,dx = \frac{1}{k^2} \quad \cdots\cdots ①$$

①において，$k=1,\ 2,\ 3,\ \cdots\cdots,\ n$ として両辺の和を考えると

$$\sum_{k=1}^{n}\int_k^{k+1} \frac{1}{x^2}\,dx < 1 + \frac{1}{2^2} + \frac{1}{3^2} + \cdots\cdots + \frac{1}{n^2}$$

ここで，左辺は

$$\sum_{k=1}^{n}\int_k^{k+1} \frac{1}{x^2}\,dx = \int_1^{n+1} \frac{1}{x^2}\,dx = \left[-\frac{1}{x}\right]_1^{n+1} = -\left(\frac{1}{n+1}-1\right) = \frac{n}{n+1}$$

よって　$\dfrac{n}{n+1} < 1 + \dfrac{1}{2^2} + \dfrac{1}{3^2} + \cdots\cdots + \dfrac{1}{n^2}$　終

ROUND 2

115　n を自然数とするとき，次の不等式を証明せよ。

$$\frac{1}{2}\left\{1 - \frac{1}{(n+1)^2}\right\} < 1 + \frac{1}{2^3} + \frac{1}{3^3} + \cdots\cdots + \frac{1}{n^3}$$

第4章　積分法

検印

40 面積

▶教 p.164〜169

POINT 102
曲線と x 軸で囲まれた図形の面積 [1]

区間 $[a,\ b]$ で $f(x) \geqq 0$ のとき，曲線 $y = f(x)$ と x 軸，および2直線 $x = a$，$x = b$ で囲まれた図形の面積 S は

$$S = \int_a^b f(x)\,dx$$

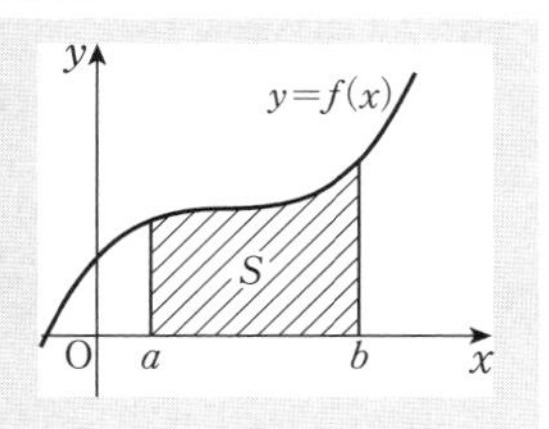

例 108 曲線 $y = e^x + 1$ と x 軸，および y 軸，直線 $x = 1$ で囲まれた図形の面積 S を求めよ。

解答　$0 \leqq x \leqq 1$ のとき　$e^x + 1 > 0$
よって，求める図形の面積 S は

$$S = \int_0^1 (e^x + 1)\,dx = \Big[e^x + x\Big]_0^1 = e$$

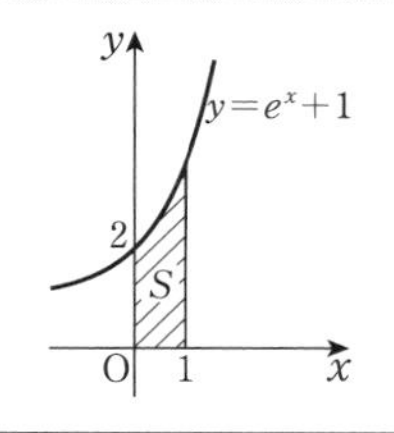

116A 次の曲線や直線で囲まれた図形の面積 S を求めよ。

(1)　$y = -x^3 + 2$，x 軸，$x = 1$，$x = -1$

(2)　$y = \sqrt{x + 4}$，x 軸，y 軸

116B 次の曲線や直線で囲まれた図形の面積 S を求めよ。

(1)　$y = e^x + 1$，x 軸，y 軸，$x = 2$

(2)　$y = \dfrac{3}{x + 1} - 1$，x 軸，y 軸

POINT 103

曲線と x 軸で囲まれた図形の面積 [2]

区間 $[a,\ b]$ で $f(x) \leqq 0$ のとき，曲線 $y=f(x)$ と x 軸，および 2 直線 $x=a$，$x=b$ で囲まれた図形の面積 S は

$$S=\int_a^b\{-f(x)\}\,dx=-\int_a^b f(x)\,dx$$

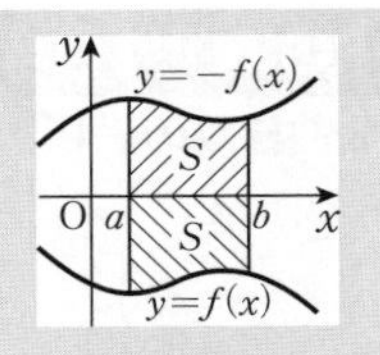

例 109 曲線 $y=\sin x$ $(-\pi \leqq x \leqq \pi)$ と x 軸で囲まれた図形の面積 S を求めよ。

解答　曲線 $y=\sin x$ において，

$-\pi \leqq x \leqq 0$ のとき　　$\sin x \leqq 0$

$0 \leqq x \leqq \pi$ のとき　　$\sin x \geqq 0$

よって，求める図形の面積 S は

$$S=-\int_{-\pi}^{0}\sin x\,dx+\int_0^{\pi}\sin x\,dx$$

$$=-\Big[-\cos x\Big]_{-\pi}^{0}+\Big[-\cos x\Big]_0^{\pi}$$

$$=-(-1-1)+\{1-(-1)\}=4$$

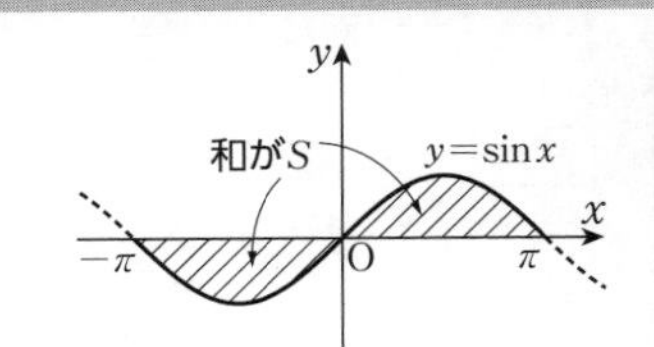

117A 次の曲線や直線で囲まれた図形の面積 S を求めよ。

(1)　$y=x(x+1)(x-2)$，x 軸

(2)　$y=e^{-x}-1$，x 軸，$x=1$

117B 次の曲線や直線で囲まれた図形の面積 S を求めよ。

(1)　$y=\cos x$ $\left(0 \leqq x \leqq \dfrac{3}{2}\pi\right)$，$x$ 軸，y 軸

(2)　$y=-\log x$，x 軸，$x=2$

POINT 104
2 曲線間の面積

区間 $[a,\ b]$ で $f(x) \geqq g(x)$ のとき，
2 曲線 $y=f(x)$，$y=g(x)$，および
2 直線 $x=a$，$x=b$ で囲まれた
図形の面積 S は

$$S=\int_a^b \{f(x)-g(x)\}\,dx$$

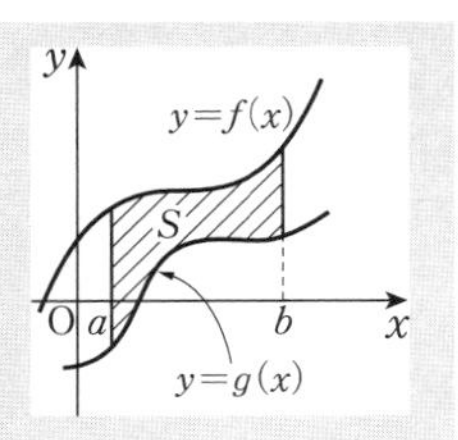

例 110 $-\pi \leqq x \leqq \pi$ において，2 曲線 $y=\sin x$，$y=\cos x$ で囲まれた図形の面積 S を求めよ。

解答 2 つの曲線の交点の x 座標は $\sin x=\cos x$ の解である。
$-\pi \leqq x \leqq \pi$ におけるこの方程式の解は

$$x=-\frac{3}{4}\pi,\ \frac{\pi}{4}$$ ⬅ $\sin x=\cos x$ より $\tan x=1$

$-\dfrac{3}{4}\pi \leqq x \leqq \dfrac{\pi}{4}$ において，$\cos x \geqq \sin x$ であるから

$$S=\int_{-\frac{3}{4}\pi}^{\frac{\pi}{4}}(\cos x-\sin x)\,dx=\Big[\sin x+\cos x\Big]_{-\frac{3}{4}\pi}^{\frac{\pi}{4}}=2\sqrt{2}$$

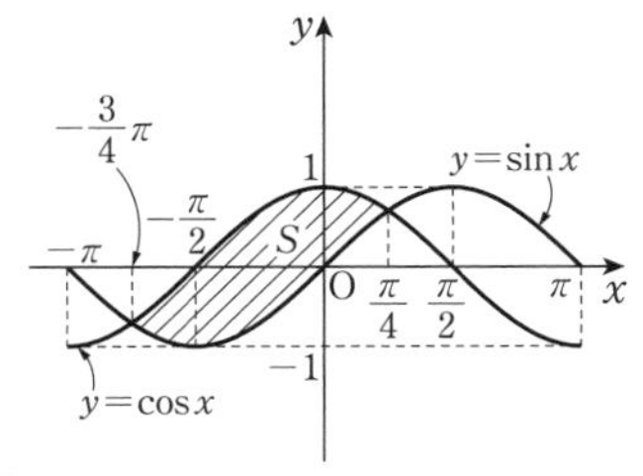

118A 曲線 $y=\dfrac{2}{x}$ と直線 $y=-x+3$ で囲まれた図形の面積 S を求めよ。

118B $0 \leqq x \leqq 2\pi$ において，2 曲線 $y=-\sin x$，$y=\cos x-1$ で囲まれた図形の面積 S を求めよ。

例 111 楕円 $\dfrac{x^2}{16}+\dfrac{y^2}{9}=1$ で囲まれた図形の面積 S を求めよ。

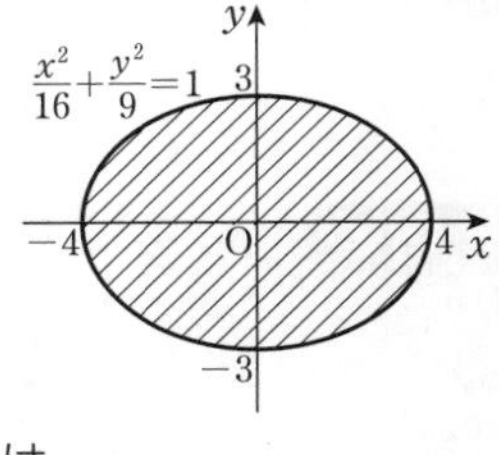

解答 この楕円の方程式を y について解くと

$$y^2=9-\frac{9}{16}x^2 \text{ より } \quad y=\pm\frac{3}{4}\sqrt{16-x^2}$$

よって，x 軸より上側にある曲線の方程式は

$$y=\frac{3}{4}\sqrt{16-x^2}$$

この楕円は x 軸および y 軸に関して対称であるから，求める面積 S は

$$S=4\int_0^4\frac{3}{4}\sqrt{16-x^2}\,dx=3\int_0^4\sqrt{16-x^2}\,dx$$

ここで，$\displaystyle\int_0^4\sqrt{16-x^2}\,dx$ は，半径 4 の円の面積の $\dfrac{1}{4}$ に等しいから

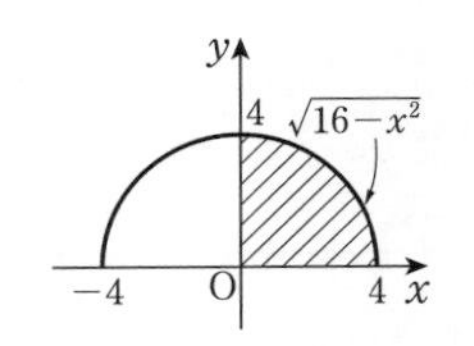

$$\int_0^4\sqrt{16-x^2}\,dx=16\pi\times\frac{1}{4}=4\pi$$

したがって

$$S=3\int_0^4\sqrt{16-x^2}\,dx=12\pi$$

ROUND 2

119A 楕円 $\dfrac{x^2}{4}+y^2=1$ で囲まれた図形の面積 S を求めよ。

119B 楕円 $4x^2+3y^2=12$ で囲まれた図形の面積 S を求めよ。

POINT 105
曲線 $x=g(y)$ と面積

$a \leqq y \leqq b$ で $g(y) \geqq 0$ のとき，曲線 $x=g(y)$ と y 軸，および 2 直線 $y=a$，$y=b$ で囲まれた図形の面積 S は

$$S=\int_a^b g(y)\,dy$$

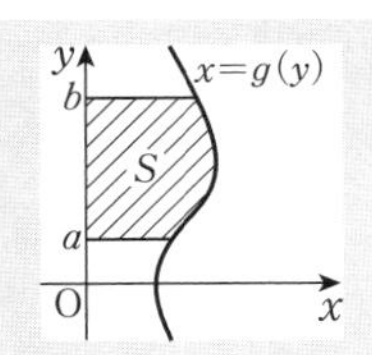

例 112 曲線 $y=\log(x-2)$ と y 軸，および x 軸，直線 $y=1$ で囲まれた図形の面積 S を求めよ。

解答 $y=\log(x-2)$ より　$x-2=e^y$

ゆえに　$x=e^y+2$

$0 \leqq y \leqq 1$ で，つねに $e^y+2>0$ であるから

$$S=\int_0^1 (e^y+2)\,dy=\Big[e^y+2y\Big]_0^1=e+1$$

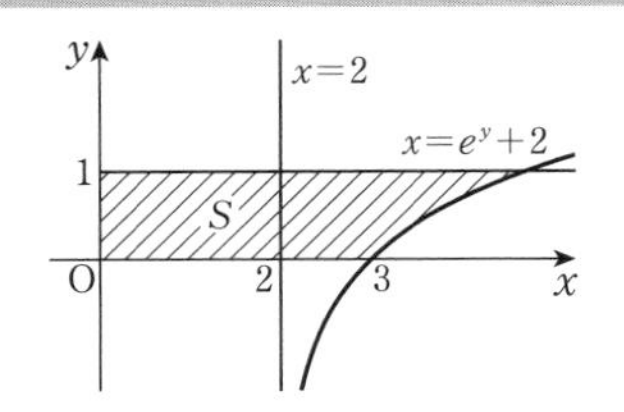

120A 曲線 $y=\sqrt{x}$ と y 軸，および 2 直線 $y=1$，$y=2$ で囲まれた図形の面積 S を求めよ。

120B 曲線 $y=\log(x+1)$ と y 軸，および直線 $y=2$ で囲まれた図形の面積 S を求めよ。

POINT 106 媒介変数表示された曲線と面積

曲線が $x=f(t)$, $y=g(t)$ で表されるとき，この曲線と x 軸，および2直線 $x=a$, $x=b$ で囲まれた図形の面積 S は，つねに $y \geqq 0$ ならば

$$S=\int_a^b y\,dx=\int_\alpha^\beta g(t)f'(t)\,dt$$

x	$a \longrightarrow b$
t	$\alpha \longrightarrow \beta$

例 113 $0 \leqq \theta \leqq 2\pi$ において，次のように媒介変数表示されたサイクロイドと x 軸で囲まれた図形の面積 S を求めよ。

$$\begin{cases} x=2(\theta-\sin\theta) \\ y=2(1-\cos\theta) \end{cases}$$

解答　求める面積 S は $S=\int_0^{4\pi} y\,dx$ と表すことができる。

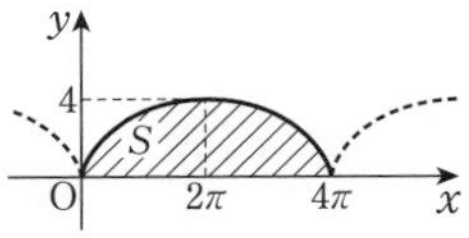

$x=2(\theta-\sin\theta)$ より　$\dfrac{dx}{d\theta}=2(1-\cos\theta)$

x	$0 \longrightarrow 4\pi$
θ	$0 \longrightarrow 2\pi$

であるから，置換積分法より

$$S=\int_0^{4\pi} y\,dx=\int_0^{2\pi} 2(1-\cos\theta)\cdot 2(1-\cos\theta)\,d\theta$$

← $dx=2(1-\cos\theta)\,d\theta$

$$=4\int_0^{2\pi}(1-2\cos\theta+\cos^2\theta)\,d\theta$$

$$=4\int_0^{2\pi}\left(1-2\cos\theta+\frac{1+\cos 2\theta}{2}\right)d\theta$$

← $\cos^2\theta=\dfrac{1+\cos 2\theta}{2}$

$$=4\left[\frac{3}{2}\theta-2\sin\theta+\frac{1}{4}\sin 2\theta\right]_0^{2\pi}=12\pi$$

ROUND 2

121 $0 \leqq \theta \leqq 2\pi$ において，次のように媒介変数表示されたサイクロイドと x 軸で囲まれた図形の面積 S を求めよ。

$$\begin{cases} x=3(\theta-\sin\theta) \\ y=3(1-\cos\theta) \end{cases}$$

検印

41 体積

▶教 p.170〜175

POINT 107
定積分と体積

座標が x である x 軸上の点を通り，x 軸に垂直な平面で切った切り口の面積が $S(x)$ である立体の $a \leqq x \leqq b$ における体積 V は

$$V=\int_a^b S(x)\,dx$$

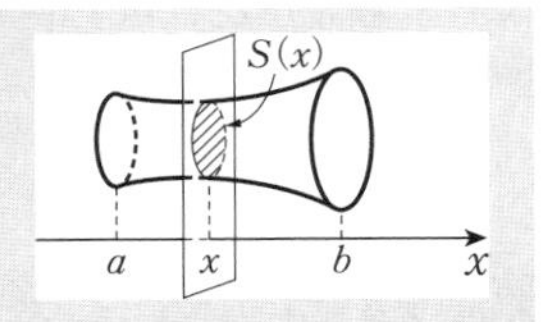

例 114 底面が1辺 a の正三角形で，高さが h の三角錐の体積 V を定積分を用いて求めよ。

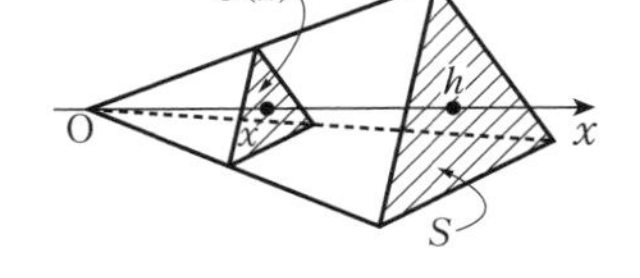

解答　右の図のように，三角錐の頂点を通り底面に垂直な直線を x 軸とし，頂点を原点Oにとる。

$0 \leqq x \leqq h$ として，座標が x である点における x 軸に垂直な平面による三角錐の切り口の面積を $S(x)$ とし，

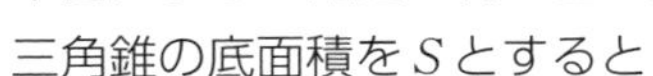

三角錐の底面積を S とすると

$S(x):S=x^2:h^2$　　⬅ 切り口と底面の相似比は $x:h$

ここで，$S=\dfrac{\sqrt{3}}{4}a^2$ であるから　　$S(x)=\dfrac{Sx^2}{h^2}=\dfrac{\sqrt{3}\,a^2}{4h^2}x^2$

よって　$V=\displaystyle\int_0^h \frac{\sqrt{3}\,a^2}{4h^2}x^2\,dx=\frac{\sqrt{3}\,a^2}{4h^2}\left[\frac{1}{3}x^3\right]_0^h=\frac{\sqrt{3}}{12}a^2h$

122 右の図のような立体において，頂点Oと正方形ABCDの対角線の交点Hを結んだ半直線を x 軸とし，OH $=8$ とする。座標 x における断面が1辺 $\sqrt{x}$ の正方形であるとき，立体 O-ABCD の体積を求めよ。

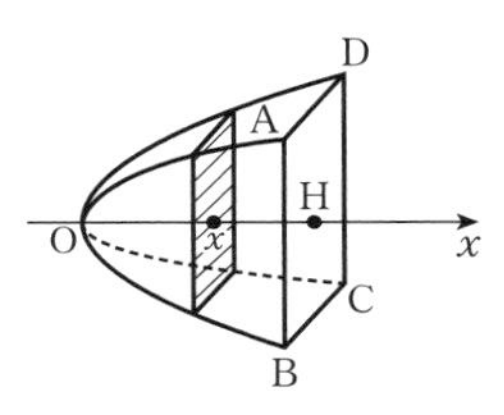

POINT 108

x軸のまわりの回転体の体積

曲線 $y=f(x)$ とx軸，および2直線 $x=a$，$x=b$ $(a<b)$ で囲まれた図形を，x軸のまわりに1回転してできる回転体の体積 V は

$$V=\pi\int_a^b y^2\,dx=\pi\int_a^b \{f(x)\}^2\,dx$$

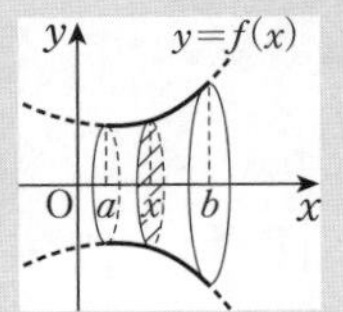

例 115 曲線 $y=\sqrt{r^2-x^2}$ とx軸で囲まれた図形を，x軸のまわりに1回転してできる回転体の体積 V を求めよ。

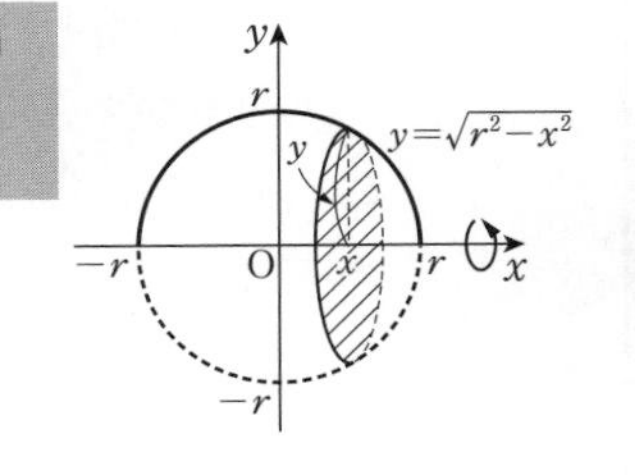

解答

$$V=\pi\int_{-r}^{r}y^2\,dx=\pi\int_{-r}^{r}(\sqrt{r^2-x^2})^2\,dx$$

$$=2\pi\int_0^r(r^2-x^2)\,dx=2\pi\left[r^2x-\frac{1}{3}x^3\right]_0^r=\frac{4}{3}\pi r^3$$

123A

次の曲線および直線で囲まれた図形を，x軸のまわりに1回転してできる回転体の体積 V を求めよ。

(1) 双曲線 $y=\dfrac{1}{x}$，x軸，直線 $x=1$，直線 $x=3$

(2) 放物線 $y=x^2-1$，x軸

123B

次の曲線および直線で囲まれた図形を，x軸のまわりに1回転してできる回転体の体積 V を求めよ。

(1) 曲線 $y=e^x$，x軸，直線 $x=1$，直線 $x=2$

(2) 曲線 $y=\cos x$ $\left(-\dfrac{\pi}{2}\leqq x\leqq\dfrac{\pi}{2}\right)$，$x$軸

例 116 円 $x^2+(y-4)^2=4$ を，x 軸のまわりに1回転してできる回転体の体積 V を求めよ。

解答　　$x^2+(y-4)^2=4$

を y について解くと

$y=4\pm\sqrt{4-x^2}$

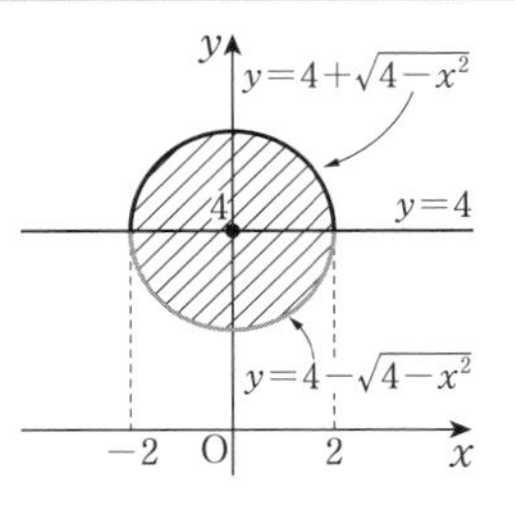

求める体積 V は，直線 $y=4$ より上側の半円 $y=4+\sqrt{4-x^2}$ を，x 軸のまわりに1回転して得られる回転体の体積から，下側の半円 $y=4-\sqrt{4-x^2}$ を x 軸のまわりに1回転して得られる回転体の体積を引いたものである。

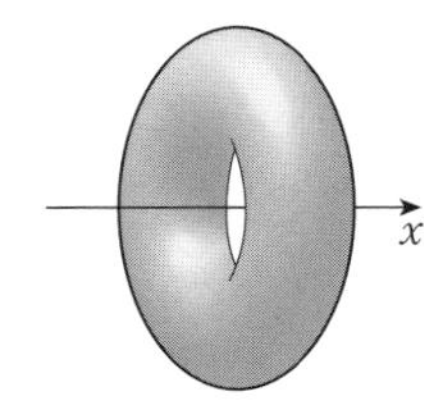

よって

$$V=\pi\left\{\int_{-2}^{2}(4+\sqrt{4-x^2})^2dx-\int_{-2}^{2}(4-\sqrt{4-x^2})^2dx\right\}$$

$$=16\pi\int_{-2}^{2}\sqrt{4-x^2}\,dx$$

ここで，$\int_{-2}^{2}\sqrt{4-x^2}\,dx$ は，半径2の円の面積の $\frac{1}{2}$ に等しい。

したがって　　$V=16\pi\times4\pi\times\frac{1}{2}=32\pi^2$

ROUND 2

124A 円 $x^2+(y-2)^2=1$ を，x 軸のまわりに1回転してできる回転体の体積 V を求めよ。

124B $0 \leqq x \leqq \frac{\pi}{3}$ において，2 曲線 $y=\sin x$，$y=\sin 2x$ で囲まれた図形を，x 軸のまわりに 1 回転してできる回転体の体積 V を求めよ。

POINT 109
y 軸のまわりの回転体の体積

曲線 $x=g(y)$ と y 軸，および 2 直線 $y=a$，$y=b$ $(a<b)$ で囲まれた図形を，y 軸のまわりに 1 回転してできる回転体の体積 V は

$$V=\pi\int_a^b x^2\,dy=\pi\int_a^b \{g(y)\}^2\,dy$$

例 117 曲線 $y=\frac{1}{2}x^2$ と y 軸，および直線 $y=1$ で囲まれた図形を，y 軸のまわりに 1 回転してできる回転体の体積 V を求めよ。

解答

$$V=\pi\int_0^1 x^2\,dy$$

$$=\pi\int_0^1 2y\,dy$$

$$=\pi\Big[y^2\Big]_0^1=\pi$$

← $y=\frac{1}{2}x^2$ より $x^2=2y$

125A 曲線 $y=\sqrt{x-1}$ と x 軸，および y 軸，直線 $y=1$ で囲まれた図形を，y 軸のまわりに 1 回転してできる回転体の体積 V を求めよ。

125B 曲線 $y=\log x$ と x 軸，および y 軸，直線 $y=2$ で囲まれた図形を，y 軸のまわりに 1 回転してできる回転体の体積 V を求めよ。

42 曲線の長さと道のり

▶教 p.176〜180

POINT 110
曲線の長さ(1)

$a \leqq t \leqq b$ において，曲線 $x=f(t)$，$y=g(t)$ の長さ L は

$$L=\int_a^b \sqrt{\left(\frac{dx}{dt}\right)^2+\left(\frac{dy}{dt}\right)^2}\,dt=\int_a^b \sqrt{\{f'(t)\}^2+\{g'(t)\}^2}\,dt$$

例 118 次のように媒介変数表示されたサイクロイドの長さ L を求めよ。

$$\begin{cases} x=2(t-\sin t) \\ y=2(1-\cos t) \end{cases} \quad (0 \leqq t \leqq 2\pi)$$

解答 $\dfrac{dx}{dt}=2(1-\cos t)$，$\dfrac{dy}{dt}=2\sin t$

であるから，求める曲線の長さ L は

$$\begin{aligned} L&=\int_0^{2\pi} \sqrt{\{2(1-\cos t)\}^2+(2\sin t)^2}\,dt \\ &=\int_0^{2\pi} \sqrt{8-8\cos t}\,dt \\ &=\int_0^{2\pi} \sqrt{16\times\frac{1-\cos t}{2}}\,dt \\ &=4\int_0^{2\pi} \sqrt{\sin^2\frac{t}{2}}\,dt \end{aligned}$$

$\dfrac{1-\cos t}{2}=\sin^2\dfrac{t}{2}$

$0 \leqq t \leqq 2\pi$ のとき，$0 \leqq \dfrac{t}{2} \leqq \pi$ より $\sin\dfrac{t}{2} \geqq 0$ であるから

$$L=4\int_0^{2\pi} \sin\frac{t}{2}\,dt=4\left[-2\cos\frac{t}{2}\right]_0^{2\pi}=16$$

126 次のように媒介変数表示された曲線の長さ L を求めよ。

$$\begin{cases} x=2\cos^3 t \\ y=2\sin^3 t \end{cases} \quad (0 \leqq t \leqq 2\pi)$$

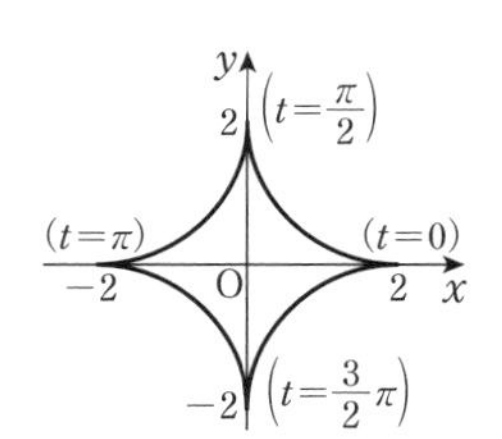

POINT 111
曲線の長さ(2)

$a \leqq x \leqq b$ において，曲線 $y=f(x)$ の長さ L は

$$L=\int_a^b\sqrt{1+\left(\frac{dy}{dx}\right)^2}\,dx=\int_a^b\sqrt{1+\{f'(x)\}^2}\,dx$$

例 119 曲線 $y=e^{\frac{x}{2}}+e^{-\frac{x}{2}}$ $(0 \leqq x \leqq 2)$ の長さ L を求めよ。

解答 $\dfrac{dy}{dx}=\dfrac{1}{2}(e^{\frac{x}{2}}-e^{-\frac{x}{2}})$ であるから

$$1+\left(\frac{dy}{dx}\right)^2=1+\frac{1}{4}(e^{\frac{x}{2}}-e^{-\frac{x}{2}})^2=\left\{\frac{1}{2}(e^{\frac{x}{2}}+e^{-\frac{x}{2}})\right\}^2$$

よって，求める曲線の長さ L は

$$L=\int_0^2\sqrt{\left\{\frac{1}{2}(e^{\frac{x}{2}}+e^{-\frac{x}{2}})\right\}^2}\,dx$$

← $e^{\frac{x}{2}}+e^{-\frac{x}{2}}>0$

$$=\frac{1}{2}\int_0^2(e^{\frac{x}{2}}+e^{-\frac{x}{2}})\,dx=\left[e^{\frac{x}{2}}-e^{-\frac{x}{2}}\right]_0^2=e-\frac{1}{e}$$

ROUND 2

127A 曲線 $y=\dfrac{1}{3}x\sqrt{x}$ $(0 \leqq x \leqq 4)$ の長さ L を求めよ。

127B 曲線 $y=\sqrt{16-x^2}$ $(0 \leqq x \leqq 2)$ の長さ L を求めよ。

POINT 112

直線上の点の運動と道のり

数直線上を運動する点Pの時刻 t における座標を $x=f(t)$，速度を $v(t)$ とするとき，時刻 t_1 から t_2 における点Pの位置の変化は

$$f(t_2)-f(t_1)=\int_{t_1}^{t_2} v(t)\,dt$$

また，点Pが時刻 t_1 から t_2 までに動いた道のり l は　$l=\int_{t_1}^{t_2} |v(t)|\,dt$

例 120　速度 $v(t)=3-t$ で数直線上を運動する点Pが，$t=0$ から $t=5$ までに動く道のりを求めよ。

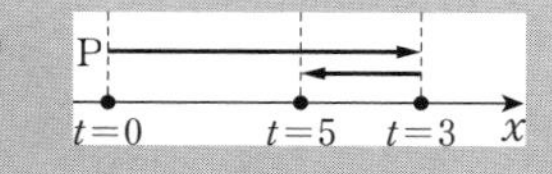

解答

$0 \leqq t \leqq 3$ のとき　$|v(t)|=3-t$

$3 \leqq t \leqq 5$ のとき　$|v(t)|=-(3-t)=t-3$

よって，求める道のり l は

$$l=\int_0^5 |v(t)|\,dt$$

$$=\int_0^3 (3-t)\,dt+\int_3^5 (t-3)\,dt$$

$$=\left[3t-\frac{1}{2}t^2\right]_0^3+\left[\frac{1}{2}t^2-3t\right]_3^5=\frac{13}{2}$$

128A　速度 $v(t)=6-2t$ で数直線上を運動する点Pが，$t=0$ から $t=5$ までに動く道のりを求めよ。

128B　速度 $v(t)=1-e^t$ で数直線上を運動する点Pが，$t=-1$ から $t=1$ までに動く道のりを求めよ。

POINT 113

平面上の点の運動と道のり

平面上を運動する点 P $(x,\ y)$ の座標が，時刻 t の関数として

$$x = f(t),\ y = g(t)$$

で表されているとき，点Pが時刻 t_1 から t_2 までに動いた道のり l は

$$l = \int_{t_1}^{t_2} \sqrt{\left(\frac{dx}{dt}\right)^2 + \left(\frac{dy}{dt}\right)^2}\, dt$$

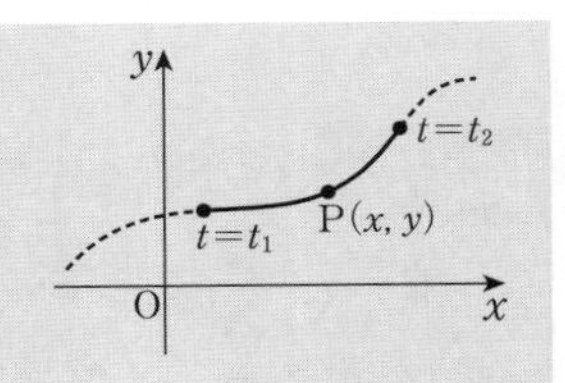

例 121 平面上を運動する点 P$(x,\ y)$ の座標が，時刻 t の関数として，

$$x = a\cos t,\ y = a\sin t \quad (a > 0)$$

と表されているとき，点Pが $t = 0$ から $t = 5$ までに動く道のりを求めよ。

解答 $\dfrac{dx}{dt} = -a\sin t$，$\dfrac{dy}{dt} = a\cos t$

であるから，求める道のり l は

$$l = \int_0^5 \sqrt{(-a\sin t)^2 + (a\cos t)^2}\, dt$$

$$= a\int_0^5 dt \qquad \Leftarrow a > 0$$

$$= a\Big[t\Big]_0^5 = 5a$$

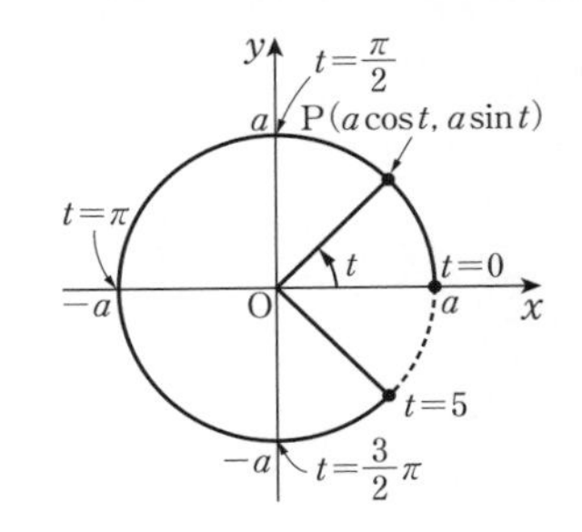

129A 平面上を運動する点 P$(x,\ y)$ の座標が，時刻 t の関数として

$$x = t^2,\ y = \frac{2}{3}t^3$$

と表されているとき，点Pが $t = 0$ から $t = \sqrt{3}$ までに動く道のりを求めよ。

129B 平面上を運動する点 P$(x,\ y)$ の座標が，時刻 t の関数として

$$x = 1 - \cos 2t,\ y = \sin 2t$$

と表されているとき，点Pが $t = 0$ から $t = \pi$ までに動く道のりを求めよ。

例題 7　定積分を含む等式と関数の決定　▶教 p.155 思考力＋

次の等式を満たす関数 $f(x)$ を求めよ。

$$f(x)=\sin x+\int_0^{\frac{\pi}{6}}f(t)\cos t\,dt$$

考え方　定積分 $\int_a^b f(t)\,dt$ は必ず定数になることから，$k=\int_a^b f(t)\,dt$ とおける。

解答　$\int_0^{\frac{\pi}{6}}f(t)\cos t\,dt$ は定数であるから，$k=\int_0^{\frac{\pi}{6}}f(t)\cos t\,dt$ とおくと

$$f(x)=\sin x+k$$

ゆえに　$k=\int_0^{\frac{\pi}{6}}(\sin t+k)\cos t\,dt=\int_0^{\frac{\pi}{6}}\sin t\cos t\,dt+k\int_0^{\frac{\pi}{6}}\cos t\,dt$

$$=\frac{1}{2}\int_0^{\frac{\pi}{6}}\sin 2t\,dt+k\Big[\sin t\Big]_0^{\frac{\pi}{6}}=\frac{1}{2}\Big[-\frac{1}{2}\cos 2t\Big]_0^{\frac{\pi}{6}}+k\left(\frac{1}{2}-0\right)=\frac{1}{2}k+\frac{1}{8}$$

よって，$k=\frac{1}{2}k+\frac{1}{8}$ より　$k=\frac{1}{4}$

したがって　$f(x)=\sin x+\frac{1}{4}$　答

130　次の等式を満たす関数 $f(x)$ を求めよ。

$$f(x)=\cos x+\int_0^{\frac{\pi}{3}}f(t)\sin t\,dt$$

例題 8　立体の断面積と体積

▶数 p. 172 応用例題 3

中心 O，半径 r の円を底面とする直円柱がある。点Oを通り，底面と 45° の角度で交わる平面によって，この円柱を切断するとき，切り取られた小さい方の立体の体積 V を求めよ。

解答　O を通り，底面と切り取る平面との交線と垂直な直線を x 軸とする。
このとき，座標が x である点をAとすると，A における x 軸に垂直な平面によるこの立体の切り口の図形 BCDE は

$$AB = \sqrt{r^2 - x^2}$$

であるから，$BE = 2\sqrt{r^2 - x^2}$，$CB = x$ の長方形である。
切り口の長方形の面積を $S(x)$ とすると

$$S(x) = 2x\sqrt{r^2 - x^2}$$

したがって，求める体積 V は

$$V = \int_0^r S(x)\,dx = \int_0^r 2x\sqrt{r^2 - x^2}\,dx$$

$r^2 - x^2 = t$ とおくと，$-2x\dfrac{dx}{dt} = 1$

であり，x と t の対応は右の表のようになる。
よって

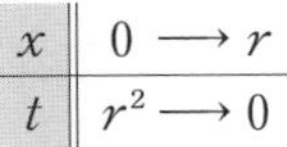

x	$0 \longrightarrow r$
t	$r^2 \longrightarrow 0$

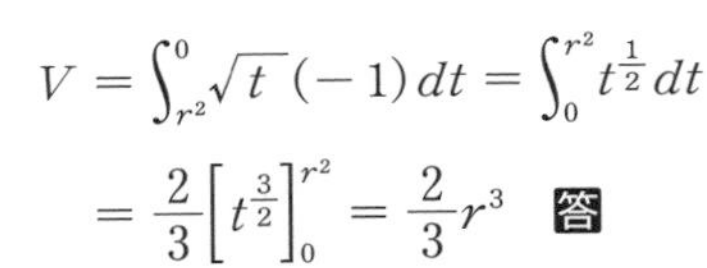

$$V = \int_{r^2}^0 \sqrt{t}\,(-1)\,dt = \int_0^{r^2} t^{\frac{1}{2}}\,dt$$

$$= \frac{2}{3}\Big[t^{\frac{3}{2}}\Big]_0^{r^2} = \frac{2}{3}r^3$$ 答

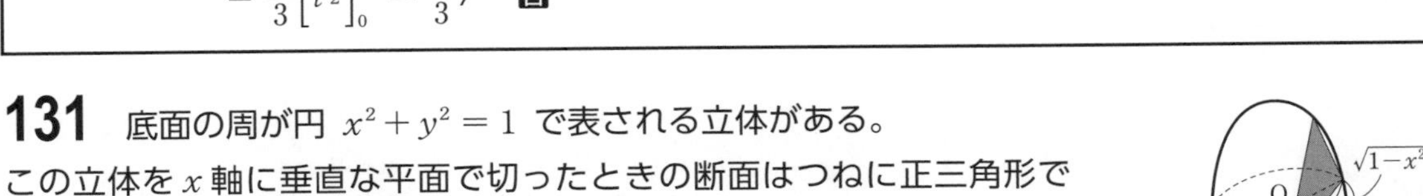

131　底面の周が円 $x^2 + y^2 = 1$ で表される立体がある。
この立体を x 軸に垂直な平面で切ったときの断面はつねに正三角形であるという。この立体の体積 V を求めよ。

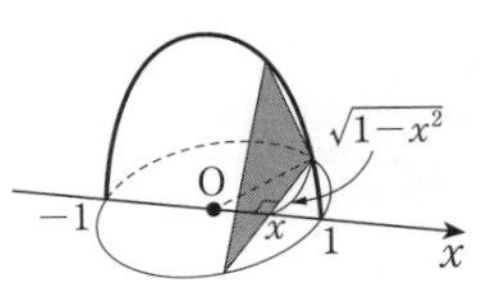

第4章　積分法

検印

解答

1A (1)

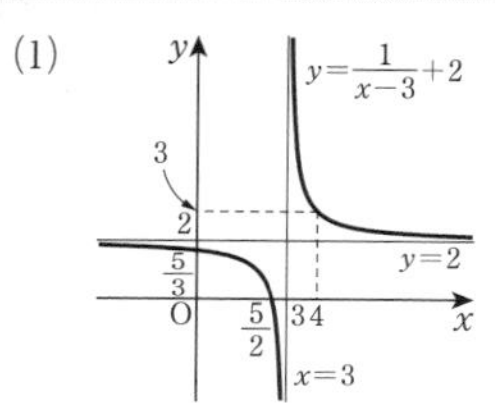

定義域は $x \neq 3$, 値域は $y \neq 2$

(2)

定義域は $x \neq 2$, 値域は $y \neq -3$

1B (1)

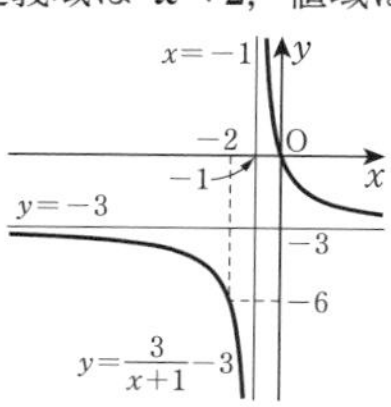

定義域は $x \neq -1$, 値域は $y \neq -3$

(2)

定義域は $x \neq 0$, 値域は $y \neq -4$

2A (1)

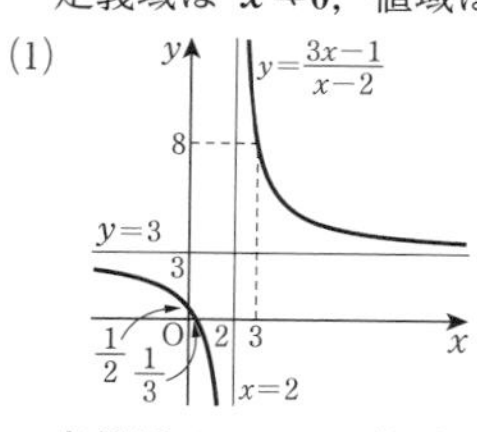

定義域は $x \neq 2$, 値域は $y \neq 3$

(2)

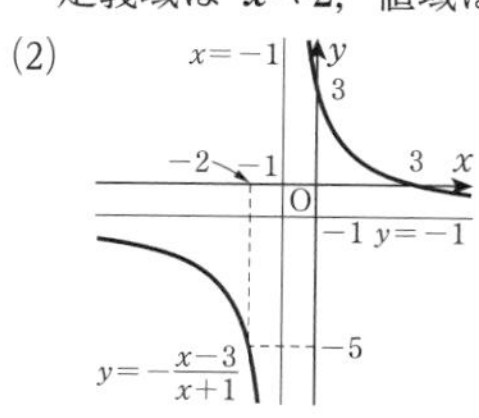

定義域は $x \neq -1$, 値域は $y \neq -1$

2B (1)

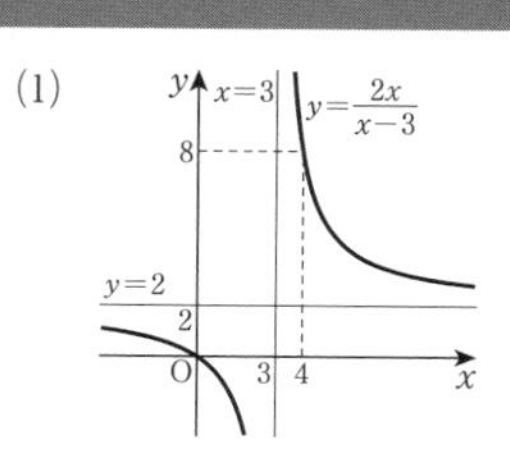

定義域は $x \neq 3$, 値域は $y \neq 2$

(2)

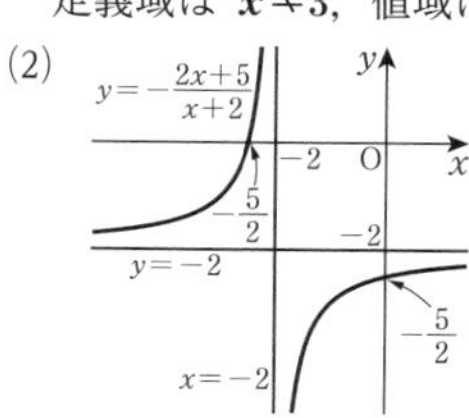

定義域は $x \neq -2$, 値域は $y \neq -2$

3 (1) $(1,\ -1)$, $(4,\ 2)$

(2)

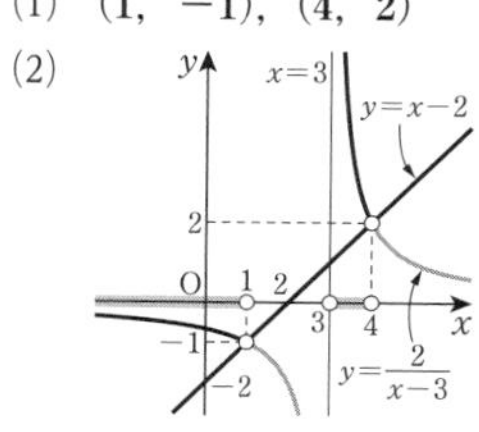

$x<1$, $3<x<4$

4A (1)

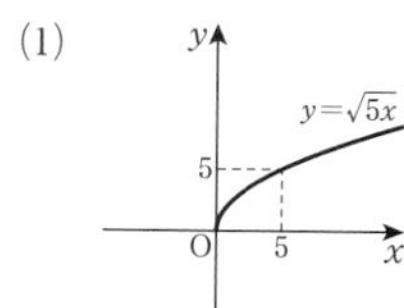

定義域は $x \geqq 0$, 値域は $y \geqq 0$

(2)

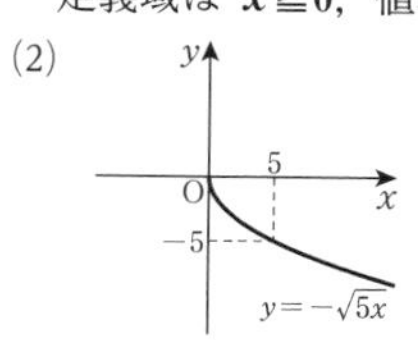

定義域は $x \leqq 0$, 値域は $y \leqq 0$

4B (1)

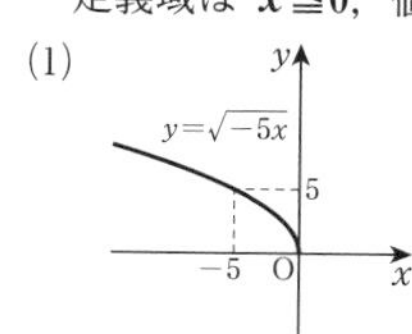

定義域は $x \leqq 0$, 値域は $y \geqq 0$

(2)

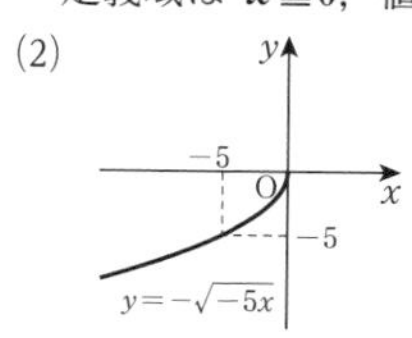

定義域は $x \leqq 0$, 値域は $y \leqq 0$

5A (1)

定義域は $x \geqq 3$，値域は $y \geqq 0$

(2)

定義域は $x \leqq 2$，値域は $y \geqq 0$

5B (1)

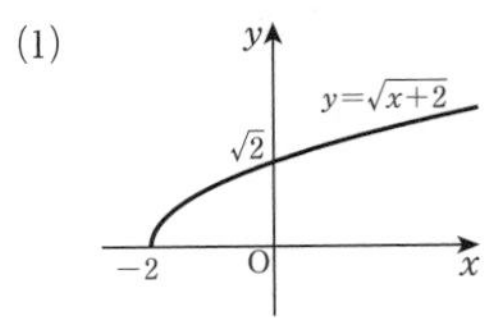

定義域は $x \geqq -2$，値域は $y \geqq 0$

(2)

定義域は $x \leqq -4$，値域は $y \leqq 0$

6 (1) $(3,\ 2)$

(2)

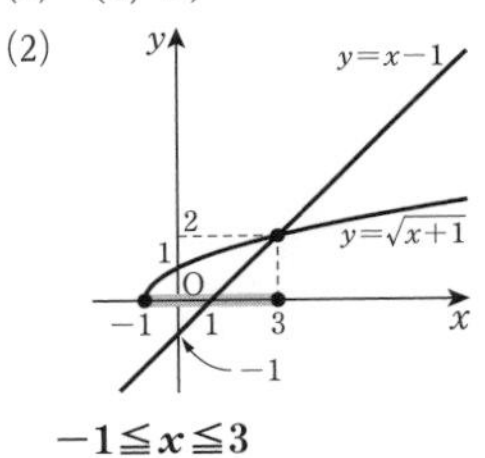

$-1 \leqq x \leqq 3$

7A $y=2x-8$

7B $y=\dfrac{2}{x}-1$

8A

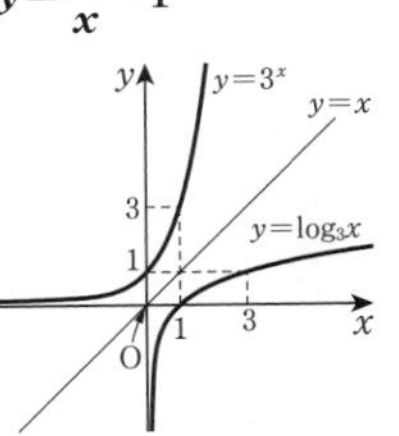

$y=\log_3 x$

8B

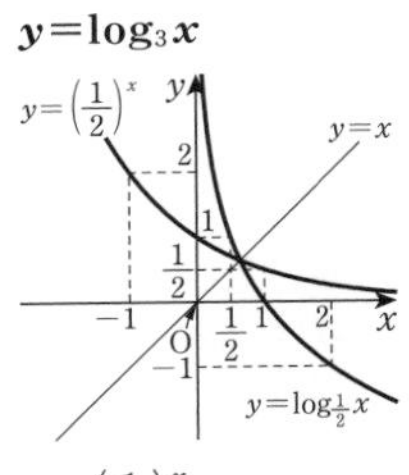

$y=\left(\dfrac{1}{2}\right)^x$

9A

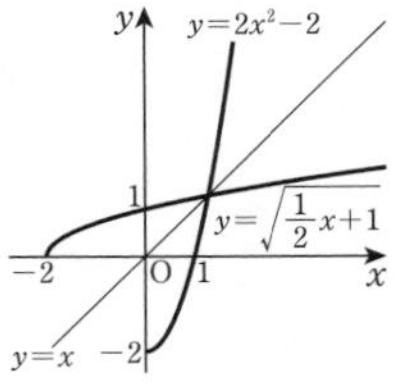

$y=\sqrt{\dfrac{1}{2}x+1}$

定義域 $x \geqq -2$，値域 $y \geqq 0$

9B

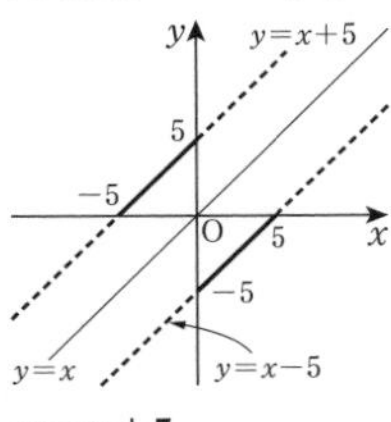

$y=x+5$

定義域 $-5 \leqq x \leqq 0$，値域 $0 \leqq y \leqq 5$

10A (1) $(g \circ f)(x)=4x^2-12x+7$

$(f \circ g)(x)=-2x^2+7$

(2) $(g \circ f)(x)=\log_{10}(x^2+3)$

$(f \circ g)(x)=(\log_{10} x)^2+3$

10B (1) $(g \circ f)(x)=\left(\dfrac{1}{2}\right)^{x+3}$

$(f \circ g)(x)=\left(\dfrac{1}{2}\right)^{x}+3$

(2) $(g \circ f)(x)=\cos(2-x^2)$

$(f \circ g)(x)=2-\cos^2 x$

11A (1) 2

(2) $\dfrac{3}{2}$

11B (1) 0

(2) $\dfrac{4}{3}$

12A (1) $-\infty$

(2) 振動し，極限はない。

12B (1) ∞

(2) 振動し，極限はない。

13A (1) 3　(2) 11　(3) 0

13B (1) -11　(2) -2　(3) -8

14A (1) $\dfrac{2}{3}$　(2) -2

14B (1) -3　(2) 0

15A (1) ∞　(2) $-\infty$

15B (1) ∞　(2) $-\infty$

16A (1) 0　(2) $\dfrac{3}{2}$

16B (1) 0　(2) 2

17A (1) 0　(2) 0

17B (1) 0　(2) 0

18A (1) 0　(2) 振動し，極限はない。

18B (1) ∞　(2) 0

19A (1) 4　(2) $-\dfrac{1}{5}$

19B (1) ∞ (2) $\frac{1}{3}$

20A (1) $\frac{1}{2}$ (2) $\frac{1}{3}$ (3) 0

20B (1) 0 (2) $\frac{1}{4}$ (3) 1

21A $a_n=9-8\left(\frac{1}{3}\right)^{n-1}$

$\lim_{n\to\infty} a_n=9$

21B $a_n=4-3\left(\frac{3}{4}\right)^{n-1}$

$\lim_{n\to\infty} a_n=4$

22A $\frac{1}{6}$

22B $\frac{1}{12}$

23A (1) **収束**する

和は $\frac{3}{2}$

(2) **発散**する

(3) **収束**する

和は $-\frac{1}{9}$

23B (1) **収束**する

和は $\frac{27}{5}$

(2) **収束**する

和は $4\sqrt{2}-4$

(3) **発散**する

24A $0\leqq x<2$

$x=0$ **のとき**，和は 0

$0<x<2$ **のとき**，和は $\frac{x}{2-x}$

24B $-\sqrt{2}<x<\sqrt{2}$

$x=0$ **のとき**，和は 0

$-\sqrt{2}<x<0$，$0<x<\sqrt{2}$ **のとき**，和は $\frac{x}{2-x^2}$

25 $(\sqrt{2}+1)a$

26A $\frac{5}{4}$

26B $\frac{4}{3}$

27A (1) $\lim_{n\to\infty}\frac{3n}{5n-4}=\lim_{n\to\infty}\frac{3}{5-\frac{4}{n}}=\frac{3}{5}$ より，

数列 $\left\{\frac{3n}{5n-4}\right\}$ は 0 に収束しない。

よって，無限級数

$$3+1+\frac{9}{11}+\cdots\cdots+\frac{3n}{5n-4}+\cdots\cdots$$

は発散する。

(2) $\lim_{n\to\infty}\frac{2n-1}{2n}=\lim_{n\to\infty}\frac{2-\frac{1}{n}}{2}=1$ より，

数列 $\left\{\frac{2n-1}{2n}\right\}$ は 0 に収束しない。

よって，無限級数

$$\frac{1}{2}+\frac{3}{4}+\frac{5}{6}+\cdots\cdots+\frac{2n-1}{2n}+\cdots\cdots$$

は発散する。

27B (1) $\lim_{n\to\infty}\frac{2n-1}{2n+1}=\lim_{n\to\infty}\frac{2-\frac{1}{n}}{2+\frac{1}{n}}=1$ より，

数列 $\left\{\frac{2n-1}{2n+1}\right\}$ は 0 に収束しない。

よって，無限級数

$$\frac{1}{3}+\frac{3}{5}+\frac{5}{7}+\cdots\cdots+\frac{2n-1}{2n+1}+\cdots\cdots$$

は発散する。

(2) $\lim_{n\to\infty}\frac{3n-2}{3n}=\lim_{n\to\infty}\frac{3-\frac{2}{n}}{3}=1$ より，

数列 $\left\{\frac{3n-2}{3n}\right\}$ は 0 に収束しない。

よって，無限級数

$$\frac{1}{3}+\frac{2}{3}+\frac{7}{9}+\cdots\cdots+\frac{3n-2}{3n}+\cdots\cdots$$

は発散する。

28A (1) -1 (2) 1

28B (1) $\sqrt{3}$ (2) 2

29A (1) $\frac{1}{2}$ (2) -1

29B (1) $\frac{1}{2}$ (2) $-\frac{3}{2}$

30A (1) 8 (2) $\frac{6}{7}$

30B (1) -5 (2) $\frac{2}{3}$

31A (1) $\frac{1}{6}$ (2) 10

31B (1) 4 (2) $-\frac{1}{4}$

32 $a=2$，$b=-2$

33A ∞

33B $-\infty$

34A (1) ∞ (2) $-\infty$

34B (1) $-\infty$ (2) ∞

35A (1) 4 (2) -4

35B (1) $-\frac{3}{2}$ (2) $\frac{3}{2}$

36A (1) 0 (2) 0

36B (1) 0 (2) 0

37A (1) 1 (2) 0

37B (1) -2 (2) $-\infty$

38A (1) ∞ (2) ∞

38B (1) ∞ (2) $-\infty$

39A $\frac{1}{2}$

39B 2

40A (1) ∞ (2) ∞ (3) $-\infty$

40B (1) 0　(2) ∞　(3) ∞

41A (1) 0　(2) 0

41B (1) -1　(2) 0

42A 0

42B 0

43A (1) 3　(2) $\dfrac{4}{3}$　(3) $\dfrac{1}{2}$

43B (1) 1　(2) 1　(3) 2

44A (1) $\dfrac{1}{4}$　(2) 1

44B (1) $\dfrac{9}{2}$　(2) 4

45A $x=9$ で連続である。

45B $x=9$ で連続である。

46A $x=-2$ で連続でない。

46B $x=4$ で連続でない。

47A $f(x)=3^x-4x$ とおくと，関数 $f(x)$ は区間 $[0,\ 1]$ で連続で

$f(0)=3^0-4\times0=1>0$

$f(1)=3^1-4\times1=-1<0$

であるから，$f(0)$ と $f(1)$ は異符号である。
よって，方程式 $f(x)=0$　すなわち，
$3^x-4x=0$ は $0<x<1$ の範囲に少なくとも 1 つの実数解をもつ。

47B $f(x)=\sin x-x+1$ とおくと，関数 $f(x)$ は区間 $[0,\ \pi]$ で連続で

$f(0)=\sin 0-0+1=1>0$

$f(\pi)=\sin\pi-\pi+1=1-\pi<0$

であるから，$f(0)$ と $f(\pi)$ は異符号である。
よって，方程式 $f(x)=0$　すなわち，
$\sin x-x+1=0$ は $0<x<\pi$ の範囲に少なくとも 1 つの実数解をもつ。

48 (1) 1　(2) 0

49 $a=-1$，$b=3$

50A $-\dfrac{1}{4}$

50B -2

51A

$$\lim_{h\to+0}\frac{f(-1+h)-f(-1)}{h}$$
$$=\lim_{h\to+0}\frac{|h|}{h}=\lim_{h\to+0}\frac{h}{h}=1$$
$$\lim_{h\to-0}\frac{f(-1+h)-f(-1)}{h}$$
$$=\lim_{h\to-0}\frac{|h|}{h}=\lim_{h\to-0}\frac{-h}{h}=-1$$

ゆえに，$f'(-1)$ は存在しない。
よって，$f(x)=|x+1|$ は $x=-1$ で微分可能でない。

51B

$$\lim_{h\to+0}\frac{f(1+h)-f(1)}{h}=\lim_{h\to+0}\frac{|(1+h)^2-1|}{h}$$
$$=\lim_{h\to+0}\frac{(1+h)^2-1}{h}=\lim_{h\to+0}\frac{2h+h^2}{h}$$
$$=\lim_{h\to+0}(2+h)=2$$
$$\lim_{h\to-0}\frac{f(1+h)-f(1)}{h}=\lim_{h\to-0}\frac{|(1+h)^2-1|}{h}$$
$$=\lim_{h\to-0}\frac{1-(1+h)^2}{h}=\lim_{h\to-0}\frac{-2h-h^2}{h}$$
$$=\lim_{h\to-0}(-2-h)=-2$$

ゆえに，$f'(1)$ は存在しない。
よって，$f(x)=|x^2-1|$ は $x=1$ で微分可能でない。

52A $\dfrac{1}{2\sqrt{x-1}}$

52B $-\dfrac{2}{(2x+1)^2}$

53A (1) $8x^3-9x^2+5$
(2) $4x+13$
(3) $18x^2-2x+11$

53B (1) $-6x^2+14x$
(2) $12x^2+6x-4$
(3) $12x^3+9x^2+2x-2$

54A (1) $-\dfrac{3}{(3x+2)^2}$
(2) $\dfrac{-x^2-2}{(x^2-2)^2}$

54B (1) $-\dfrac{4x}{(x^2+3)^2}$
(2) $\dfrac{-6x^2+30x+2}{(3x^2+1)^2}$

55A (1) $-\dfrac{6}{x^3}$
(2) $6x-\dfrac{6}{x^4}$
(3) $3-\dfrac{1}{x^2}$

55B (1) $\dfrac{20}{3x^5}$
(2) $-3x^2-\dfrac{20}{x^5}$
(3) $10x+\dfrac{4}{x^3}$

56A $6(2x+3)^2$

56B $12x^2(x^3-2)^3$

57A (1) $6x^2(x^3+3)$
(2) $-\dfrac{4}{(x-3)^5}$

57B (1) $-4(3+4x)(2-3x-2x^2)^3$
(2) $-\dfrac{6}{(2x+5)^4}$

58A (1) $\dfrac{3}{5\sqrt[5]{x^2}}$
(2) $\dfrac{3}{2\sqrt[4]{2x+3}}$
(3) $-\dfrac{1}{(3x-2)\sqrt[3]{3x-2}}$

58B (1) $-\dfrac{1}{3x\sqrt[3]{x}}$
(2) $-\dfrac{1}{3\sqrt[3]{(5-x)^2}}$

(3) $-\dfrac{3}{2(2x+5)\sqrt[4]{(2x+5)^3}}$

59A (1) $-3\sin 3x$

(2) $\dfrac{4}{\cos^2 4x}$

(3) $\sin x + x\cos x$

(4) $\dfrac{\sin x}{\cos^2 x}$

59B (1) $4\sin^3 x\cos x$

(2) $\dfrac{6x}{\cos^2(3x^2-1)}$

(3) $-2x\cos x + x^2\sin x$

(4) $-\dfrac{1}{(1+\tan x)^2\cos^2 x}$ $\left(=-\dfrac{1}{\cos^2 x+\sin^2 x}\right)$

60A (1) $\dfrac{1}{x}$

(2) $\dfrac{1}{x\log 5}$

(3) $\dfrac{3}{3x-2}$

(4) $\dfrac{2\cos 2x}{\sin 2x}$ $\left(=\dfrac{2}{\tan 2x}\right)$

60B (1) $\dfrac{3}{3x+5}$

(2) $\dfrac{2}{(2x-3)\log 3}$

(3) $\dfrac{2x-1}{(x^2-x)\log 4}$

(4) $-\dfrac{\sin x}{\cos x\cdot\log 5}$ $\left(=-\dfrac{\tan x}{\log 5}\right)$

61A (1) $4e^{4x}$ (2) $7^x\log 7$

(3) $(1+3x)e^{3x}$ (4) $e^x(\sin x+\cos x)$

61B (1) $2xe^{x^2}$ (2) $-2\cdot 3^{-2x}\log 3$

(3) $\dfrac{e^x(x-1)}{x^2}$ (4) $-e^{-x}(\sin x+\cos x)$

62A (1) $\dfrac{dy}{dx}=-\dfrac{x}{4y}$ (2) $\dfrac{dy}{dx}=-\dfrac{y}{x}$

62B (1) $\dfrac{dy}{dx}=\dfrac{4x}{y}$ (2) $\dfrac{dy}{dx}=-\dfrac{2y}{x}$

63A (1) $\dfrac{dy}{dx}=\dfrac{8}{3}t$ (2) $\dfrac{dy}{dx}=\dfrac{t^2-1}{t^2+1}$

63B (1) $\dfrac{dy}{dx}=3t$ (2) $\dfrac{dy}{dx}=-\dfrac{3\cos t}{4\sin t}$ $\left(=-\dfrac{3}{4\tan t}\right)$

64A (1) 6 (2) $-64e^{-4x}$

64B (1) $\dfrac{3}{8x^2\sqrt{x}}$ (2) $-27\cos 3x$

65A $(-3)^n e^{-3x}$

65B $(x+n+2)e^x$

66 (1) $\dfrac{1}{e^2}$ (2) $\sqrt{e}$

67 (1) $\dfrac{3(3x-1)(x+1)}{(x+3)^4}$

(2) $\dfrac{4(x-1)^2(x^2+x+1)}{(x+1)^2(x^2+1)^2}$

68A (1) $y=\dfrac{1}{4}x+\dfrac{5}{4}$ (2) $y=-2x+\dfrac{\pi}{2}$

68B (1) $y=\dfrac{2}{9}x+\dfrac{1}{9}$ (2) $y=\dfrac{1}{e^2}x+1$

69 (1) $y=\dfrac{1}{2}x+\dfrac{\sqrt{3}}{2}$ (2) $y=-\dfrac{\sqrt{2}}{2}x+\dfrac{\sqrt{2}}{2}$

70A (1) $y=-4x+22$ (2) $y=-x+2$

70B (1) $y=x-1$

(2) $y=\dfrac{2\sqrt{3}}{3}x+\dfrac{9-4\sqrt{3}\pi}{18}$

71A (1) $y=\dfrac{3}{4}x-\dfrac{25}{4}$ (2) $y=\dfrac{2\sqrt{3}}{3}x-\dfrac{\sqrt{3}}{3}$

71B (1) $y=-\dfrac{\sqrt{3}}{2}x+2$ (2) $y=-x-2$

72 関数 $f(x)=\sqrt{x}$ は，$x>0$ で微分可能で

$f'(x)=\dfrac{1}{2\sqrt{x}}$

区間 $[a,\ b]$ において，平均値の定理を用いると

$\dfrac{\sqrt{b}-\sqrt{a}}{b-a}=\dfrac{1}{2\sqrt{c}}$ ……①

$a<c<b$ ……②

を満たす実数 c が存在する。

ここで，$0<a<b$ であるから，

②より $\dfrac{1}{2\sqrt{b}}<\dfrac{1}{2\sqrt{c}}<\dfrac{1}{2\sqrt{a}}$

よって，①より

$0<a<b$ のとき $\dfrac{1}{2\sqrt{b}}<\dfrac{\sqrt{b}-\sqrt{a}}{b-a}<\dfrac{1}{2\sqrt{a}}$

73A 区間 $x\leqq -1$，$0\leqq x\leqq 1$ で減少

区間 $-1\leqq x\leqq 0$，$1\leqq x$ で増加

73B 区間 $-3\leqq x\leqq 1$ で減少

区間 $x\leqq -3$，$1\leqq x$ で増加

74A $x=-1$ で 極小値 $-\dfrac{1}{2}$

$x=3$ で 極大値 $\dfrac{1}{6}$

74B $x=-2$ で 極小値 $-\dfrac{1}{e^2}$，極大値はない。

75A (1) $x<1$ のとき，上に凸

$x>1$ のとき，下に凸

変曲点は $(1,\ -9)$

(2) $-2<x<0$ のとき，上に凸

$x<-2$，$0<x$ のとき，下に凸

変曲点は $(-2,\ 0)$

75B (1) $x<-\dfrac{2\sqrt{3}}{3}$，$\dfrac{2\sqrt{3}}{3}<x$ のとき，上に凸

$-\dfrac{2\sqrt{3}}{3}<x<\dfrac{2\sqrt{3}}{3}$ のとき，下に凸

変曲点は $\left(-\dfrac{2\sqrt{3}}{3},\ \dfrac{8}{9}\right)$，$\left(\dfrac{2\sqrt{3}}{3},\ \dfrac{8}{9}\right)$

(2) $x<-2$，$2<x$ のとき，上に凸

$-2<x<2$ のとき，下に凸

変曲点は $(-2,\ -2+3\log 2)$

$(2,\ 2+3\log 2)$

76A $x=\dfrac{\pi}{6}$ のとき　極小値 $\dfrac{\pi}{6}-\dfrac{\sqrt{3}}{2}$

$x=\dfrac{5}{6}\pi$ のとき　極大値 $\dfrac{5}{6}\pi+\dfrac{\sqrt{3}}{2}$

変曲点は $\left(\dfrac{\pi}{2},\ \dfrac{\pi}{2}\right)$

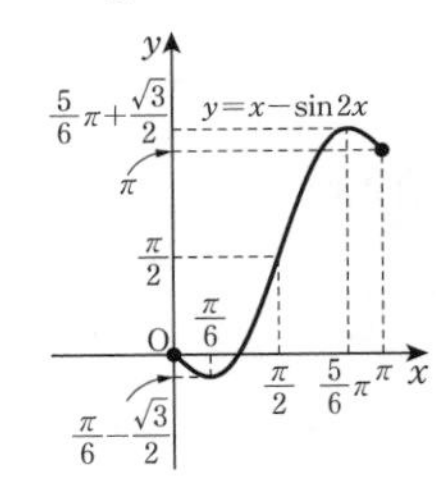

76B $x=\dfrac{3}{4}\pi$ のとき　極大値 $\dfrac{3\sqrt{2}}{8}\pi+\dfrac{\sqrt{2}}{2}$

$x=\dfrac{5}{4}\pi$ のとき　極小値 $\dfrac{5\sqrt{2}}{8}\pi-\dfrac{\sqrt{2}}{2}$

変曲点は

$\left(\pi,\ \dfrac{\sqrt{2}}{2}\pi\right)$

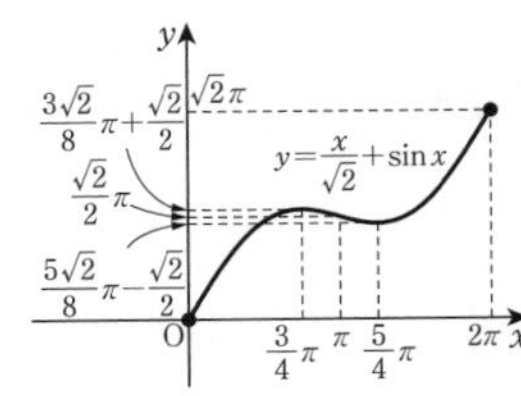

77A $x=-1$ のとき極小値 $-\dfrac{1}{2}$

$x=1$ のとき極大値 $\dfrac{1}{2}$

変曲点は $\left(-\sqrt{3},\ -\dfrac{\sqrt{3}}{4}\right)$, $(0,\ 0)$,

$\left(\sqrt{3},\ \dfrac{\sqrt{3}}{4}\right)$

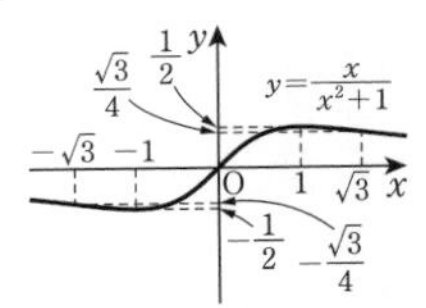

77B $x=0$ のとき極大値 3，極小値はない。

変曲点は $\left(-1,\ \dfrac{3}{\sqrt{e}}\right)$, $\left(1,\ \dfrac{3}{\sqrt{e}}\right)$

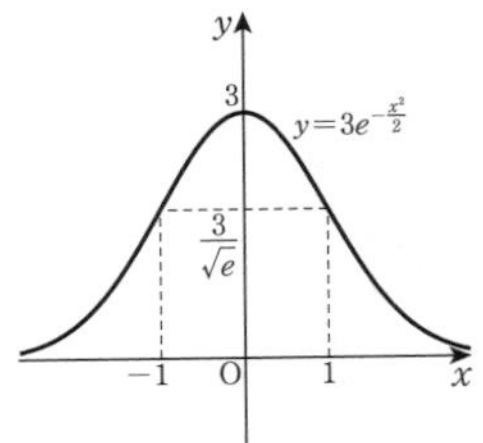

78A

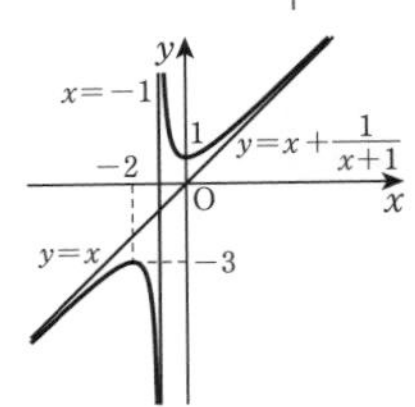

78B

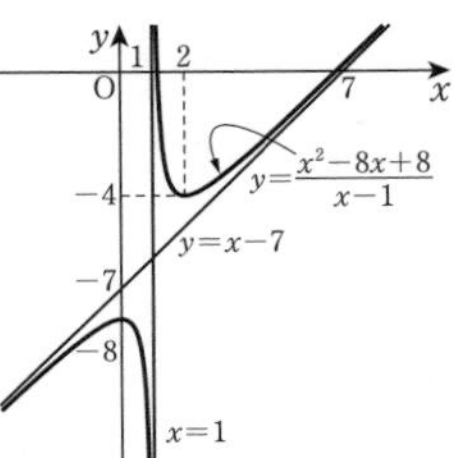

79A $x=-1,\ 1$ で　極大値 0

$x=0$ で　極小値 -1

79B $x=\dfrac{7}{6}\pi$ で極大値　$\dfrac{7}{6}\pi+\sqrt{3}$

$x=\dfrac{11}{6}\pi$ で極小値　$\dfrac{11}{6}\pi-\sqrt{3}$

80 $x=0,\ \pi$ のとき　最大値 0

$x=\dfrac{\pi}{6},\ \dfrac{5}{6}\pi$ のとき　最小値 $-\dfrac{1}{2}$

81A $f(x)=1+\dfrac{x}{2}-\sqrt{1+x}$ とおくと

$$f'(x)=\frac{1}{2}-\frac{1}{2\sqrt{1+x}}=\frac{\sqrt{1+x}-1}{2\sqrt{1+x}}$$

$x>0$ のとき，$\sqrt{1+x}>1$ であるから　$f'(x)>0$

ゆえに，$f(x)$ は区間 $x\geqq 0$ で増加する。

よって，$x>0$ のとき $f(x)>f(0)=0$

したがって，$1+\dfrac{x}{2}-\sqrt{1+x}>0$ より

$$1+\frac{x}{2}>\sqrt{1+x}$$

81B $f(x)=\sqrt{e^x}-\left(1+\dfrac{x}{2}\right)$ とおくと

$$f'(x)=\frac{1}{2}e^{\frac{1}{2}x}-\frac{1}{2}=\frac{1}{2}(e^{\frac{1}{2}x}-1)$$

$x>0$ のとき，$e^{\frac{1}{2}x}>1$ であるから　$f'(x)>0$

ゆえに，$f(x)$ は区間 $x\geqq 0$ で増加する。

よって，$x>0$ のとき

$f(x)>f(0)=0$

したがって，$\sqrt{e^x}-\left(1+\dfrac{x}{2}\right)>0$ より

$$\sqrt{e^x}>1+\frac{x}{2}$$

82 $a>0$ のとき　3個

$a=0$ のとき　2個

$a<0$ のとき　1個

83A (1) $v=13,\ \alpha=6$

(2) $v=-\dfrac{\sqrt{3}}{2}\pi,\ \alpha=\dfrac{\pi^2}{2}$

83B (1) $v=\dfrac{1}{4},\ \alpha=-\dfrac{1}{32}$

(2) $v=-\sqrt{3}\pi,\ \alpha=-\pi^2$

84A (1) $|\vec{v}|=2\sqrt{10},\ |\vec{\alpha}|=2$

(2) $|\vec{v}|=3\pi,\ |\vec{\alpha}|=\dfrac{9}{2}\pi^2$

84B (1) $|\vec{v}|=12\sqrt{2},\ |\vec{\alpha}|=6\sqrt{5}$

(2) $|\vec{v}|=\pi,\ |\vec{\alpha}|=\pi^2$

85A $f(x)=e^{-2x}$ のとき　$f'(x)=-2e^{-2x}$
よって，x が 0 に近いとき
$$e^{-2x} \fallingdotseq e^{-2\cdot0}+(-2e^{-2\cdot0})x$$
$$=1-2x$$

85B $f(x)=3^x$ のとき　$f'(x)=3^x\log 3$
よって，x が 0 に近いとき
$$3^x \fallingdotseq 3^0+(3^0\log 3)x$$
$$=1+x\log 3$$

86A $f(x)=\tan x$ とおくと　$f'(x)=\dfrac{1}{\cos^2 x}$
h が 0 に近いとき，$f(a+h)\fallingdotseq f(a)+f'(a)h$ より
$$\tan(a+h)\fallingdotseq \tan a+\frac{h}{\cos^2 a}$$
$$\tan 29^\circ=\frac{\sqrt{3}}{3}-\frac{\pi}{135}$$

86B $f(x)=\dfrac{1}{\cos x}$ とおくと
$$f'(x)=-\frac{(\cos x)'}{\cos^2 x}=\frac{\sin x}{\cos^2 x}$$
h が 0 に近いとき，$f(a+h)\fallingdotseq f(a)+f'(a)h$ より
$$\frac{1}{\cos(a+h)}\fallingdotseq\frac{1}{\cos a}+\frac{\sin a}{\cos^2 a}h$$
$$\frac{1}{\cos 46^\circ}=\sqrt{2}+\frac{\sqrt{2}}{180}\pi$$

87A (1) **1.003**　(2) **0.999**

87B (1) **0.995**　(2) **0.101**

88 $a=3$

89 **半径は 1，高さは 2**

90A $-\dfrac{1}{2x^2}+C$

90B $-\dfrac{2}{\sqrt{x}}+C$

91A
(1) $\dfrac{1}{3}x^6+C$
(2) $3\log|x|-\dfrac{1}{x}+C$
(3) $x^2+3x-\log|x|+C$
(4) $x+12\sqrt{x}+9\log x+C$
(5) $\log|y|-\dfrac{1}{y}+C$
(6) $3x^3-3\log|x|-\dfrac{1}{12x^3}+C$

91B
(1) $28\sqrt[4]{x}+C$
(2) $x-6\log|x|-\dfrac{9}{x}+C$
(3) $\dfrac{2}{3}x^3-2x^2+3x-\log|x|+C$
(4) $\dfrac{1}{3}x^3+2x-\dfrac{1}{x}+C$
(5) $\dfrac{1}{2}u^2-8\sqrt{u}+C$
(6) $\dfrac{8}{7}x^3\sqrt{x}+\dfrac{8}{5}x^2\sqrt{x}+\dfrac{2}{3}x\sqrt{x}+C$

92A
(1) $2\sin x-3\cos x+C$
(2) $\tan x+2\sin x+C$
(3) $\sin x+\cos x+C$

92B
(1) $-4\cos x-3\sin x+C$
(2) $\tan x-x-\cos x+C$
(3) $\tan x+x+C$

93A
(1) $5e^x+2x^2+C$
(2) $3e^x-\dfrac{5^x}{\log 5}+C$
(3) $\dfrac{3^x}{\log 3}-x+C$

93B
(1) $\dfrac{10^x}{\log 10}-3\log|x|+C$
(2) $\dfrac{2^x}{\log 2}+2e^x+C$
(3) e^x+x+C

94A
(1) $\dfrac{1}{10}(2x-5)^5+C$
(2) $\dfrac{2}{9}(3x-2)\sqrt{3x-2}+C$

94B
(1) $\dfrac{1}{18}(3x+5)^6+C$
(2) $\dfrac{3}{8}(2x+5)\sqrt[3]{2x+5}+C$

95A
(1) $\dfrac{1}{6}(x-5)^5(x+1)+C$
(2) $\dfrac{1}{15}(2x-1)(3x+1)\sqrt{2x-1}+C$

95B
(1) $\dfrac{1}{14}(2x-3)^6(4x+1)+C$
(2) $\dfrac{3}{7}(x+2)(x-5)\sqrt[3]{x+2}+C$

96A
(1) $\dfrac{1}{18}(3x-2)^6+C$
(2) $\dfrac{1}{4}\log|4x+1|+C$
(3) $-\dfrac{1}{2}\cos(2x+5)+C$
(4) $\dfrac{1}{4}e^{4x+5}+C$

96B
(1) $-\dfrac{1}{10(2x+3)^5}+C$
(2) $-\dfrac{1}{2}\log|-2x+1|+C$
(3) $\dfrac{1}{3}\tan(3x+4)+C$
(4) $\dfrac{5^{4x+3}}{4\log 5}+C$

97A
(1) $\dfrac{1}{5}(3x^2+x-2)^5+C$
(2) $\dfrac{1}{4}\sin^4 x+C$
(3) $\dfrac{1}{2}\{\log(x+1)\}^2+C$

97B (1) $\frac{1}{6}(2x^2-3x+1)^6+C$

(2) $-\frac{1}{4}\cos^4 x+C$

(3) $\frac{1}{2}\{\log(x-2)\}^2+C$

98A (1) $\log|x^2-3|+C$

(2) $\log|\sin x-\cos x|+C$

98B (1) $3\log|x^2+3x+1|+C$

(2) $\log(e^x+e^{-x})+C$

99A (1) $(3x-1)e^x+C$

(2) $-(x+1)\cos x+\sin x+C$

(3) $\frac{1}{9}(7-3x)e^{3x}+C$

99B (1) $-(x+1)e^{-x}+C$

(2) $(2x+1)\sin x+2\cos x+C$

(3) $-(2x+1)e^{-2x}+C$

100A (1) $(x+3)\log(x+3)-x+C$

(2) $(x^2-x)\log x-\frac{1}{2}x^2+x+C$

100B (1) $(x-1)\log(1-x)-x+C$

(2) $(2x^2+3x)\log x-x^2-3x+C$

101A (1) $2x+\log|x+3|+C$

(2) $2x^2+3x+3\log|x-2|+C$

101B (1) $3x-\log|2x-1|+C$

(2) $x^2-2x+\frac{5}{3}\log|3x+2|+C$

102 $a=\frac{1}{2}$, $b=-\frac{1}{2}$

$\int\frac{1}{(x-3)(x-1)}dx$

$=\frac{1}{2}\log\left|\frac{x-3}{x-1}\right|+C$

103A (1) $\frac{1}{2}x+\frac{1}{2}\sin x+C$

(2) $\frac{1}{14}\sin 7x+\frac{1}{6}\sin 3x+C$

103B (1) $\frac{1}{2}x-\frac{1}{12}\sin 6x+C$

(2) $-\frac{1}{10}\cos 5x-\frac{1}{2}\cos x+C$

104A (1) $\frac{33}{5}$ (2) $\frac{1}{3}$ (3) $\frac{2\sqrt{3}}{3}$

104B (1) $\frac{93}{5}$ (2) 1 (3) $\frac{26}{3\log 3}$

105A (1) $5-\sqrt{2}$ (2) $\frac{15}{4}$ (3) 0

105B (1) $e-\frac{1}{e}-2$ (2) -8 (3) $\frac{4\sqrt{3}}{3}-\frac{\pi}{2}$

106A $\frac{3-\sqrt{3}}{2}$

106B $e^2-e+\frac{1}{e}$

107A (1) $4\cos x-3\sin x$

(2) $-\frac{1}{2}\cos 2x+\frac{1}{2}$

107B (1) $x(\log x)^2$

(2) $2e^{2x}-e^{x-3}$

108A (1) $\frac{2}{5}$ (2) $\frac{26}{15}$

108B (1) $\log 3-\frac{4}{3}$ (2) $\frac{8}{5}$

109A $\frac{2\pi+3\sqrt{3}}{24}$

109B $\frac{\pi}{6}$

110A $\frac{\pi}{2}$

110B $\frac{7}{12}\pi$

111A (1) -12 (2) 2 (3) 0

111B (1) $\frac{332}{15}$ (2) 4 (3) 0

112A (1) $\frac{1}{9}$ (2) $-\frac{\pi}{2}$

112B (1) $1-\frac{2}{e}$ (2) e^2+1

113A $\frac{1}{4}$

113B $\frac{1}{2}$

114A $x\geqq 0$ のとき　$x^2+3x+1\geqq x^2+2x+1$

であるから　$x^2+3x+1\geqq(x+1)^2$

$0\leqq x\leqq 1$ のとき，両辺はともに正であるから

両辺の逆数をとると

$$\frac{1}{x^2+3x+1}\leqq\frac{1}{(x+1)^2}$$

等号が成り立つのは，$x=0$ のときだけであるから

$$\int_0^1\frac{1}{x^2+3x+1}dx<\int_0^1\frac{1}{(x+1)^2}dx$$

右辺は　$\int_0^1\frac{1}{(x+1)^2}dx=\left[-\frac{1}{x+1}\right]_0^1=\frac{1}{2}$

よって　$\int_0^1\frac{1}{x^2+3x+1}dx<\frac{1}{2}$

114B $0\leqq x\leqq\frac{\pi}{3}$ のとき

$\frac{1}{2}\leqq\cos x\leqq 1$ より　$1\leqq\frac{1}{\cos x}\leqq 2$

$1\leqq\frac{1}{\cos x}$ で等号が成り立つのは，$x=0$ のときだけである。

また，$\frac{1}{\cos x}\leqq 2$ で等号が成り立つのは，$x=\frac{\pi}{3}$ のときだけである。

よって

$\int_0^{\frac{\pi}{3}}dx<\int_0^{\frac{\pi}{3}}\frac{1}{\cos x}dx<\int_0^{\frac{\pi}{3}}2\,dx$ より

$$\Big[x\Big]_0^{\frac{\pi}{3}}<\int_0^{\frac{\pi}{3}}\frac{1}{\cos x}dx<\Big[2x\Big]_0^{\frac{\pi}{3}}$$

したがって　$\frac{\pi}{3}<\int_0^{\frac{\pi}{3}}\frac{1}{\cos x}dx<\frac{2}{3}\pi$

115 $x>0$ のとき，
関数 $f(x)=\dfrac{1}{x^3}$ は
減少関数であるから，
$k \leqq x \leqq k+1$ の範囲では
$$\frac{1}{x^3} \leqq \frac{1}{k^3}$$
この式で等号が成り立つのは
$x=k$ のときだけであるから
$$\int_k^{k+1}\frac{1}{x^3}\,dx<\int_k^{k+1}\frac{1}{k^3}\,dx=\frac{1}{k^3} \quad \cdots\cdots ①$$
①において，$k=1, 2, 3, \cdots\cdots, n$ として両辺の和を考えると
$$\sum_{k=1}^{n}\int_k^{k+1}\frac{1}{x^3}\,dx<1+\frac{1}{2^3}+\frac{1}{3^3}+\cdots\cdots+\frac{1}{n^3}$$
ここで，左辺は
$$\sum_{k=1}^{n}\int_k^{k+1}\frac{1}{x^3}\,dx=\int_1^{n+1}\frac{1}{x^3}\,dx=\int_1^{n+1}x^{-3}\,dx$$
$$=\left[-\frac{1}{2}x^{-2}\right]_1^{n+1}=-\frac{1}{2}\left[\frac{1}{x^2}\right]_1^{n+1}$$
$$=-\frac{1}{2}\left\{\frac{1}{(n+1)^2}-1\right\}$$
$$=\frac{1}{2}\left\{1-\frac{1}{(n+1)^2}\right\}$$
よって　$\dfrac{1}{2}\left\{1-\dfrac{1}{(n+1)^2}\right\}<1+\dfrac{1}{2^3}+\dfrac{1}{3^3}+\cdots\cdots+\dfrac{1}{n^3}$

116A (1) 4　(2) $\dfrac{16}{3}$

116B (1) e^2+1　(2) $3\log 3-2$

117A (1) $\dfrac{37}{12}$　(2) $\dfrac{1}{e}$

117B (1) 3　(2) $2\log 2-1$

118A $\dfrac{3}{2}-2\log 2$

118B $\pi+4$

119A 2π

119B $2\sqrt{3}\,\pi$

120A $\dfrac{7}{3}$

120B e^2-3

121 27π

122 32

123A (1) $\dfrac{2}{3}\pi$　(2) $\dfrac{16}{15}\pi$

123B (1) $\dfrac{1}{2}(e^4-e^2)\pi$　(2) $\dfrac{\pi^2}{2}$

124A $4\pi^2$

124B $\dfrac{3\sqrt{3}}{16}\pi$

125A $\dfrac{28}{15}\pi$

125B $\dfrac{1}{2}(e^4-1)\pi$

126 12

127A $\dfrac{8}{3}(2\sqrt{2}-1)$

127B $\dfrac{2}{3}\pi$

128A 13

128B $e+\dfrac{1}{e}-2$

129A $\dfrac{14}{3}$

129B 2π

130 $f(x)=\cos x+\dfrac{3}{4}$

131 $\dfrac{4\sqrt{3}}{3}$

ラウンドノート数学Ⅲ

●編　者　実教出版編修部
●発行者　小田　良次
●印刷所　寿印刷株式会社

●発行所　実教出版株式会社
〒102-8377
東京都千代田区五番町5
電話<営業>(03)3238-7777
<編修>(03)3238-7785
<総務>(03)3238-7700
https://www.jikkyo.co.jp/

002402024
ISBN 978-4-407-35696-0

微　分　法　(2)

6 接線と法線

曲線 $y=f(x)$ 上の点 $\mathrm{A}(a,\ f(a))$ における接線の方程式は

$$y-f(a)=f'(a)(x-a)$$

法線の方程式は

$$y-f(a)=-\frac{1}{f'(a)}(x-a)$$

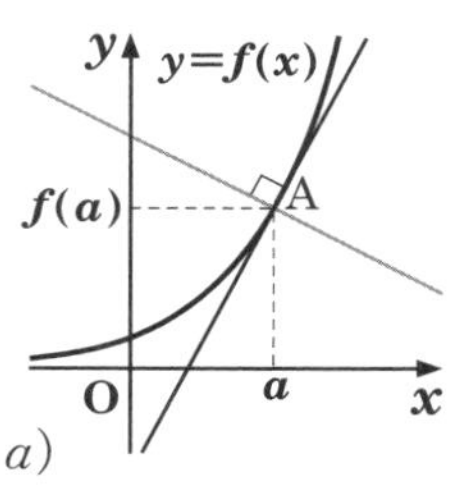

7 2次曲線と接線の方程式

	2次曲線	接線の方程式
楕円	$\dfrac{x^2}{a^2}+\dfrac{y^2}{b^2}=1$	$\dfrac{x_1x}{a^2}+\dfrac{y_1y}{b^2}=1$
双曲線	$\dfrac{x^2}{a^2}-\dfrac{y^2}{b^2}=1$	$\dfrac{x_1x}{a^2}-\dfrac{y_1y}{b^2}=1$
	$\dfrac{x^2}{a^2}-\dfrac{y^2}{b^2}=-1$	$\dfrac{x_1x}{a^2}-\dfrac{y_1y}{b^2}=-1$
放物線	$y^2=4px$	$y_1y=2p(x+x_1)$

8 平均値の定理

関数 $f(x)$ が区間 $[a,\ b]$ で連続，区間 $(a,\ b)$ で微分可能であるとき

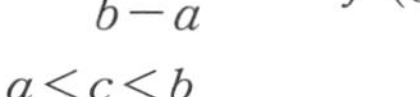

$$\frac{f(b)-f(a)}{b-a}=f'(c),$$

$$a<c<b$$

を満たす実数 c が存在する。

9 関数の値の変化とグラフ

(1)関数の増減

区間 I において，関数 $f(x)$ が微分可能であるとき，

つねに $f'(x)>0$ ならば $f(x)$ は増加する。

つねに $f'(x)<0$ ならば $f(x)$ は減少する。

つねに $f'(x)=0$ ならば $f(x)$ は定数である。

(2)極大・極小　$f(x)$ は連続な関数とする。

① $x=a$ を境目として，$f'(x)$ の符号が
　正から負に変われば $x=a$ で極大
　負から正に変われば $x=a$ で極小

② $f(x)$ が $x=a$ で微分可能であるとき，
　$x=a$ で極値をとる $\Longrightarrow f'(a)=0$

(3)曲線の凹凸

曲線 $y=f(x)$ は，ある区間 I で

① $f''(x)>0$，② $f''(x)<0$ ならば，曲線 $y=f(x)$ は ① 下に凸，② 上に凸

(4)変曲点　曲線 $y=f(x)$ について

① $f''(a)=0$ のとき，$x=a$ の前後で $f''(x)$ の符号が変わるならば，点 $(a,\ f(a))$ は曲線の変曲点。

② $f''(a)$ が存在するとき，
　点 $(a,\ f(a))$ が曲線の変曲点 $\Longrightarrow f''(a)=0$

(5)第2次導関数と極値

関数 $f(x)$ の第2次導関数 $f''(x)$ が連続であるとき，

[1] $f'(a)=0$，$f''(a)<0$ ならば $f(a)$ は極大値

[2] $f'(a)=0$，$f''(a)>0$ ならば $f(a)$ は極小値

10 速度と加速度

①数直線上を運動する点Pの座標 x が，時刻 t の関数として $x=f(t)$ で表されるとき，点Pの時刻 t における速度 v，加速度 α は

$$v=\frac{dx}{dt}=f'(t),\qquad \alpha=\frac{dv}{dt}=\frac{d^2x}{dt^2}=f''(t)$$

②座標平面上を運動する点Pの座標 $(x,\ y)$ が，時刻 t の関数であるとき，点Pの時刻 t における速度 $\vec{v}$，加速度 $\vec{\alpha}$ は

$$\vec{v}=\left(\frac{dx}{dt},\ \frac{dy}{dt}\right),\qquad \vec{\alpha}=\left(\frac{d^2x}{dt^2},\ \frac{d^2y}{dt^2}\right)$$

11 近似式

・$|h|$ が十分小さいとき　$f(a+h)\fallingdotseq f(a)+f'(a)h$

・$|x|$ が十分小さいとき　$f(x)\fallingdotseq f(0)+f'(0)x$

積　分　法　(1)

1 不定積分，定積分　$F'(x)=f(x)$ とする。

(1) $\displaystyle\int f(x)\,dx=F(x)+C$　（Cは積分定数）

(2) $\displaystyle\int_a^b f(x)\,dx=\Big[F(x)\Big]_a^b=F(b)-F(a)$

2 基本的な関数の不定積分　（Cは積分定数）

(1) $\displaystyle\int x^\alpha\,dx=\frac{1}{\alpha+1}x^{\alpha+1}+C$　$(\alpha\neq-1)$

$\displaystyle\int\frac{1}{x}\,dx=\log|x|+C$

(2) $\displaystyle\int\sin x\,dx=-\cos x+C$　　$\displaystyle\int\frac{1}{\cos^2x}\,dx=\tan x+C$

$\displaystyle\int\cos x\,dx=\sin x+C$

(3) $\displaystyle\int e^x\,dx=e^x+C$　　$\displaystyle\int a^x\,dx=\frac{a^x}{\log a}+C$

3 定積分の基本的性質　$k,\ l$ は定数とする。

[1] $\displaystyle\int_a^b kf(x)\,dx=k\int_a^b f(x)\,dx$

[2] $\displaystyle\int_a^b\{f(x)\pm g(x)\}\,dx=\int_a^b f(x)\,dx\pm\int_a^b g(x)\,dx$

[3] $\displaystyle\int_a^b\{kf(x)+lg(x)\}\,dx=k\int_a^b f(x)\,dx+l\int_a^b g(x)\,dx$

[4] $\displaystyle\int_b^a f(x)\,dx=-\int_a^b f(x)\,dx$　とくに $\displaystyle\int_a^a f(x)\,dx=0$

[5] $\displaystyle\int_a^b f(x)\,dx=\int_a^c f(x)\,dx+\int_c^b f(x)\,dx$

[6] $f(x)$ が偶関数のとき $\displaystyle\int_{-a}^a f(x)\,dx=2\int_0^a f(x)\,dx$

　$f(x)$ が奇関数のとき $\displaystyle\int_{-a}^a f(x)\,dx=0$

ラウンドノート数学Ⅲ　解答編

実教出版

1章　関数と極限

1節　関数

1　分数関数

p.2

1A　(1)

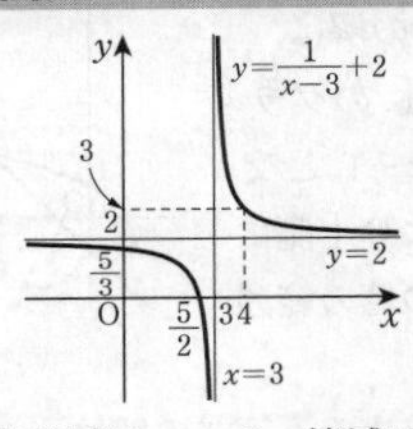

定義域は $\boldsymbol{x \neq 3}$，値域は $\boldsymbol{y \neq 2}$

(2)

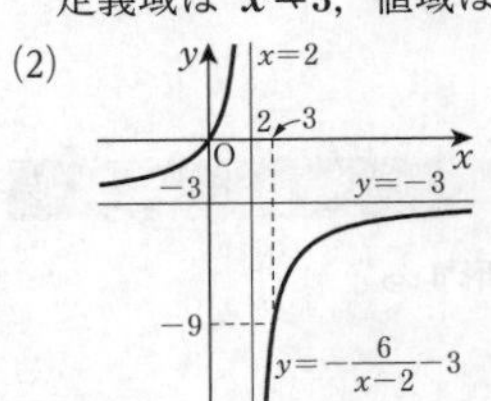

定義域は $\boldsymbol{x \neq 2}$，値域は $\boldsymbol{y \neq -3}$

1B　(1)

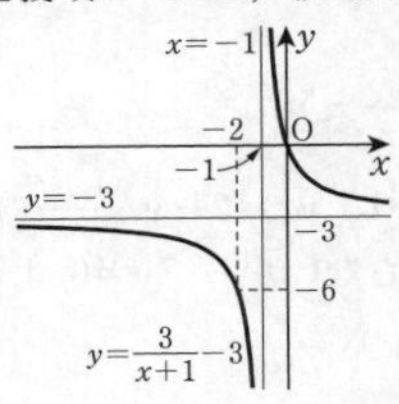

定義域は $\boldsymbol{x \neq -1}$，値域は $\boldsymbol{y \neq -3}$

(2)

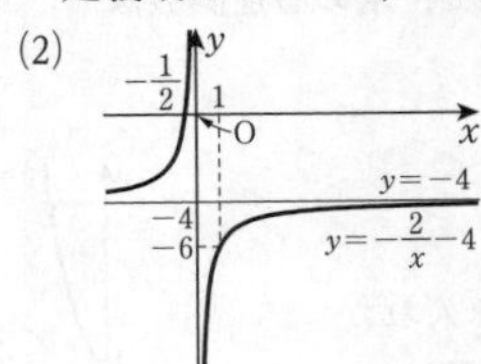

定義域は $\boldsymbol{x \neq 0}$，値域は $\boldsymbol{y \neq -4}$

2A　(1)

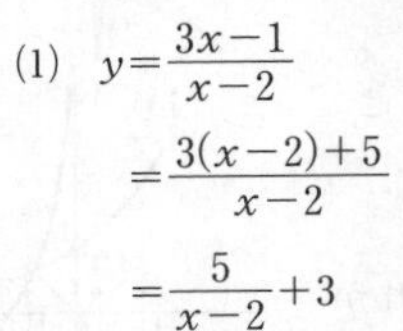

$$y=\frac{3x-1}{x-2}=\frac{3(x-2)+5}{x-2}=\frac{5}{x-2}+3$$

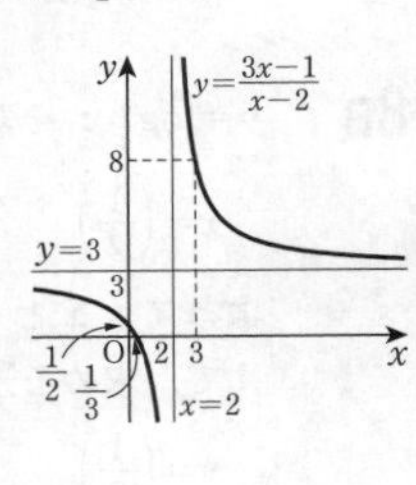

定義域は　$\boldsymbol{x \neq 2}$

値域は　$\boldsymbol{y \neq 3}$

(2)

$$y=-\frac{x-3}{x+1}=\frac{-(x+1)+4}{x+1}=\frac{4}{x+1}-1$$

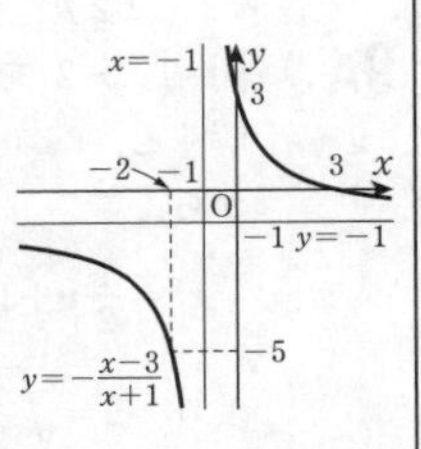

定義域は　$\boldsymbol{x \neq -1}$

値域は　$\boldsymbol{y \neq -1}$

2B　(1)

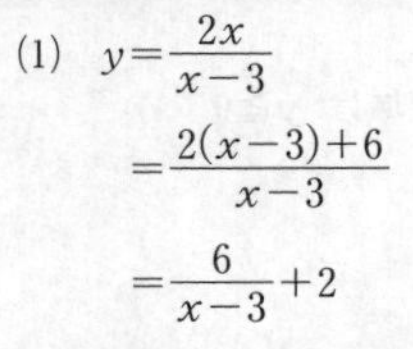

$$y=\frac{2x}{x-3}=\frac{2(x-3)+6}{x-3}=\frac{6}{x-3}+2$$

定義域は　$\boldsymbol{x \neq 3}$

値域は　$\boldsymbol{y \neq 2}$

(2)

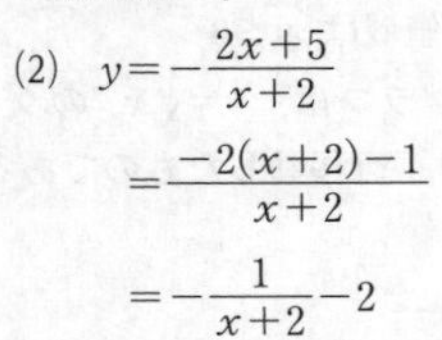

$$y=-\frac{2x+5}{x+2}=\frac{-2(x+2)-1}{x+2}=-\frac{1}{x+2}-2$$

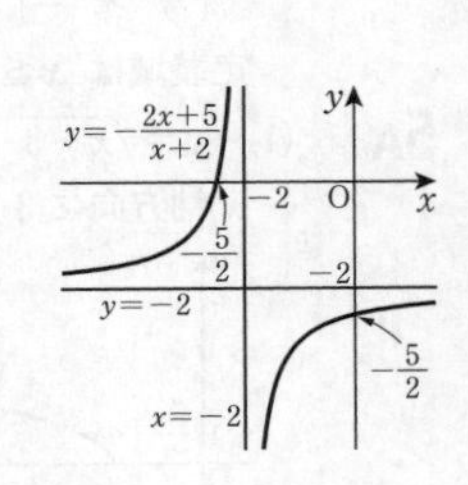

定義域は　$\boldsymbol{x \neq -2}$

値域は　$\boldsymbol{y \neq -2}$

3　(1)　求める共有点の x 座標は，$\frac{2}{x-3}=x-2$ の実数解である。

両辺に $x-3$ を掛けて整理すると

$x^2-5x+4=0$

ゆえに　$(x-1)(x-4)=0$ より　$x=1, 4$

これらの値を $y=x-2$ に代入すると，

$x=1$ のとき　$y=-1$

$x=4$ のとき　$y=2$

よって，求める共有点の座標は

$\boldsymbol{(1,\ -1),\ (4,\ 2)}$

(2)　不等式 $\frac{2}{x-3}>x-2$ の解は，関数 $y=\frac{2}{x-3}$ のグラフが直線 $y=x-2$ より上側にある部分の x の値の範囲である。

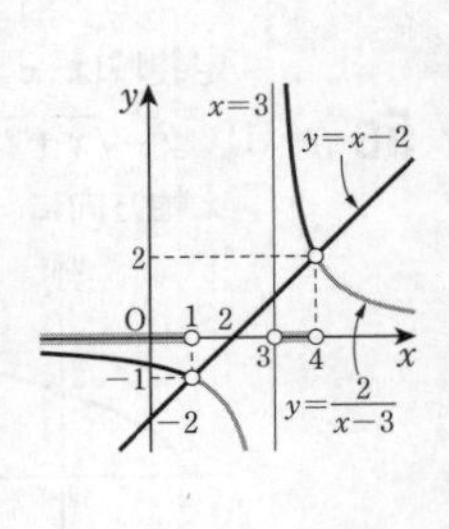

右の図から，求める不等式の解は　$\boldsymbol{x<1,\ 3<x<4}$

2　無理関数

p.5

4A　(1)

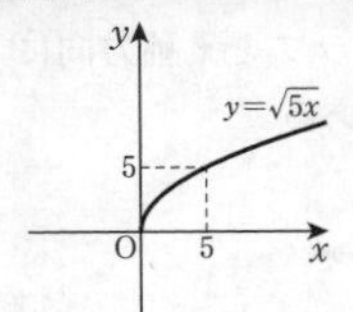

定義域は $\boldsymbol{x \geqq 0}$　値域は $\boldsymbol{y \geqq 0}$

(2)

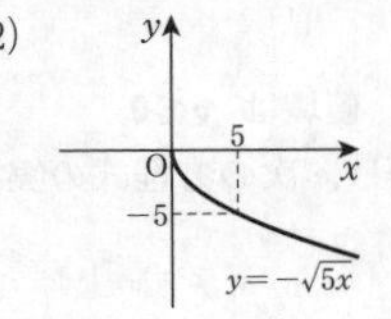

定義域は $\boldsymbol{x \leqq 0}$　値域は $\boldsymbol{y \leqq 0}$

4B　(1)

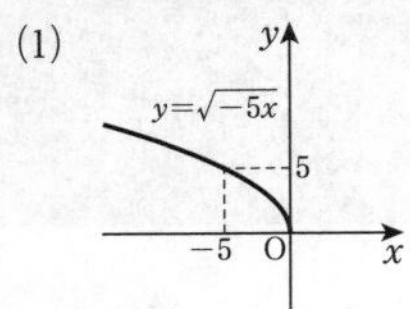

定義域は $\boldsymbol{x \leqq 0}$　値域は $\boldsymbol{y \geqq 0}$

(2)

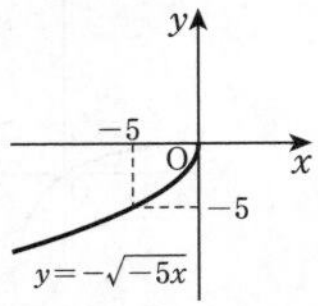

定義域は $\boldsymbol{x \leqq 0}$　値域は $\boldsymbol{y \leqq 0}$

5A　(1)　$y=\sqrt{x-3}$ のグラフは，$y=\sqrt{x}$ のグラフを x 軸方向に 3 だけ平行移動したものである。

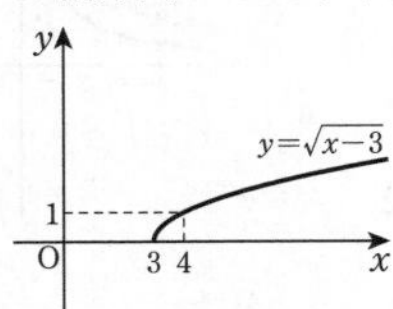

定義域は $\boldsymbol{x \geqq 3}$　値域は $\boldsymbol{y \geqq 0}$

(2)　$y=\sqrt{-2x+4}=\sqrt{-2(x-2)}$ と変形できるから，$y=\sqrt{-2x+4}$ のグラフは $y=\sqrt{-2x}$ のグラフを x 軸方向に 2 だけ平行移動したものである。

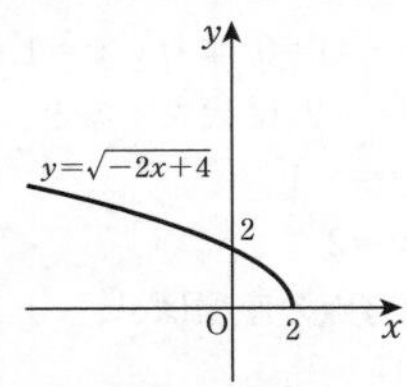

定義域は $\boldsymbol{x \leqq 2}$　値域は $\boldsymbol{y \geqq 0}$

5B　(1)　$y=\sqrt{x+2}$ のグラフは，$y=\sqrt{x}$ のグラフを x 軸方向に -2 だけ平行移動したものである。

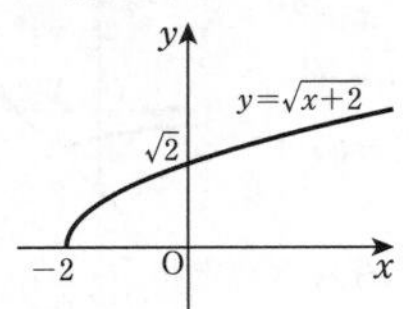

定義域は $\boldsymbol{x \geqq -2}$　値域は $\boldsymbol{y \geqq 0}$

(2)　$y=-\sqrt{-3x-12}=-\sqrt{-3(x+4)}$ と変形できるから，$y=-\sqrt{-3x-12}$ のグラフは $y=-\sqrt{-3x}$ のグラフを x 軸方向に -4 だけ平行移動したものである。

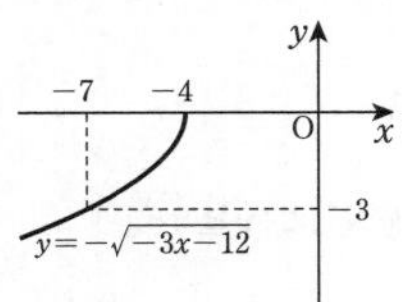

定義域は $\boldsymbol{x \leqq -4}$　値域は $\boldsymbol{y \leqq 0}$

6　(1)　共有点の x 座標は，次の方程式の実数解である。

$\sqrt{x+1}=x-1$ ……①

両辺を 2 乗して整理すると

$x^2-3x=0$

よって　$x(x-3)=0$ より　$x=0,\ 3$

このうち，①を満たすのは $x=3$ である。

$x=3$ のとき　$y=2$

したがって，求める共有点の座標は　$\boldsymbol{(3,\ 2)}$

(2)　不等式

$\sqrt{x+1} \geqq x-1$ の解は，

関数 $y=\sqrt{x+1}$ のグラフが直線 $y=x-1$ と交わるか，それより上側にある部分の x の値の範囲である。

右の図から，求める不等式の解は

$\boldsymbol{-1 \leqq x \leqq 3}$

3　逆関数

p.8

7A　$y=\dfrac{1}{2}x+4$ を変形すると

$x=2y-8$

x と y を入れかえて，求める逆関数は

$\boldsymbol{y=2x-8}$

7B　$y=\dfrac{2}{x+1}$ を変形すると

$y(x+1)=2$ より　$yx=2-y$　……①

$y=0$ は①を満たさないから，$y \neq 0$ より

$x=\dfrac{2}{y}-1$

x と y を入れかえて，求める逆関数は

$\boldsymbol{y=\dfrac{2}{x}-1}$

8A　$y=3^x$ を変形すると

$x=\log_3 y$

よって，x と y を入れかえて，求める逆関数は

$\boldsymbol{y=\log_3 x}$

8B　$y=\log_{\frac{1}{2}} x$ を変形すると

$x=\left(\dfrac{1}{2}\right)^y$

よって，x と y を入れかえて，求める逆関数は

$\boldsymbol{y=\left(\dfrac{1}{2}\right)^x}$

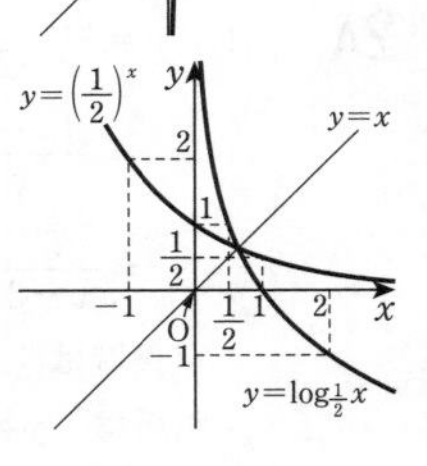

9A　$y=2x^2-2$ を x について解くと，$x \geqq 0$ であることから

$x^2=\dfrac{1}{2}y+1$

より　$x=\sqrt{\dfrac{1}{2}y+1}$

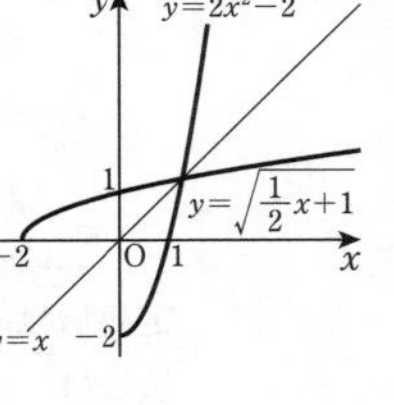

よって，x と y を入れかえて，求める逆関数は

$y=\sqrt{\frac{1}{2}x+1}$

定義域は $x\geqq-2$，値域は $y\geqq0$

9B $y=x-5$ を x について解くと　$x=y+5$

$0\leqq y+5\leqq5$

より　$-5\leqq y\leqq0$

よって，x と y を入れかえて，求める逆関数は

$y=x+5$

定義域は $-5\leqq x\leqq0$，値域は $0\leqq y\leqq5$

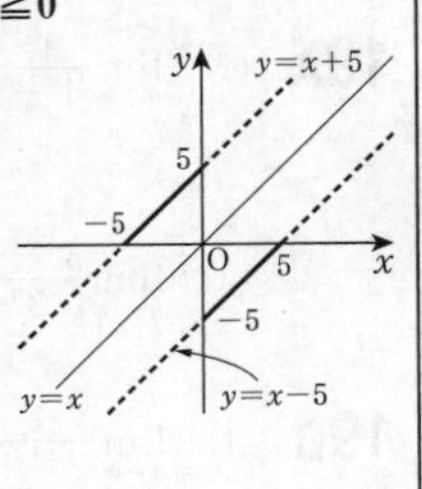

4 合成関数

p.10

10A (1) $f(x)=-2x+3$，$g(x)=x^2-2$ より

$(g\circ f)(x)=g(f(x))=g(-2x+3)$

$=(-2x+3)^2-2=4x^2-12x+7$

$(f\circ g)(x)=f(g(x))=f(x^2-2)$

$=-2(x^2-2)+3=-2x^2+7$

(2) $f(x)=x^2+3$，$g(x)=\log_{10}x$ より

$(g\circ f)(x)=g(f(x))=g(x^2+3)$

$=\log_{10}(x^2+3)$

$(f\circ g)(x)=f(g(x))=f(\log_{10}x)$

$=(\log_{10}x)^2+3$

10B (1) $f(x)=x+3$，$g(x)=\left(\frac{1}{2}\right)^x$ より

$(g\circ f)(x)=g(f(x))=g(x+3)=\left(\frac{1}{2}\right)^{x+3}$

$(f\circ g)(x)=f(g(x))=f\left(\left(\frac{1}{2}\right)^x\right)=\left(\frac{1}{2}\right)^x+3$

(2) $f(x)=2-x^2$，$g(x)=\cos x$ より

$(g\circ f)(x)=g(f(x))=g(2-x^2)$

$=\cos(2-x^2)$

$(f\circ g)(x)=f(g(x))=f(\cos x)$

$=2-(\cos x)^2$

$=2-\cos^2x$

2節 数列の極限

5 数列の極限

p.11

11A (1) $\lim_{n\to\infty}\left(2-\frac{1}{n}\right)=2$

(2) $\lim_{n\to\infty}\frac{3n+5}{2n}=\lim_{n\to\infty}\left(\frac{3}{2}+\frac{5}{2n}\right)$

$=\frac{3}{2}$

11B (1) $\lim_{n\to\infty}\frac{4}{n^2}=0$

(2) $\lim_{n\to\infty}\frac{4n-1}{3n}=\lim_{n\to\infty}\left(\frac{4}{3}-\frac{1}{3n}\right)=\frac{4}{3}$

12A (1) $\lim_{n\to\infty}(-2n+1)=-\infty$

(2) 数列 $\{(-4)^n\}$ は

$-4,\ 16,\ -64,\ 256,\ \cdots\cdots$

であるから，**振動し，極限はない。**

12B (1) $\lim_{n\to\infty}\sqrt{n}=\infty$

(2) 数列 $\{\cos n\pi\}$ は

$-1,\ 1,\ -1,\ 1,\ -1,\ \cdots\cdots$

であるから，**振動し，極限はない。**

6 数列の極限の性質

p.12

13A (1) $\lim_{n\to\infty}(3a_n+b_n)=3\lim_{n\to\infty}a_n+\lim_{n\to\infty}b_n$

$=3\times2+(-3)=3$

(2) $\lim_{n\to\infty}(-2b_n+5)=-2\lim_{n\to\infty}b_n+\lim_{n\to\infty}5$

$=-2\times(-3)+5=11$

(3) $\lim_{n\to\infty}\left(\frac{2}{3}+\frac{a_n}{b_n}\right)=\lim_{n\to\infty}\frac{2}{3}+\frac{\lim_{n\to\infty}a_n}{\lim_{n\to\infty}b_n}=\frac{2}{3}+\frac{2}{-3}=0$

13B (1) $\lim_{n\to\infty}(5a_n-3b_n)=5\lim_{n\to\infty}a_n-3\lim_{n\to\infty}b_n$

$=5\times(-1)-3\times2=-11$

(2) $\lim_{n\to\infty}a_nb_n=\left(\lim_{n\to\infty}a_n\right)\left(\lim_{n\to\infty}b_n\right)=-1\times2=-2$

(3) $\lim_{n\to\infty}\frac{4b_n}{3a_n+b_n}=\frac{4\lim_{n\to\infty}b_n}{3\lim_{n\to\infty}a_n+\lim_{n\to\infty}b_n}$

$=\frac{4\times2}{3\times(-1)+2}=-8$

14A (1) $\lim_{n\to\infty}\frac{2n+1}{3n-1}=\lim_{n\to\infty}\frac{2+\frac{1}{n}}{3-\frac{1}{n}}=\frac{2}{3}$

(2) $\lim_{n\to\infty}\frac{4n^2-5n+1}{-2n^2+3n}=\lim_{n\to\infty}\frac{4-\frac{5}{n}+\frac{1}{n^2}}{-2+\frac{3}{n}}=\frac{4}{-2}=-2$

14B (1) $\lim_{n\to\infty}\frac{3n^2+4n}{-n^2}=\lim_{n\to\infty}\frac{3+\frac{4}{n}}{-1}=\frac{3}{-1}=-3$

(2) $\lim_{n\to\infty}\frac{3n^2-5n}{n^3-2n^2+1}=\lim_{n\to\infty}\frac{\frac{3}{n}-\frac{5}{n^2}}{1-\frac{2}{n}+\frac{1}{n^3}}=\frac{0}{1}=0$

15A (1) $\lim_{n\to\infty}(n^3-2n^2-3n)=\lim_{n\to\infty}n^3\left(1-\frac{2}{n}-\frac{3}{n^2}\right)=\infty$

(2) $\lim_{n\to\infty}(n-n^3)=\lim_{n\to\infty}n^3\left(\frac{1}{n^2}-1\right)=-\infty$

15B (1) $\lim_{n\to\infty}(n^3-3n^2+2n)=\lim_{n\to\infty}n^3\left(1-\frac{3}{n}+\frac{2}{n^2}\right)=\infty$

(2) $\lim_{n\to\infty}(3n^2-n^4)=\lim_{n\to\infty}n^4\left(\frac{3}{n^2}-1\right)=-\infty$

16A (1) $\lim_{n\to\infty}(\sqrt{n+2}-\sqrt{n})$

$=\lim_{n\to\infty}\frac{(\sqrt{n+2}-\sqrt{n})(\sqrt{n+2}+\sqrt{n})}{\sqrt{n+2}+\sqrt{n}}$

$=\lim_{n\to\infty}\frac{(n+2)-n}{\sqrt{n+2}+\sqrt{n}}=\lim_{n\to\infty}\frac{2}{\sqrt{n+2}+\sqrt{n}}=0$

(2) $\lim_{n\to\infty}(\sqrt{n^2+3n}-n)$

$=\lim_{n\to\infty}\frac{(\sqrt{n^2+3n}-n)(\sqrt{n^2+3n}+n)}{\sqrt{n^2+3n}+n}$

$=\lim_{n\to\infty}\frac{(n^2+3n)-n^2}{\sqrt{n^2+3n}+n}=\lim_{n\to\infty}\frac{3n}{\sqrt{n^2+3n}+n}$

$$=\lim_{n\to\infty}\frac{3n}{n\sqrt{1+\frac{3}{n}}+n}=\lim_{n\to\infty}\frac{3}{\sqrt{1+\frac{3}{n}}+1}=\frac{3}{2}$$

16B (1) $\lim_{n\to\infty}(\sqrt{2n+3}-\sqrt{2n})$

$$=\lim_{n\to\infty}\frac{(\sqrt{2n+3}-\sqrt{2n})(\sqrt{2n+3}+\sqrt{2n})}{\sqrt{2n+3}+\sqrt{2n}}$$

$$=\lim_{n\to\infty}\frac{(2n+3)-2n}{\sqrt{2n+3}+\sqrt{2n}}=\lim_{n\to\infty}\frac{3}{\sqrt{2n+3}+\sqrt{2n}}=\mathbf{0}$$

(2) $\lim_{n\to\infty}\frac{1}{\sqrt{n^2+n}-n}$

$$=\lim_{n\to\infty}\frac{\sqrt{n^2+n}+n}{(\sqrt{n^2+n}-n)(\sqrt{n^2+n}+n)}$$

$$=\lim_{n\to\infty}\frac{\sqrt{n^2+n}+n}{(n^2+n)-n^2}=\lim_{n\to\infty}\frac{\sqrt{n^2+n}+n}{n}$$

$$=\lim_{n\to\infty}\frac{n\sqrt{1+\frac{1}{n}}+n}{n}=\lim_{n\to\infty}\left(\sqrt{1+\frac{1}{n}}+1\right)=\mathbf{2}$$

7 数列の極限の大小関係

p.15

17A (1) $-1\leqq\cos 2n\theta\leqq 1$ より

$$-\frac{1}{n}\leqq\frac{1}{n}\cos 2n\theta\leqq\frac{1}{n}$$

ここで，$\lim_{n\to\infty}\left(-\frac{1}{n}\right)=0$，$\lim_{n\to\infty}\frac{1}{n}=0$ であるから

$$\lim_{n\to\infty}\frac{1}{n}\cos 2n\theta=\mathbf{0}$$

(2) $0\leqq\sin^2 n\theta\leqq 1$ より

$$0\leqq\frac{1}{n^2}\sin^2 n\theta\leqq\frac{1}{n^2}$$

ここで，$\lim_{n\to\infty}\frac{1}{n^2}=0$ であるから

$$\lim_{n\to\infty}\frac{1}{n^2}\sin^2 n\theta=\mathbf{0}$$

17B (1) $-1\leqq\sin\frac{n\pi}{2}\leqq 1$ より

$$-\frac{1}{n}\leqq\frac{1}{n}\sin\frac{n\pi}{2}\leqq\frac{1}{n}$$

ここで，$\lim_{n\to\infty}\left(-\frac{1}{n}\right)=0$，$\lim_{n\to\infty}\frac{1}{n}=0$ であるから

$$\lim_{n\to\infty}\frac{1}{n}\sin\frac{n\pi}{2}=\mathbf{0}$$

(2) $0\leqq\cos^2 n\theta\leqq 1$ より

$$0\leqq\frac{1}{n+1}\cos^2 n\theta\leqq\frac{1}{n+1}$$

ここで，$\lim_{n\to\infty}\frac{1}{n+1}=0$ であるから

$$\lim_{n\to\infty}\frac{1}{n+1}\cos^2 n\theta=\mathbf{0}$$

8 無限等比数列

p.16

18A (1) $\left|\frac{1}{2}\right|<1$ より $\lim_{n\to\infty}\left(\frac{1}{2}\right)^n=\mathbf{0}$

(2) $-\frac{4}{3}<-1$ より，数列 $\left\{\left(-\frac{4}{3}\right)^n\right\}$ は

振動し，極限はない。

18B (1) $\frac{5}{3}>1$ より $\lim_{n\to\infty}\left(\frac{5}{3}\right)^n=\boldsymbol{\infty}$

(2) $\left|-\frac{1}{4}\right|<1$ より $\lim_{n\to\infty}\left(-\frac{1}{4}\right)^n=\mathbf{0}$

19A (1) $\lim_{n\to\infty}\frac{4^{n+1}}{4^n-3^n}=\lim_{n\to\infty}\frac{4}{1-\left(\frac{3}{4}\right)^n}=\mathbf{4}$

(2) $\lim_{n\to\infty}\frac{3^{n+1}+5^{n-1}}{3^n-5^n}=\lim_{n\to\infty}\frac{3\cdot\left(\frac{3}{5}\right)^n+\frac{1}{5}}{\left(\frac{3}{5}\right)^n-1}=-\frac{\mathbf{1}}{\mathbf{5}}$

19B (1) $\lim_{n\to\infty}\frac{6^n}{2^{n+1}+3^{n-1}}=\lim_{n\to\infty}\frac{2^n\cdot 3^n}{2\cdot 2^n+\frac{1}{3}\cdot 3^n}$

$$=\lim_{n\to\infty}\frac{2^n}{2\cdot\left(\frac{2}{3}\right)^n+\frac{1}{3}}=\boldsymbol{\infty}$$

(2) $\lim_{n\to\infty}\frac{3^{2n-1}}{3^{2n}+(-5)^n}=\lim_{n\to\infty}\frac{\frac{1}{3}\cdot 9^n}{9^n+(-5)^n}$

$$=\lim_{n\to\infty}\frac{\frac{1}{3}}{1+\left(-\frac{5}{9}\right)^n}=\frac{\mathbf{1}}{\mathbf{3}}$$

20A (1) $|r|<1$ のとき，$\lim_{n\to\infty}r^n=0$ であるから

$$\lim_{n\to\infty}\frac{1}{r^n+2}=\frac{1}{0+2}=\frac{\mathbf{1}}{\mathbf{2}}$$

(2) $r=1$ のとき，$\lim_{n\to\infty}r^n=1$ であるから

$$\lim_{n\to\infty}\frac{1}{r^n+2}=\frac{1}{1+2}=\frac{\mathbf{1}}{\mathbf{3}}$$

(3) $|r|>1$ のとき，

$\left|\frac{1}{r}\right|<1$ より，$\lim_{n\to\infty}\left(\frac{1}{r}\right)^n=0$ であるから

$$\lim_{n\to\infty}\frac{1}{r^n+2}=\lim_{n\to\infty}\frac{\left(\frac{1}{r}\right)^n}{1+2\cdot\left(\frac{1}{r}\right)^n}=\frac{0}{1+0}=\mathbf{0}$$

20B (1) $|r|<1$ のとき，$\lim_{n\to\infty}r^n=0$ であるから

$$\lim_{n\to\infty}\frac{r^n}{r^n+3}=\frac{0}{0+3}=\mathbf{0}$$

(2) $r=1$ のとき，$\lim_{n\to\infty}r^n=1$ であるから

$$\lim_{n\to\infty}\frac{r^n}{r^n+3}=\frac{1}{1+3}=\frac{\mathbf{1}}{\mathbf{4}}$$

(3) $|r|>1$ のとき，

$\left|\frac{1}{r}\right|<1$ より $\lim_{n\to\infty}\left(\frac{1}{r}\right)^n=0$ であるから

$$\lim_{n\to\infty}\frac{r^n}{r^n+3}=\lim_{n\to\infty}\frac{1}{1+3\cdot\left(\frac{1}{r}\right)^n}=\mathbf{1}$$

21A 与えられた漸化式を変形すると

$$a_{n+1}-9=\frac{1}{3}(a_n-9)\qquad\leftarrow\alpha=\frac{1}{3}\alpha+6$$

ここで，$b_n=a_n-9$ とおくと

$$b_{n+1}=\frac{1}{3}b_n,\quad b_1=a_1-9=1-9=-8$$

よって，数列 $\{b_n\}$ は，初項 -8，公比 $\frac{1}{3}$ の等比数

列であるから

$b_n=-8\left(\frac{1}{3}\right)^{n-1}$ ゆえに $a_n-9=-8\left(\frac{1}{3}\right)^{n-1}$

よって $\boldsymbol{a_n=9-8\left(\frac{1}{3}\right)^{n-1}}$

したがって $\lim_{n\to\infty}a_n=\lim_{n\to\infty}\left\{9-8\left(\frac{1}{3}\right)^{n-1}\right\}=\mathbf{9}$

21B 与えられた漸化式を変形すると

$a_{n+1}-4=\frac{3}{4}(a_n-4)$ ←$\alpha=\frac{3}{4}\alpha+1$

ここで，$b_n=a_n-4$ とおくと

$b_{n+1}=\frac{3}{4}b_n$，$b_1=a_1-4=1-4=-3$

よって，数列 $\{b_n\}$ は，初項 -3，公比 $\frac{3}{4}$ の等比数列であるから

$b_n=-3\left(\frac{3}{4}\right)^{n-1}$ ゆえに $a_n-4=-3\left(\frac{3}{4}\right)^{n-1}$

よって $\boldsymbol{a_n=4-3\left(\frac{3}{4}\right)^{n-1}}$

したがって $\lim_{n\to\infty}a_n=\lim_{n\to\infty}\left\{4-3\left(\frac{3}{4}\right)^{n-1}\right\}=\mathbf{4}$

9 無限級数

p.19

22A 与えられた無限級数の部分和 S_n は

$$S_n=\sum_{k=1}^{n}\frac{1}{(3k-1)(3k+2)}$$
$$=\sum_{k=1}^{n}\frac{1}{3}\left(\frac{1}{3k-1}-\frac{1}{3k+2}\right)$$
$$=\frac{1}{3}\left\{\left(\frac{1}{2}-\frac{1}{5}\right)+\left(\frac{1}{5}-\frac{1}{8}\right)+\left(\frac{1}{8}-\frac{1}{11}\right)+\cdots+\left(\frac{1}{3n-1}-\frac{1}{3n+2}\right)\right\}$$
$$=\frac{1}{3}\left(\frac{1}{2}-\frac{1}{3n+2}\right)$$

よって $\lim_{n\to\infty}S_n=\lim_{n\to\infty}\frac{1}{3}\left(\frac{1}{2}-\frac{1}{3n+2}\right)=\frac{1}{6}$

したがって $\sum_{k=1}^{\infty}\frac{1}{(3k-1)(3k+2)}=\boldsymbol{\frac{1}{6}}$

22B 与えられた無限級数の部分和 S_n は

$$S_n=\sum_{k=1}^{n}\frac{1}{(4k-1)(4k+3)}$$
$$=\sum_{k=1}^{n}\frac{1}{4}\left(\frac{1}{4k-1}-\frac{1}{4k+3}\right)$$
$$=\frac{1}{4}\left\{\left(\frac{1}{3}-\frac{1}{7}\right)+\left(\frac{1}{7}-\frac{1}{11}\right)+\left(\frac{1}{11}-\frac{1}{15}\right)+\cdots+\left(\frac{1}{4n-1}-\frac{1}{4n+3}\right)\right\}$$
$$=\frac{1}{4}\left(\frac{1}{3}-\frac{1}{4n+3}\right)$$

よって $\lim_{n\to\infty}S_n=\lim_{n\to\infty}\frac{1}{4}\left(\frac{1}{3}-\frac{1}{4n+3}\right)=\frac{1}{12}$

したがって $\sum_{k=1}^{\infty}\frac{1}{(4k-1)(4k+3)}=\boldsymbol{\frac{1}{12}}$

10 無限等比級数

p.20

23A (1) 初項 1，公比 $\frac{1}{3}$ の無限等比級数である。よって，$\left|\frac{1}{3}\right|<1$ であるから，この級数は**収束**する。

その和 S は $S=\frac{1}{1-\frac{1}{3}}=\boldsymbol{\frac{3}{2}}$

(2) 初項 2，公比 -1 の無限等比級数である。よって，$|-1|\geqq1$ であるから，この級数は**発散**する。

(3) 初項 -0.2，公比 -0.8 の無限等比級数である。よって，$|-0.8|<1$ であるから，この級数は**収束**する。

その和 S は $S=\frac{-0.2}{1-(-0.8)}=-\frac{0.2}{1.8}=\boldsymbol{-\frac{1}{9}}$

23B (1) 初項 9，公比 $-\frac{2}{3}$ の無限等比級数である。

よって，$\left|-\frac{2}{3}\right|<1$ であるから，この級数は**収束**する。

その和 S は $S=\frac{9}{1-\left(-\frac{2}{3}\right)}=\boldsymbol{\frac{27}{5}}$

(2) 初項 $2\sqrt{2}$，公比 $-\frac{1}{\sqrt{2}}$ の無限等比級数である。よって，$\left|-\frac{1}{\sqrt{2}}\right|<1$ であるから，この級数は**収束**する。

その和 S は $S=\frac{2\sqrt{2}}{1-\left(-\frac{1}{\sqrt{2}}\right)}$

$=\frac{4}{\sqrt{2}+1}$

$=4(\sqrt{2}-1)=\boldsymbol{4\sqrt{2}-4}$

(3) 初項 1，公比 $\sqrt{5}-1$ の無限等比級数である。よって，$|\sqrt{5}-1|>1$ であるから，この級数は**発散**する。

24A (i) $x\neq0$ のとき

与えられた無限級数は，初項 x，公比 $x-1$ の無限等比級数である。収束するための条件は

$|x-1|<1$ より $-1<x-1<1$

よって $0<x<2$

このとき，和は $\frac{x}{1-(x-1)}=\frac{x}{2-x}$

(ii) $x=0$ のとき

この無限級数のすべての項は 0 となるから収束し，その和は 0 である。

(i), (ii)より，与えられた無限級数が収束するような実数 x の値の範囲は $\boldsymbol{0\leqq x<2}$

$x=0$ のとき，和は **0**

$0<x<2$ のとき，和は $\boldsymbol{\frac{x}{2-x}}$

24B (i) $x \neq 0$ のとき

与えられた無限級数は，初項 x，公比 x^2-1 の無限等比級数であるから，収束するための条件は

$|x^2-1|<1$ より $-1<x^2-1<1$

ゆえに $0<x^2<2$

よって $-\sqrt{2}<x<0,\ 0<x<\sqrt{2}$

このとき，和は $\dfrac{x}{1-(x^2-1)}=\dfrac{x}{2-x^2}$

(ii) $x=0$ のとき

この無限級数のすべての項は 0 となるから収束し，その和は 0 である。

(i), (ii)より，与えられた無限級数が収束するような実数 x の値の範囲は $\boldsymbol{-\sqrt{2}<x<\sqrt{2}}$

$\boldsymbol{x=0}$ **のとき，和は 0**

$\boldsymbol{-\sqrt{2}<x<0,\ 0<x<\sqrt{2}}$ **のとき，和は** $\boldsymbol{\dfrac{x}{2-x^2}}$

25 $A_1B_1=l_1$，$A_2B_2=l_2$…… とする。

ここで，1 つの正方形に対して，各辺の中点を頂点とする正方形は相似であり，その 1 辺の長さは，もとの正方形の 1 辺の長さの $\dfrac{\sqrt{2}}{2}$ である。

ゆえに $l_1=\dfrac{1}{2}a\times\sqrt{2}=\dfrac{\sqrt{2}}{2}a$

$l_2=\dfrac{1}{2}l_1\times\sqrt{2}=\left(\dfrac{\sqrt{2}}{2}\right)^2 a$

$l_3=\dfrac{1}{2}l_2\times\sqrt{2}=\left(\dfrac{\sqrt{2}}{2}\right)^3 a$

…………

よって，求める辺の長さの総和は，

初項 $\dfrac{\sqrt{2}}{2}a$，公比 $\dfrac{\sqrt{2}}{2}$ の無限等比級数である。

$\left|\dfrac{\sqrt{2}}{2}\right|<1$ であるから，この無限等比級数は収束する。

その和は $\dfrac{\frac{\sqrt{2}}{2}a}{1-\frac{\sqrt{2}}{2}}=\dfrac{\sqrt{2}}{2-\sqrt{2}}a$

$=\dfrac{\sqrt{2}(2+\sqrt{2})}{(2-\sqrt{2})(2+\sqrt{2})}a$

$=\boldsymbol{(\sqrt{2}+1)a}$

11 無限級数の性質

p.23

26A $\displaystyle\sum_{n=1}^{\infty}\frac{1}{2^n}$ は，初項 $\dfrac{1}{2}$，公比 $\dfrac{1}{2}$ の無限等比級数である。

$\left|\dfrac{1}{2}\right|<1$ より収束し，その和は

$$\sum_{n=1}^{\infty}\frac{1}{2^n}=\frac{\frac{1}{2}}{1-\frac{1}{2}}=1$$

また，$\displaystyle\sum_{n=1}^{\infty}\frac{1}{5^n}$ は，初項 $\dfrac{1}{5}$，公比 $\dfrac{1}{5}$ の無限等比級数である。

$\left|\dfrac{1}{5}\right|<1$ より収束し，その和は

$$\sum_{n=1}^{\infty}\frac{1}{5^n}=\frac{\frac{1}{5}}{1-\frac{1}{5}}=\frac{1}{4}$$

よって $\displaystyle\sum_{n=1}^{\infty}\left(\frac{1}{2^n}+\frac{1}{5^n}\right)=\sum_{n=1}^{\infty}\frac{1}{2^n}+\sum_{n=1}^{\infty}\frac{1}{5^n}$

$=1+\dfrac{1}{4}=\boldsymbol{\dfrac{5}{4}}$

26B $\displaystyle\sum_{n=1}^{\infty}\frac{2}{3^n}$ は，初項 $\dfrac{2}{3}$，公比 $\dfrac{1}{3}$ の無限等比級数である。

$\left|\dfrac{1}{3}\right|<1$ より収束し，その和は

$$\sum_{n=1}^{\infty}\frac{2}{3^n}=\frac{\frac{2}{3}}{1-\frac{1}{3}}=1$$

また，$\displaystyle\sum_{n=1}^{\infty}\left(-\frac{1}{2}\right)^n$ は初項 $-\dfrac{1}{2}$，公比 $-\dfrac{1}{2}$ の無限等比級数である。

$\left|-\dfrac{1}{2}\right|<1$ より収束し，その和は

$$\sum_{n=1}^{\infty}\left(-\frac{1}{2}\right)^n=\frac{-\frac{1}{2}}{1-\left(-\frac{1}{2}\right)}=-\frac{1}{3}$$

よって

$\displaystyle\sum_{n=1}^{\infty}\left\{\frac{2}{3^n}-\left(-\frac{1}{2}\right)^n\right\}=\sum_{n=1}^{\infty}\frac{2}{3^n}-\sum_{n=1}^{\infty}\left(-\frac{1}{2}\right)^n$

$=1-\left(-\dfrac{1}{3}\right)=\boldsymbol{\dfrac{4}{3}}$

27A (1) $\displaystyle\lim_{n\to\infty}\frac{3n}{5n-4}=\lim_{n\to\infty}\frac{3}{5-\frac{4}{n}}=\frac{3}{5}$ より，

数列 $\left\{\dfrac{3n}{5n-4}\right\}$ は 0 に収束しない。

よって，無限級数

$3+1+\dfrac{9}{11}+\cdots\cdots+\dfrac{3n}{5n-4}+\cdots\cdots$

は発散する。

(2) $\displaystyle\lim_{n\to\infty}\frac{2n-1}{2n}=\lim_{n\to\infty}\frac{2-\frac{1}{n}}{2}=1$ より，

数列 $\left\{\dfrac{2n-1}{2n}\right\}$ は 0 に収束しない。

よって，無限級数

$\dfrac{1}{2}+\dfrac{3}{4}+\dfrac{5}{6}+\cdots\cdots+\dfrac{2n-1}{2n}+\cdots\cdots$

は発散する。

27B (1) $\displaystyle\lim_{n\to\infty}\frac{2n-1}{2n+1}=\lim_{n\to\infty}\frac{2-\frac{1}{n}}{2+\frac{1}{n}}=1$ より，

数列 $\left\{\dfrac{2n-1}{2n+1}\right\}$ は 0 に収束しない。

よって，無限級数

$$\frac{1}{3}+\frac{3}{5}+\frac{5}{7}+\cdots\cdots+\frac{2n-1}{2n+1}+\cdots\cdots$$

は発散する。

(2) $\lim_{n\to\infty}\frac{3n-2}{3n}=\lim_{n\to\infty}\frac{3-\frac{2}{n}}{3}=1$ より，

数列 $\left\{\frac{3n-2}{3n}\right\}$ は 0 に収束しない。

よって，無限級数

$$\frac{1}{3}+\frac{2}{3}+\frac{7}{9}+\cdots\cdots+\frac{3n-2}{3n}+\cdots\cdots$$

は発散する。

3節　関数の極限

12 関数の極限 p.25

28A (1) $\lim_{x\to2}(x^2-3x+1)=2^2-3\times2+1=\mathbf{-1}$

(2) $\lim_{x\to0}3^x=3^0=\mathbf{1}$

28B (1) $\lim_{x\to-1}\sqrt{3x+6}=\sqrt{3\times(-1)+6}=\boldsymbol{\sqrt{3}}$

(2) $\lim_{x\to9}\log_3 x=\log_3 9=\mathbf{2}$

29A (1) $\lim_{x\to-1}\frac{x+4}{x^2-2x+3}=\frac{(-1)+4}{(-1)^2-2\times(-1)+3}$

$=\mathbf{\frac{1}{2}}$

(2) $\lim_{x\to2}\frac{2x-1}{(x+1)(x-3)}=\frac{2\times2-1}{(2+1)(2-3)}$

$=\mathbf{-1}$

29B (1) $\lim_{x\to-3}\frac{-x+4}{x^2-x+2}=\frac{-(-3)+4}{(-3)^2-(-3)+2}$

$=\mathbf{\frac{1}{2}}$

(2) $\lim_{x\to0}\frac{-2x+3}{(x-1)(x+2)}=\frac{-2\times0+3}{(0-1)(0+2)}$

$=\mathbf{-\frac{3}{2}}$

30A (1) $\lim_{x\to4}\frac{x^2-16}{x-4}=\lim_{x\to4}\frac{(x-4)(x+4)}{x-4}$

$=\lim_{x\to4}(x+4)=4+4=\mathbf{8}$

(2) $\lim_{x\to4}\frac{x^2-2x-8}{x^2-x-12}=\lim_{x\to4}\frac{(x-4)(x+2)}{(x-4)(x+3)}$

$=\lim_{x\to4}\frac{x+2}{x+3}=\frac{4+2}{4+3}=\mathbf{\frac{6}{7}}$

30B (1) $\lim_{x\to-2}\frac{x^2-x-6}{x+2}=\lim_{x\to-2}\frac{(x+2)(x-3)}{x+2}$

$=\lim_{x\to-2}(x-3)=-2-3=\mathbf{-5}$

(2) $\lim_{x\to-3}\frac{x^2+2x-3}{x^2-9}=\lim_{x\to-3}\frac{(x+3)(x-1)}{(x+3)(x-3)}$

$=\lim_{x\to-3}\frac{x-1}{x-3}=\frac{-3-1}{-3-3}=\mathbf{\frac{2}{3}}$

31A (1) $\lim_{x\to9}\frac{\sqrt{x}-3}{x-9}=\lim_{x\to9}\frac{(\sqrt{x}-3)(\sqrt{x}+3)}{(x-9)(\sqrt{x}+3)}$

$=\lim_{x\to9}\frac{x-9}{(x-9)(\sqrt{x}+3)}=\lim_{x\to9}\frac{1}{\sqrt{x}+3}=\mathbf{\frac{1}{6}}$

(2) $\lim_{x\to0}\frac{x}{\sqrt{x+25}-5}$

$=\lim_{x\to0}\frac{x(\sqrt{x+25}+5)}{(\sqrt{x+25}-5)(\sqrt{x+25}+5)}$

$=\lim_{x\to0}\frac{x(\sqrt{x+25}+5)}{(x+25)-25}=\lim_{x\to0}\frac{x(\sqrt{x+25}+5)}{x}$

$=\lim_{x\to0}(\sqrt{x+25}+5)=\mathbf{10}$

31B (1) $\lim_{x\to1}\frac{x-1}{\sqrt{x+3}-2}=\lim_{x\to1}\frac{(x-1)(\sqrt{x+3}+2)}{(\sqrt{x+3}-2)(\sqrt{x+3}+2)}$

$=\lim_{x\to1}\frac{(x-1)(\sqrt{x+3}+2)}{(x+3)-4}=\lim_{x\to1}\frac{(x-1)(\sqrt{x+3}+2)}{x-1}$

$=\lim_{x\to1}(\sqrt{x+3}+2)=\mathbf{4}$

(2) $\lim_{x\to-3}\frac{2-\sqrt{x+7}}{x+3}$

$=\lim_{x\to-3}\frac{(2-\sqrt{x+7})(2+\sqrt{x+7})}{(x+3)(2+\sqrt{x+7})}$

$=\lim_{x\to-3}\frac{4-(x+7)}{(x+3)(2+\sqrt{x+7})}$

$=\lim_{x\to-3}\frac{-(x+3)}{(x+3)(2+\sqrt{x+7})}$

$=\lim_{x\to-3}\frac{-1}{2+\sqrt{x+7}}=\mathbf{-\frac{1}{4}}$

32 $\lim_{x\to1}(\sqrt{x}-1)=0$ であるから，

$\lim_{x\to1}\frac{ax+b}{\sqrt{x}-1}=4$ が成り立つとき，

$\lim_{x\to1}(ax+b)=0$ である。

ゆえに　$\lim_{x\to1}(ax+b)=a+b=0$

より　$b=-a$

このとき

$\lim_{x\to1}\frac{ax+b}{\sqrt{x}-1}=\lim_{x\to1}\frac{a(x-1)}{\sqrt{x}-1}$

$=\lim_{x\to1}\frac{a(x-1)(\sqrt{x}+1)}{(\sqrt{x}-1)(\sqrt{x}+1)}$

$=\lim_{x\to1}\frac{a(x-1)(\sqrt{x}+1)}{x-1}$

$=\lim_{x\to1}a(\sqrt{x}+1)=2a$

よって，$2a=4$ より　$a=2$

このとき　$b=-2$

したがって　$\boldsymbol{a=2,\ b=-2}$

33A $\lim_{x\to2}\frac{1}{(x-2)^2}=\boldsymbol{\infty}$

33B $\lim_{x\to-3}\left\{-\frac{1}{(x+3)^2}\right\}=\boldsymbol{-\infty}$

34A (1) $\lim_{x\to3+0}\frac{1}{x-3}=\boldsymbol{\infty}$

(2) $\lim_{x\to2-0}\left(\frac{3}{x-2}\right)^3=\boldsymbol{-\infty}$

34B (1) $\lim_{x\to-1-0}\frac{2}{x+1}=\boldsymbol{-\infty}$

(2) $\lim_{x\to1-0}\left(-\frac{1}{x-1}\right)=\boldsymbol{\infty}$

35A (1) $x>2$ のとき，$|x-2|=x-2$ より

$$f(x)=\frac{x^2-4}{x-2}$$
$$=\frac{(x-2)(x+2)}{x-2}=x+2$$
よって $\lim_{x\to 2+0} f(x)=\lim_{x\to 2+0}(x+2)=\mathbf{4}$

(2) $x<2$ のとき，$|x-2|=-(x-2)$ より
$$f(x)=\frac{x^2-4}{-(x-2)}$$
$$=-\frac{(x-2)(x+2)}{(x-2)}=-x-2$$
よって $\lim_{x\to 2-0} f(x)=\lim_{x\to 2-0}(-x-2)=\mathbf{-4}$

35B (1) $x>0$ のとき，$|2x|=2x$ より
$$f(x)=\frac{x^2-3x}{2x}=\frac{x-3}{2}$$
よって $\lim_{x\to +0} f(x)=\lim_{x\to +0}\frac{x-3}{2}=\mathbf{-\frac{3}{2}}$

(2) $x<0$ のとき $|2x|=-2x$ より
$$f(x)=\frac{x^2-3x}{-2x}=\frac{-x+3}{2}$$
よって $\lim_{x\to -0} f(x)=\lim_{x\to -0}\frac{-x+3}{2}=\mathbf{\frac{3}{2}}$

36A (1) $\lim_{x\to\infty}\frac{1}{x^2}=\mathbf{0}$

(2) $\lim_{x\to\infty}\frac{1}{(x-5)^3}=\mathbf{0}$

36B (1) $\lim_{x\to -\infty}\frac{2}{x}=\mathbf{0}$

(2) $\lim_{x\to -\infty}\frac{2}{x^2+3}=\mathbf{0}$

37A (1) $\lim_{x\to\infty}\frac{x^2+5x-1}{x^2-2x+1}=\lim_{x\to\infty}\frac{1+\frac{5}{x}-\frac{1}{x^2}}{1-\frac{2}{x}+\frac{1}{x^2}}=\mathbf{1}$

(2) $\lim_{x\to\infty}\frac{2x-3}{3x^2+x-1}=\lim_{x\to\infty}\frac{\frac{2}{x}-\frac{3}{x^2}}{3+\frac{1}{x}-\frac{1}{x^2}}=\mathbf{0}$

37B (1) $\lim_{x\to\infty}\frac{-2x^2+x-3}{x^2-x}=\lim_{x\to\infty}\frac{-2+\frac{1}{x}-\frac{3}{x^2}}{1-\frac{1}{x}}=\mathbf{-2}$

(2) $\lim_{x\to -\infty}\frac{2x^2-5x+1}{x-1}=\lim_{x\to -\infty}\frac{2x-5+\frac{1}{x}}{1-\frac{1}{x}}=\mathbf{-\infty}$

38A (1) $\lim_{x\to\infty}(x^3-2x^2)=\lim_{x\to\infty}x^3\left(1-\frac{2}{x}\right)=\mathbf{\infty}$

(2) $\lim_{x\to -\infty}(x^2+3x)=\lim_{x\to -\infty}x^2\left(1+\frac{3}{x}\right)=\mathbf{\infty}$

38B (1) $\lim_{x\to\infty}(x^3-4x^2)=\lim_{x\to\infty}x^3\left(1-\frac{4}{x}\right)=\mathbf{\infty}$

(2) $\lim_{x\to -\infty}(2x^3+x)=\lim_{x\to -\infty}x^3\left(2+\frac{1}{x^2}\right)=\mathbf{-\infty}$

39A $\lim_{x\to\infty}(\sqrt{x^2+x+1}-x)$
$$=\lim_{x\to\infty}\frac{(\sqrt{x^2+x+1}-x)(\sqrt{x^2+x+1}+x)}{(\sqrt{x^2+x+1}+x)}$$
$$=\lim_{x\to\infty}\frac{x^2+x+1-x^2}{\sqrt{x^2+x+1}+x}=\lim_{x\to\infty}\frac{x+1}{\sqrt{x^2+x+1}+x}$$
$$=\lim_{x\to\infty}\frac{x+1}{\sqrt{x^2\left(1+\frac{1}{x}+\frac{1}{x^2}\right)}+x}$$
$$=\lim_{x\to\infty}\frac{x+1}{x\sqrt{1+\frac{1}{x}+\frac{1}{x^2}}+x}$$
$$=\lim_{x\to\infty}\frac{1+\frac{1}{x}}{\sqrt{1+\frac{1}{x}+\frac{1}{x^2}}+1}=\mathbf{\frac{1}{2}}$$

39B $x=-t$ とおくと，$x\to -\infty$ のとき $t\to\infty$ であるから
$$\lim_{x\to -\infty}(\sqrt{x^2-4x}+x)$$
$$=\lim_{t\to\infty}\{\sqrt{(-t)^2-4\cdot(-t)}+(-t)\}$$
$$=\lim_{t\to\infty}(\sqrt{t^2+4t}-t)$$
$$=\lim_{t\to\infty}\frac{(\sqrt{t^2+4t}-t)(\sqrt{t^2+4t}+t)}{\sqrt{t^2+4t}+t}$$
$$=\lim_{t\to\infty}\frac{t^2+4t-t^2}{\sqrt{t^2+4t}+t}=\lim_{t\to\infty}\frac{4t}{\sqrt{t^2+4t}+t}$$
$$=\lim_{t\to\infty}\frac{4t}{\sqrt{t^2\left(1+\frac{4}{t}\right)}+t}=\lim_{t\to\infty}\frac{4t}{t\sqrt{1+\frac{1}{t}}+t}$$
$$=\lim_{t\to\infty}\frac{4}{\sqrt{1+\frac{4}{t}}+1}=\mathbf{2}$$

別解 $\lim_{x\to -\infty}(\sqrt{x^2-4x}+x)$
$$=\lim_{x\to -\infty}\frac{(\sqrt{x^2-4x}+x)(\sqrt{x^2-4x}-x)}{\sqrt{x^2-4x}-x}$$
$$=\lim_{x\to -\infty}\frac{x^2-4x-x^2}{\sqrt{x^2-4x}-x}=\lim_{x\to -\infty}\frac{-4x}{\sqrt{x^2-4x}-x}$$
ここで $\sqrt{x^2-4x}=\sqrt{x^2\left(1-\frac{4}{x}\right)}=|x|\sqrt{1-\frac{4}{x}}$

$x<0$ より $-x\sqrt{1-\frac{4}{x}}$ であるから
$$\lim_{x\to -\infty}\frac{-4x}{\sqrt{x^2-4x}-x}=\lim_{x\to -\infty}\frac{-4x}{-x\sqrt{1-\frac{4}{x}}-x}$$
$$=\lim_{x\to -\infty}\frac{-4}{-\sqrt{1-\frac{4}{x}}-1}=\mathbf{2}$$

13 指数関数，対数関数の極限

p.34

40A (1) $\lim_{x\to\infty}3^x=\mathbf{\infty}$

(2) $\lim_{x\to -\infty}\left(\frac{1}{5}\right)^x=\mathbf{\infty}$

(3) $\lim_{x\to\infty}\log_{\frac{1}{2}}x=\mathbf{-\infty}$

40B (1) $\lim_{x\to\infty}3^{-x}=\lim_{x\to\infty}(3^{-1})^x=\lim_{x\to\infty}\left(\frac{1}{3}\right)^x=\mathbf{0}$

(2) $\lim_{x\to\infty}\log_2 x=\mathbf{\infty}$

(3) $\lim_{x\to +0}\log_{\frac{1}{2}}x=\mathbf{\infty}$

14 三角関数の極限

p.35

41A (1) $\displaystyle\lim_{x\to 2\pi}\sin x=\sin 2\pi=\mathbf{0}$

(2) $\displaystyle\lim_{x\to 2\pi}\tan x=\tan 2\pi=\mathbf{0}$

41B (1) $\displaystyle\lim_{x\to -\pi}\cos x=\cos(-\pi)=\mathbf{-1}$

(2) $\displaystyle\lim_{x\to\infty}\sin\frac{1}{x^2}=\sin 0=\mathbf{0}$

42A $0\leqq\left|\sin\frac{1}{x^2}\right|\leqq 1$ より

$0\leqq|x|\left|\sin\frac{1}{x^2}\right|\leqq|x|$

よって　$0\leqq\left|x\sin\frac{1}{x^2}\right|\leqq|x|$

ここで，$\displaystyle\lim_{x\to 0}|x|=0$ であるから

$\displaystyle\lim_{x\to 0}\left|x\sin\frac{1}{x^2}\right|=0$

したがって　$\displaystyle\lim_{x\to 0}x\sin\frac{1}{x^2}=\mathbf{0}$

42B $0\leqq|\cos x|\leqq 1$ より

$0\leqq\frac{|\cos x|}{|x|}\leqq\frac{1}{|x|}$

よって　$0\leqq\left|\frac{\cos x}{x}\right|\leqq\frac{1}{|x|}$

ここで，$\displaystyle\lim_{x\to\infty}\frac{1}{|x|}=0$ であるから

$\displaystyle\lim_{x\to\infty}\left|\frac{\cos x}{x}\right|=0$

したがって　$\displaystyle\lim_{x\to\infty}\frac{\cos x}{x}=\mathbf{0}$

43A (1) $\displaystyle\lim_{x\to 0}\frac{\sin 3x}{x}=\lim_{x\to 0}\left(3\times\frac{\sin 3x}{3x}\right)$

$=3\times 1=\mathbf{3}$

(2) $\displaystyle\lim_{x\to 0}\frac{\sin 4x}{\sin 3x}=\lim_{x\to 0}\frac{\frac{\sin 4x}{x}}{\frac{\sin 3x}{x}}=\lim_{x\to 0}\frac{4\times\frac{\sin 4x}{4x}}{3\times\frac{\sin 3x}{3x}}$

$=\frac{4\times 1}{3\times 1}=\mathbf{\frac{4}{3}}$

(3) $\displaystyle\lim_{x\to 0}\frac{\tan x}{\sin 2x}=\lim_{x\to 0}\left(\frac{\sin x}{\cos x}\cdot\frac{1}{\sin 2x}\right)$

$\displaystyle=\lim_{x\to 0}\left(\frac{1}{\cos x}\cdot\frac{\frac{\sin x}{x}}{2\times\frac{\sin 2x}{2x}}\right)$

$=\frac{1}{1}\times\frac{1}{2\times 1}=\mathbf{\frac{1}{2}}$

別解　$\sin 2x=2\sin x\cos x$ より

$\displaystyle\lim_{x\to 0}\frac{\tan x}{\sin 2x}=\lim_{x\to 0}\left(\frac{\sin x}{\cos x}\cdot\frac{1}{2\sin x\cos x}\right)$

$\displaystyle=\lim_{x\to 0}\frac{1}{2\cos^2 x}=\frac{1}{2\times 1}=\mathbf{\frac{1}{2}}$

43B (1) $\displaystyle\lim_{x\to 0}\frac{x}{\sin x}=\lim_{x\to 0}\frac{1}{\frac{\sin x}{x}}=\frac{1}{1}=\mathbf{1}$

(2) $\displaystyle\lim_{x\to 0}\frac{x}{\tan x}=\lim_{x\to 0}\frac{x}{\frac{\sin x}{\cos x}}=\lim_{x\to 0}\frac{\cos x}{\frac{\sin x}{x}}$

$=\frac{1}{1}=\mathbf{1}$

(3) $\displaystyle\frac{\tan x+\sin 3x}{2x}=\frac{\frac{\sin x}{\cos x}}{2x}+\frac{\sin 3x}{2x}$

$=\frac{1}{2}\times\frac{\sin x}{x}\times\frac{1}{\cos x}+\frac{3}{2}\times\frac{\sin 3x}{3x}$

よって

$\displaystyle\lim_{x\to 0}\frac{\tan x+\sin 3x}{2x}$

$\displaystyle=\lim_{x\to 0}\left(\frac{1}{2}\times\frac{\sin x}{x}\times\frac{1}{\cos x}+\frac{3}{2}\times\frac{\sin 3x}{3x}\right)$

$=\frac{1}{2}\times 1\times\frac{1}{1}+\frac{3}{2}\times 1=\mathbf{2}$

44A (1) $\displaystyle\frac{2x^2}{1-\cos 4x}=\frac{2x^2(1+\cos 4x)}{(1-\cos 4x)(1+\cos 4x)}$

$=\frac{2x^2(1+\cos 4x)}{1-\cos^2 4x}=\frac{2x^2(1+\cos 4x)}{\sin^2 4x}$

$=\frac{1}{8}\times\left(\frac{4x}{\sin 4x}\right)^2\times(1+\cos 4x)$

よって　$\displaystyle\lim_{x\to 0}\frac{2x^2}{1-\cos 4x}$

$\displaystyle=\lim_{x\to 0}\left\{\frac{1}{8}\times\left(\frac{4x}{\sin 4x}\right)^2\times(1+\cos 4x)\right\}$

$=\frac{1}{8}\times 1^2\times(1+1)=\mathbf{\frac{1}{4}}$

(2) $\displaystyle\frac{1-\cos 2x}{x\sin 2x}=\frac{(1-\cos 2x)(1+\cos 2x)}{x\sin 2x(1+\cos 2x)}$

$=\frac{1-\cos^2 2x}{x\sin 2x(1+\cos 2x)}$

$=\frac{\sin^2 2x}{x\sin 2x(1+\cos 2x)}$

$=\frac{\sin 2x}{x}\times\frac{1}{1+\cos 2x}$

$=2\times\frac{\sin 2x}{2x}\times\frac{1}{1+\cos 2x}$

よって

$\displaystyle\lim_{x\to 0}\frac{1-\cos 2x}{x\sin 2x}=\lim_{x\to 0}\left(2\times\frac{\sin 2x}{2x}\times\frac{1}{1+\cos 2x}\right)$

$=2\times 1\times\frac{1}{1+1}=\mathbf{1}$

別解　$\cos 2x=1-2\sin^2 x$，$\sin 2x=2\sin x\cos x$ より

$\displaystyle\lim_{x\to 0}\frac{1-\cos 2x}{x\sin 2x}=\lim_{x\to 0}\frac{1-(1-2\sin^2 x)}{x\times 2\sin x\cos x}$

$\displaystyle=\lim_{x\to 0}\left(\frac{\sin x}{x}\times\frac{1}{\cos x}\right)=1\times\frac{1}{1}=\mathbf{1}$

44B (1) $\displaystyle\frac{1-\cos 3x}{x^2}=\frac{(1-\cos 3x)(1+\cos 3x)}{x^2(1+\cos 3x)}$

$=\frac{1-\cos^2 3x}{x^2(1+\cos 3x)}=\frac{\sin^2 3x}{x^2(1+\cos 3x)}$

$=9\times\left(\frac{\sin 3x}{3x}\right)^2\times\frac{1}{1+\cos 3x}$

よって

$\displaystyle\lim_{x\to 0}\frac{1-\cos 3x}{x^2}$

$\displaystyle=\lim_{x\to 0}\left\{9\times\left(\frac{\sin 3x}{3x}\right)^2\times\frac{1}{1+\cos 3x}\right\}$

$=9\times 1^2\times\frac{1}{1+1}=\mathbf{\frac{9}{2}}$

(2) $\frac{x\sin 2x}{1-\cos x}=\frac{x\sin 2x(1+\cos x)}{(1-\cos x)(1+\cos x)}$

$=\frac{x\sin 2x(1+\cos x)}{1-\cos^2 x}$

$=\frac{x\sin 2x(1+\cos x)}{\sin^2 x}$

$=\left(\frac{x}{\sin x}\right)^2\times 2\times\frac{\sin 2x}{2x}\times(1+\cos x)$

よって

$\lim_{x\to 0}\frac{x\sin 2x}{1-\cos x}$

$=\lim_{x\to 0}\left\{\left(\frac{x}{\sin x}\right)^2\times 2\times\frac{\sin 2x}{2x}\times(1+\cos x)\right\}$

$=1^2\times 2\times 1\times(1+1)=\mathbf{4}$

別解 $\sin 2x=2\sin x\cos x$ より

$\lim_{x\to 0}\frac{x\sin 2x}{1-\cos x}=\lim_{x\to 0}\frac{2x\sin x\cos x(1+\cos x)}{(1-\cos x)(1+\cos x)}$

$=\lim_{x\to 0}\frac{2x\sin x\cos x(1+\cos x)}{1-\cos^2 x}$

$=\lim_{x\to 0}\frac{2x\sin x\cos x(1+\cos x)}{\sin^2 x}$

$=\lim_{x\to 0}\left\{2\times\frac{x}{\sin x}\times\cos x(1+\cos x)\right\}$

$=2\times 1\times 1\times(1+1)=\mathbf{4}$

15 関数の連続性

p.38

45A 関数 $f(x)=\frac{x}{x-1}$ において

$\lim_{x\to 9}\frac{x}{x-1}=\frac{9}{8}$

また，$f(9)=\frac{9}{9-1}=\frac{9}{8}$

ゆえに $\lim_{x\to 9}f(x)=f(9)$

よって，関数 $f(x)=\frac{x}{x-1}$ は **$x=9$ で連続である。**

45B 関数 $f(x)=\log_3 x$ において

$\lim_{x\to 9}\log_3 x=\log_3 9=2$

また，$f(9)=\log_3 9=2$

ゆえに $\lim_{x\to 9}f(x)=f(9)$

よって，関数 $f(x)=\log_3 x$ は **$x=9$ で連続である。**

46A $-3\leqq x<-2$ のとき $[x]=-3$

$-2\leqq x<-1$ のとき $[x]=-2$ であるから

$\lim_{x\to -2-0}[x]=-3$, $\lim_{x\to -2+0}[x]=-2$

より，$\lim_{x\to -2}[x]$ は存在しない。

すなわち，関数 $f(x)=[x]$ は，**$x=-2$ で連続でない。**

46B $1\leqq x<4$ のとき $[\sqrt{x}]=1$

$4\leqq x<9$ のとき $[\sqrt{x}]=2$ であるから

$\lim_{x\to 4-0}[\sqrt{x}]=1$, $\lim_{x\to 4+0}[\sqrt{x}]=2$

より，$\lim_{x\to 4}[\sqrt{x}]$ は存在しない。

すなわち，関数 $f(x)=[\sqrt{x}]$ は，**$x=4$ で連続でない。**

47A $f(x)=3^x-4x$ とおくと，関数 $f(x)$ は区間 $[0,\ 1]$ で連続で

$f(0)=3^0-4\times 0=1>0$

$f(1)=3^1-4\times 1=-1<0$

であるから，$f(0)$ と $f(1)$ は異符号である。

よって，方程式 $f(x)=0$ すなわち，

$3^x-4x=0$ は $0<x<1$ の範囲に少なくとも1つの実数解をもつ。

47B $f(x)=\sin x-x+1$ とおくと，関数 $f(x)$ は区間 $[0,\ \pi]$ で連続で

$f(0)=\sin 0-0+1=1>0$

$f(\pi)=\sin\pi-\pi+1=1-\pi<0$

であるから，$f(0)$ と $f(\pi)$ は異符号である。

よって，方程式 $f(x)=0$ すなわち，

$\sin x-x+1=0$ は $0<x<\pi$ の範囲に少なくとも1つの実数解をもつ。

演習問題

48 (1) $2+4+6+\cdots\cdots+2n=\sum_{k=1}^{n}2k=2\sum_{k=1}^{n}k$

$=2\times\frac{1}{2}n(n+1)=n(n+1)$

また

$1+3+5+\cdots\cdots+(2n-1)$

$=\sum_{k=1}^{n}(2k-1)=2\sum_{k=1}^{n}k-\sum_{k=1}^{n}1$

$=2\times\frac{1}{2}n(n+1)-n$

$=n^2+n-n=n^2$

よって

(与式)$=\lim_{n\to\infty}\frac{n(n+1)}{n^2}=\lim_{n\to\infty}\frac{n+1}{n}$

$=\lim_{n\to\infty}\left(1+\frac{1}{n}\right)=\mathbf{1}$

(2) $1^2+2^2+3^2+\cdots\cdots+n^2=\frac{1}{6}n(n+1)(2n+1)$

また，$1+2+3+\cdots\cdots+n=\frac{1}{2}n(n+1)$ より

$(1+2+3+\cdots\cdots+n)^2=\frac{1}{4}n^2(n+1)^2$

よって

(与式)$=\lim_{n\to\infty}\frac{\frac{1}{6}n(n+1)(2n+1)}{\frac{1}{4}n^2(n+1)^2}$

$=\lim_{n\to\infty}\frac{2(2n+1)}{3n(n+1)}$

$=\lim_{n\to\infty}\frac{2\left(2+\frac{1}{n}\right)}{3n\left(1+\frac{1}{n}\right)}=\mathbf{0}$

49 $\dfrac{2x-3}{x-1}=-\dfrac{1}{x-1}+2$ であるから，

$x<0$, $2<x$ において，$f(x)=\dfrac{2x-3}{x-1}$ は連続である。

また，$0\leqq x\leqq 2$ において，$f(x)=ax+b$ は連続である。

ここで $\displaystyle\lim_{x\to -0}\frac{2x-3}{x-1}=\frac{-3}{-1}=3$

$\displaystyle\lim_{x\to 2+0}\frac{2x-3}{x-1}=\frac{1}{1}=1$

であるから

$f(0)=b=3$ ……①

$f(2)=2a+b=1$ ……②

であれば，関数 $f(x)$ はすべての x の値で連続となる。

よって，①，②より **$a=-1$，$b=3$**

2章　微分法

1節　微分法

16 微分係数

p.42

50A $\displaystyle f'(1)=\lim_{h\to 0}\frac{f(1+h)-f(1)}{h}$

$\displaystyle=\lim_{h\to 0}\frac{\frac{1}{(1+h)+1}-\frac{1}{1+1}}{h}$

$\displaystyle=\lim_{h\to 0}\frac{\frac{1}{2+h}-\frac{1}{2}}{h}=\lim_{h\to 0}\frac{\frac{-h}{2(h+2)}}{h}$

$\displaystyle=\lim_{h\to 0}\frac{-1}{2(h+2)}=\boldsymbol{-\frac{1}{4}}$

50B $\displaystyle f'(2)=\lim_{h\to 0}\frac{f(2+h)-f(2)}{h}$

$\displaystyle=\lim_{h\to 0}\frac{\frac{2}{(2+h)-3}-\frac{2}{2-3}}{h}$

$\displaystyle=\lim_{h\to 0}\frac{\frac{2}{h-1}+2}{h}=\lim_{h\to 0}\frac{\frac{2h}{h-1}}{h}$

$\displaystyle=\lim_{h\to 0}\frac{2}{h-1}=\boldsymbol{-2}$

51A $\displaystyle\lim_{h\to +0}\frac{f(-1+h)-f(-1)}{h}$

$\displaystyle=\lim_{h\to +0}\frac{|h|}{h}=\lim_{h\to +0}\frac{h}{h}=1$

$\displaystyle\lim_{h\to -0}\frac{f(-1+h)-f(-1)}{h}$

$\displaystyle=\lim_{h\to -0}\frac{|h|}{h}=\lim_{h\to -0}\frac{-h}{h}=-1$

ゆえに，$f'(-1)$ は存在しない。

よって，$f(x)=|x+1|$ は $x=-1$ で微分可能でない。

51B $\displaystyle\lim_{h\to +0}\frac{f(1+h)-f(1)}{h}=\lim_{h\to +0}\frac{|(1+h)^2-1|}{h}$

$\displaystyle=\lim_{h\to +0}\frac{(1+h)^2-1}{h}=\lim_{h\to +0}\frac{2h+h^2}{h}$

$\displaystyle=\lim_{h\to +0}(2+h)=2$

$\displaystyle\lim_{h\to -0}\frac{f(1+h)-f(1)}{h}=\lim_{h\to -0}\frac{|(1+h)^2-1|}{h}$

$\displaystyle=\lim_{h\to -0}\frac{1-(1+h)^2}{h}=\lim_{h\to -0}\frac{-2h-h^2}{h}$

$\displaystyle=\lim_{h\to -0}(-2-h)=-2$

ゆえに，$f'(1)$ は存在しない。

よって，$f(x)=|x^2-1|$ は $x=1$ で微分可能でない。

17 導関数

p.44

52A $\displaystyle f'(x)=\lim_{h\to 0}\frac{f(x+h)-f(x)}{h}$

$\displaystyle=\lim_{h\to 0}\frac{\sqrt{x+h-1}-\sqrt{x-1}}{h}$

$\displaystyle=\lim_{h\to 0}\frac{(\sqrt{x+h-1}-\sqrt{x-1})(\sqrt{x+h-1}+\sqrt{x-1})}{h(\sqrt{x+h-1}+\sqrt{x-1})}$

$\displaystyle=\lim_{h\to 0}\frac{(x+h-1)-(x-1)}{h(\sqrt{x+h-1}+\sqrt{x-1})}$

$\displaystyle=\lim_{h\to 0}\frac{1}{\sqrt{x+h-1}+\sqrt{x-1}}$

$\displaystyle=\boldsymbol{\frac{1}{2\sqrt{x-1}}}$

52B $\displaystyle f'(x)=\lim_{h\to 0}\frac{f(x+h)-f(x)}{h}$

$\displaystyle=\lim_{h\to 0}\frac{\frac{1}{2(x+h)+1}-\frac{1}{2x+1}}{h}$

$\displaystyle=\lim_{h\to 0}\frac{\frac{-2h}{(2x+2h+1)(2x+1)}}{h}$

$\displaystyle=\lim_{h\to 0}\frac{-2}{(2x+2h+1)(2x+1)}$

$\displaystyle=\boldsymbol{-\frac{2}{(2x+1)^2}}$

53A (1) $y'=(2x^4-3x^3+5x-4)'$

$=(2x^4)'-(3x^3)'+(5x)'-(4)'$

$=2(x^4)'-3(x^3)'+5(x)'-(4)'$

$=2\cdot 4x^3-3\cdot 3x^2+5\cdot 1-0$

$=\boldsymbol{8x^3-9x^2+5}$

(2) $y'=(x+5)'(2x+3)+(x+5)(2x+3)'$

$=1\cdot(2x+3)+(x+5)\cdot 2$

$=\boldsymbol{4x+13}$

(3) $y'=(3x+1)'(2x^2-x+4)$

$+(3x+1)(2x^2-x+4)'$

$=3(2x^2-x+4)+(3x+1)(4x-1)$

$=\boldsymbol{18x^2-2x+11}$

53B (1) $y'=(-2x^3+7x^2-1)'$

$=-(2x^3)'+(7x^2)'-(1)'$

$=-2(x^3)'+7(x^2)'-(1)'$

$=-2\cdot 3x^2+7\cdot 2x-0$

$=\boldsymbol{-6x^2+14x}$

(2) $y'=(x^2-1)'(4x+3)+(x^2-1)(4x+3)'$

$=2x(4x+3)+(x^2-1)\cdot 4$

$=\mathbf{12x^2+6x-4}$

(3) $y'=(3x^2-2)'(x^2+x+1)+(3x^2-2)(x^2+x+1)'$

$=6x(x^2+x+1)+(3x^2-2)(2x+1)$

$=\mathbf{12x^3+9x^2+2x-2}$

54A (1) $y'=\left(\dfrac{1}{3x+2}\right)'$

$=-\dfrac{(3x+2)'}{(3x+2)^2}$

$=-\dfrac{\mathbf{3}}{\mathbf{(3x+2)^2}}$

(2) $y'=\left(\dfrac{x}{x^2-2}\right)'$

$=\dfrac{(x)'(x^2-2)-x(x^2-2)'}{(x^2-2)^2}$

$=\dfrac{(x^2-2)-x\cdot 2x}{(x^2-2)^2}$

$=\dfrac{\mathbf{-x^2-2}}{\mathbf{(x^2-2)^2}}$

54B (1) $y'=\left(\dfrac{2}{x^2+3}\right)'$

$=-2\cdot\dfrac{(x^2+3)'}{(x^2+3)^2}$

$=-2\cdot\dfrac{2x}{(x^2+3)^2}$

$=-\dfrac{\mathbf{4x}}{\mathbf{(x^2+3)^2}}$

(2) $y'=\left(\dfrac{2x-5}{3x^2+1}\right)'$

$=\dfrac{(2x-5)'(3x^2+1)-(2x-5)(3x^2+1)'}{(3x^2+1)^2}$

$=\dfrac{2(3x^2+1)-(2x-5)\cdot 6x}{(3x^2+1)^2}$

$=\dfrac{\mathbf{-6x^2+30x+2}}{\mathbf{(3x^2+1)^2}}$

55A (1) $y'=\left(\dfrac{3}{x^2}\right)'=(3x^{-2})'=3\cdot(-2)x^{-2-1}$

$=-6x^{-3}=-\dfrac{\mathbf{6}}{\mathbf{x^3}}$

(2) $y'=\left(3x^2+\dfrac{2}{x^3}\right)'=(3x^2+2x^{-3})'$

$=3\cdot 2x^{2-1}+2\cdot(-3)x^{-3-1}$

$=6x-6x^{-4}=\mathbf{6x-\dfrac{6}{x^4}}$

(3) $y=3x-2+x^{-1}$ であるから

$y'=(3x-2+x^{-1})'$

$=3-0-x^{-1-1}=3-x^{-2}=\mathbf{3-\dfrac{1}{x^2}}$

55B (1) $y'=\left(-\dfrac{5}{3x^4}\right)'=\left(-\dfrac{5}{3}x^{-4}\right)'=-\dfrac{5}{3}\cdot(-4)x^{-4-1}$

$=\dfrac{20}{3}x^{-5}=\dfrac{\mathbf{20}}{\mathbf{3x^5}}$

(2) $y'=\left(-x^3+\dfrac{5}{x^4}-6\right)'=(-x^3+5x^{-4}-6)'$

$=-3x^{3-1}+5\cdot(-4)x^{-4-1}+0$

$=-3x^2-20x^{-5}=\mathbf{-3x^2-\dfrac{20}{x^5}}$

(3) $y=5x^2+3-2x^{-2}$ であるから

$y'=(5x^2+3-2x^{-2})'$

$=5\cdot 2x^{2-1}+0-2\cdot(-2)x^{-2-1}$

$=10x+4x^{-3}$

$=\mathbf{10x+\dfrac{4}{x^3}}$

18 合成関数の微分法

p.48

56A $u=2x+3$ とおくと，$y=u^3$ であるから

$\dfrac{dy}{du}=3u^2$, $\dfrac{du}{dx}=2$

よって　$\dfrac{dy}{dx}=\dfrac{dy}{du}\cdot\dfrac{du}{dx}=3u^2\cdot 2$

$=6u^2$

$=\mathbf{6(2x+3)^2}$

56B $u=x^3-2$ とおくと，$y=u^4$ であるから

$\dfrac{dy}{du}=4u^3$, $\dfrac{du}{dx}=3x^2$

よって　$\dfrac{dy}{dx}=\dfrac{dy}{du}\cdot\dfrac{du}{dx}=4u^3\cdot 3x^2$

$=12u^3x^2$

$=\mathbf{12x^2(x^3-2)^3}$

57A (1) $y'=\{(x^3+3)^2\}'$

$=2(x^3+3)\cdot(x^3+3)'$

$=2(x^3+3)\cdot 3x^2$

$=\mathbf{6x^2(x^3+3)}$

(2) $y=(x-3)^{-4}$ であるから

$y'=\{(x-3)^{-4}\}'$

$=-4(x-3)^{-5}\cdot(x-3)'$

$=-4(x-3)^{-5}\cdot 1$

$=-\dfrac{\mathbf{4}}{\mathbf{(x-3)^5}}$

57B (1) $y'=\{(2-3x-2x^2)^4\}'$

$=4(2-3x-2x^2)^3\cdot(2-3x-2x^2)'$

$=4(2-3x-2x^2)^3\cdot(-3-4x)$

$=\mathbf{-4(3+4x)(2-3x-2x^2)^3}$

(2) $y=(2x+5)^{-3}$ であるから

$y'=\{(2x+5)^{-3}\}'$

$=-3(2x+5)^{-4}\cdot(2x+5)'$

$=-3(2x+5)^{-4}\cdot 2$

$=-\dfrac{\mathbf{6}}{\mathbf{(2x+5)^4}}$

58A (1) $y'=(\sqrt[5]{x^3})'=(x^{\frac{3}{5}})'$

$=\dfrac{3}{5}x^{\frac{3}{5}-1}=\dfrac{3}{5}x^{-\frac{2}{5}}$

$=\dfrac{3}{5x^{\frac{2}{5}}}=\dfrac{\mathbf{3}}{\mathbf{5\sqrt[5]{x^2}}}$

(2) $y'=\{\sqrt[4]{(2x+3)^3}\}'=\{(2x+3)^{\frac{3}{4}}\}'$

$=\dfrac{3}{4}(2x+3)^{\frac{3}{4}-1}\cdot(2x+3)'$

$=\dfrac{3}{4}(2x+3)^{-\frac{1}{4}}\cdot 2$

$=\dfrac{3}{2\sqrt[4]{2x+3}}$

(3) $y'=\left(\dfrac{1}{\sqrt[3]{3x-2}}\right)'=\{(3x-2)^{-\frac{1}{3}}\}'$

$=-\dfrac{1}{3}(3x-2)^{-\frac{1}{3}-1}\cdot(3x-2)'$

$=-\dfrac{1}{3}(3x-2)^{-\frac{4}{3}}\cdot 3$

$=-\dfrac{1}{(3x-2)\sqrt[3]{3x-2}}$

58B (1) $y'=\left(\dfrac{1}{\sqrt[3]{x}}\right)'=(x^{-\frac{1}{3}})'$

$=-\dfrac{1}{3}x^{-\frac{1}{3}-1}=-\dfrac{1}{3}x^{-\frac{4}{3}}$

$=-\dfrac{1}{3x^{\frac{4}{3}}}=-\dfrac{1}{3x\sqrt[3]{x}}$

(2) $y'=(\sqrt[3]{5-x})'=\{(5-x)^{\frac{1}{3}}\}'$

$=\dfrac{1}{3}(5-x)^{\frac{1}{3}-1}\cdot(5-x)'$

$=\dfrac{1}{3}(5-x)^{-\frac{2}{3}}\cdot(-1)$

$=-\dfrac{1}{3\sqrt[3]{(5-x)^2}}$

(3) $y'=\left\{\dfrac{1}{\sqrt[4]{(2x+5)^3}}\right\}'=\{(2x+5)^{-\frac{3}{4}}\}'$

$=-\dfrac{3}{4}(2x+5)^{-\frac{3}{4}-1}\cdot(2x+5)'$

$=-\dfrac{3}{4}(2x+5)^{-\frac{7}{4}}\cdot 2$

$=-\dfrac{3}{2(2x+5)\sqrt[4]{(2x+5)^3}}$

2節 いろいろな関数の導関数

19 いろいろな関数の導関数

p.50

59A (1) $y'=(\cos 3x)'$

$=-\sin 3x\cdot(3x)'$

$=-\sin 3x\cdot 3$

$=-3\sin 3x$

(2) $y'=(\tan 4x)'$

$=\dfrac{1}{\cos^2 4x}\cdot(4x)'$

$=\dfrac{4}{\cos^2 4x}$

(3) $y'=(x\sin x)'$

$=(x)'\sin x+x(\sin x)'$

$=\sin x+x\cos x$

(4) $y'=\left(\dfrac{1}{\cos x}\right)'$

$=-\dfrac{(\cos x)'}{\cos^2 x}$

$=\dfrac{\sin x}{\cos^2 x}$

59B (1) $y'=(\sin^4 x)'$

$=4\sin^3 x\cdot(\sin x)'$

$=4\sin^3 x\cos x$

(2) $y'=\{\tan(3x^2-1)\}'$

$=\dfrac{1}{\cos^2(3x^2-1)}\cdot(3x^2-1)'$

$=\dfrac{6x}{\cos^2(3x^2-1)}$

(3) $y'=(-x^2\cos x)'$

$=(-x^2)'\cos x+(-x^2)(\cos x)'$

$=-2x\cos x-x^2(-\sin x)$

$=-2x\cos x+x^2\sin x$

(4) $y'=\left(\dfrac{1}{1+\tan x}\right)'=-\dfrac{(1+\tan x)'}{(1+\tan x)^2}$

$=-\dfrac{1}{(1+\tan x)^2}\cdot\dfrac{1}{\cos^2 x}$

$=-\dfrac{1}{(1+\tan x)^2\cos^2 x}\quad\left(=-\dfrac{1}{\cos^2 x+\sin^2 x}\right)$

60A (1) $y'=(\log 5x)'=\dfrac{1}{5x}\cdot(5x)'$

$=\dfrac{5}{5x}=\dfrac{1}{x}$

別解 $y'=(\log 5x)'=(\log x+\log 5)'$

$=(\log x)'=\dfrac{1}{x}$

(2) $y'=(\log_5 4x)'=\dfrac{1}{4x\log 5}\cdot(4x)'$

$=\dfrac{4}{4x\log 5}=\dfrac{1}{x\log 5}$

別解 $y'=(\log_5 4x)'=(\log_5 x+\log_5 4)'$

$=(\log_5 x)'=\dfrac{1}{x\log 5}$

(3) $y'=(\log|3x-2|)'$

$=\dfrac{1}{3x-2}\cdot(3x-2)'$

$=\dfrac{3}{3x-2}$

(4) $y'=(\log|\sin 2x|)'$

$=\dfrac{1}{\sin 2x}\cdot(\sin 2x)'$

$=\dfrac{2\cos 2x}{\sin 2x}\quad\left(=\dfrac{2}{\tan 2x}\right)$

60B (1) $y'=\{\log(3x+5)\}'$

$=\dfrac{1}{3x+5}\cdot(3x+5)'$

$=\dfrac{3}{3x+5}$

(2) $y'=\{\log_3(2x-3)\}'$

$=\dfrac{1}{(2x-3)\log 3}\cdot(2x-3)'$

$=\dfrac{2}{(2x-3)\log 3}$

(3) $y'=(\log_4|x^2-x|)'$

$=\dfrac{1}{(x^2-x)\log 4}\cdot(x^2-x)'$

$=\dfrac{2x-1}{(x^2-x)\log 4}$

(4) $y'=(\log_5|\cos x|)'$

$=\dfrac{1}{\cos x\cdot\log 5}\cdot(\cos x)'$

$=-\dfrac{\boldsymbol{\sin x}}{\boldsymbol{\cos x\cdot\log 5}}\quad\left(=-\dfrac{\boldsymbol{\tan x}}{\boldsymbol{\log 5}}\right)$

61A (1) $y'=(e^{4x})'=e^{4x}(4x)'=\boldsymbol{4e^{4x}}$

(2) $y'=(7^x)'=\boldsymbol{7^x\log 7}$

(3) $y'=(xe^{3x})'$

$=(x)'e^{3x}+x(e^{3x})'$

$=1\cdot e^{3x}+xe^{3x}(3x)'$

$=e^{3x}+3xe^{3x}$

$=\boldsymbol{(1+3x)e^{3x}}$

(4) $y'=(e^x\sin x)'=(e^x)'\sin x+e^x(\sin x)'$

$=e^x\sin x+e^x\cos x=\boldsymbol{e^x(\sin x+\cos x)}$

61B (1) $y'=(e^{x^2})'=e^{x^2}(x^2)'=\boldsymbol{2xe^{x^2}}$

(2) $y'=(3^{-2x})'$

$=3^{-2x}\log 3\cdot(-2x)'$

$=\boldsymbol{-2\cdot 3^{-2x}\log 3}$

(3) $y'=\left(\dfrac{e^x}{x}\right)'=\dfrac{(e^x)'x-e^x(x)'}{x^2}=\dfrac{\boldsymbol{e^x(x-1)}}{\boldsymbol{x^2}}$

(4) $y'=(e^{-x}\cos x)'=(e^{-x})'\cos x+e^{-x}(\cos x)'$

$=-e^{-x}\cos x+e^{-x}(-\sin x)$

$=\boldsymbol{-e^{-x}(\sin x+\cos x)}$

20 曲線の方程式と導関数

p.53

62A (1) $x^2+4y^2=4$ の両辺を x で微分すると

$2x+4\cdot 2y\dfrac{dy}{dx}=0$

よって，$y\neq 0$ のとき　$\dfrac{dy}{dx}=-\dfrac{\boldsymbol{x}}{\boldsymbol{4y}}$

(2) $xy=5$ の両辺を x で微分すると

$y+x\cdot\dfrac{dy}{dx}=0$

よって，$x\neq 0$ のとき　$\dfrac{dy}{dx}=-\dfrac{\boldsymbol{y}}{\boldsymbol{x}}$

62B (1) $4x^2-y^2=36$ の両辺を x で微分すると

$8x-2y\dfrac{dy}{dx}=0$

よって，$y\neq 0$ のとき　$\dfrac{dy}{dx}=\dfrac{\boldsymbol{4x}}{\boldsymbol{y}}$

(2) $x^2y=3$ の両辺を x で微分すると

$2x\cdot y+x^2\cdot\dfrac{dy}{dx}=0$

よって，$x\neq 0$ のとき　$\dfrac{dy}{dx}=-\dfrac{\boldsymbol{2y}}{\boldsymbol{x}}$

63A (1) $\dfrac{dx}{dt}=3$，$\dfrac{dy}{dt}=8t$ であるから

$\dfrac{\boldsymbol{dy}}{\boldsymbol{dx}}=\dfrac{\frac{dy}{dt}}{\frac{dx}{dt}}=\dfrac{8t}{3}=\boldsymbol{\dfrac{8}{3}t}$

(2) $\dfrac{dx}{dt}=1+\dfrac{1}{t^2}$，$\dfrac{dy}{dt}=1-\dfrac{1}{t^2}$ であるから

$\dfrac{\boldsymbol{dy}}{\boldsymbol{dx}}=\dfrac{\frac{dy}{dt}}{\frac{dx}{dt}}=\dfrac{1-\frac{1}{t^2}}{1+\frac{1}{t^2}}=\dfrac{\boldsymbol{t^2-1}}{\boldsymbol{t^2+1}}$

63B (1) $\dfrac{dx}{dt}=2t$，$\dfrac{dy}{dt}=6t^2$ であるから

$\dfrac{\boldsymbol{dy}}{\boldsymbol{dx}}=\dfrac{\frac{dy}{dt}}{\frac{dx}{dt}}=\dfrac{6t^2}{2t}=\boldsymbol{3t}$

(2) $\dfrac{dx}{dt}=-4\sin t$，$\dfrac{dy}{dt}=3\cos t$ であるから

$\dfrac{\boldsymbol{dy}}{\boldsymbol{dx}}=\dfrac{\frac{dy}{dt}}{\frac{dx}{dt}}=\dfrac{3\cos t}{-4\sin t}=-\dfrac{\boldsymbol{3\cos t}}{\boldsymbol{4\sin t}}\quad\left(=-\dfrac{\boldsymbol{3}}{\boldsymbol{4\tan t}}\right)$

21 高次導関数

p.55

64A (1) $y'=3x^2+3$

$y''=(3x^2+3)'=6x$

$y'''=(6x)'=\boldsymbol{6}$

(2) $y'=-4e^{-4x}$

$y''=-4\cdot(-4)e^{-4x}=16e^{-4x}$

$y'''=16\cdot(-4)e^{-4x}=\boldsymbol{-64e^{-4x}}$

64B (1) $y=x^{\frac{1}{2}}$ であるから

$y'=\dfrac{1}{2}x^{-\frac{1}{2}}$

$y''=\dfrac{1}{2}(x^{-\frac{1}{2}})'=-\dfrac{1}{4}x^{-\frac{3}{2}}$

$y'''=-\dfrac{1}{4}(x^{-\frac{3}{2}})'=\dfrac{3}{8}x^{-\frac{5}{2}}=\dfrac{\boldsymbol{3}}{\boldsymbol{8x^2\sqrt{x}}}$

(2) $y'=3\cos 3x$

$y''=3\cdot(-3)\sin 3x=-9\sin 3x$

$y'''=-9\cdot 3\cos 3x=\boldsymbol{-27\cos 3x}$

65A $y'=-3e^{-3x}$

$y''=9e^{-3x}=(-3)^2e^{-3x}$

$y'''=-27e^{-3x}=(-3)^3e^{-3x}$

…………

よって，第 n 次導関数は

$y^{(n)}=\boldsymbol{(-3)^ne^{-3x}}$

65B $y'=e^x+(x+2)e^x=(x+3)e^x$

$y''=e^x+(x+3)e^x=(x+4)e^x$

$y'''=e^x+(x+4)e^x=(x+5)e^x$

…………

よって，第 n 次導関数は

$y^{(n)}=\boldsymbol{(x+n+2)e^x}$

演習問題

66 (1) $h=-2t$ とおくと，$t\to 0$ のとき $h\to 0$ より

$\displaystyle\lim_{t\to 0}(1-2t)^{\frac{1}{t}}=\lim_{h\to 0}(1+h)^{\frac{-2}{h}}$

$\displaystyle=\lim_{h\to 0}\{(1+h)^{\frac{1}{h}}\}^{-2}$

$=e^{-2}=\boldsymbol{\dfrac{1}{e^2}}$

(2) $h=\dfrac{1}{2n}$ とおくと，$n\to\infty$ のとき $h\to +0$

より

$$\lim_{n\to\infty}\left(1+\frac{1}{2n}\right)^{n+1}=\lim_{h\to+0}(1+h)^{\frac{1}{2h}+1}$$
$$=\lim_{h\to+0}\left[\{(1+h)^{\frac{1}{h}}\}^{\frac{1}{2}}(1+h)\right]$$
$$=e^{\frac{1}{2}}=\sqrt{e}$$

67 (1) 両辺の絶対値の自然対数をとると

$$\log|y|=\log\left|\frac{(x+1)^2(x-2)}{(x+3)^3}\right|=\log\frac{|x+1|^2|x-2|}{|x+3|^3}$$
$$=2\log|x+1|+\log|x-2|-3\log|x+3|$$

この両辺を x で微分すると

$$(\log|y|)'=(2\log|x+1|+\log|x-2|-3\log|x+3|)'$$
$$\frac{y'}{y}=\frac{2}{x+1}+\frac{1}{x-2}-\frac{3}{x+3}$$
$$=\frac{2(x-2)(x+3)+(x+1)(x+3)-3(x+1)(x-2)}{(x+1)(x-2)(x+3)}$$
$$=\frac{3(3x-1)}{(x+1)(x-2)(x+3)}$$

よって

$$y'=\frac{3(3x-1)}{(x+1)(x-2)(x+3)}\cdot y$$
$$=\frac{3(3x-1)}{(x+1)(x-2)(x+3)}\cdot\frac{(x+1)^2(x-2)}{(x+3)^3}$$
$$=\boldsymbol{\frac{3(3x-1)(x+1)}{(x+3)^4}}$$

(2) 両辺の絶対値の自然対数をとると

$$\log|y|=\log\left|\frac{(x-1)^3}{(x+1)(x^2+1)}\right|=\log\frac{|x-1|^3}{|x+1|(x^2+1)}$$
$$=3\log|x-1|-\log|x+1|-\log(x^2+1)$$

この両辺を x で微分すると

$$(\log|y|)'=\{3\log|x-1|-\log|x+1|-\log(x^2+1)\}'$$
$$\frac{y'}{y}=\frac{3}{x-1}-\frac{1}{x+1}-\frac{2x}{x^2+1}$$
$$=\frac{3(x+1)(x^2+1)-(x-1)(x^2+1)-2x(x-1)(x+1)}{(x-1)(x+1)(x^2+1)}$$
$$=\frac{4(x^2+x+1)}{(x-1)(x+1)(x^2+1)}$$

よって

$$y'=\frac{4(x^2+x+1)}{(x-1)(x+1)(x^2+1)}\cdot y$$
$$=\frac{4(x^2+x+1)}{(x-1)(x+1)(x^2+1)}\cdot\frac{(x-1)^3}{(x+1)(x^2+1)}$$
$$=\boldsymbol{\frac{4(x-1)^2(x^2+x+1)}{(x+1)^2(x^2+1)^2}}$$

3章　微分法の応用

1節　接線，関数の増減

22 接線の方程式

p.58

68A (1) $f(x)=\sqrt{x+1}$ とおくと，

$f'(x)=\dfrac{1}{2\sqrt{x+1}}$ であるから　$f'(3)=\dfrac{1}{4}$

よって，点 A(3, 2) における接線の方程式は

$$y-2=\frac{1}{4}(x-3)$$

すなわち　$\boldsymbol{y=\frac{1}{4}x+\frac{5}{4}}$

(2) $f(x)=\cos 2x$ とおくと，

$f'(x)=-2\sin 2x$ であるから　$f'\left(\dfrac{\pi}{4}\right)=-2$

よって，点 $\mathrm{A}\left(\dfrac{\pi}{4},\ 0\right)$ における接線の方程式は

$$y-0=-2\left(x-\frac{\pi}{4}\right)$$

すなわち　$\boldsymbol{y=-2x+\frac{\pi}{2}}$

68B (1) $f(x)=\dfrac{x}{x+2}$ とおくと，

$f'(x)=\dfrac{2}{(x+2)^2}$ であるから　$f'(1)=\dfrac{2}{9}$

よって，点 $\mathrm{A}\left(1,\ \dfrac{1}{3}\right)$ における接線の方程式は

$$y-\frac{1}{3}=\frac{2}{9}(x-1)$$

すなわち　$\boldsymbol{y=\frac{2}{9}x+\frac{1}{9}}$

(2) $f(x)=\log x$ とおくと，$f'(x)=\dfrac{1}{x}$ であるから

$$f'(e^2)=\frac{1}{e^2}$$

よって，点 $\mathrm{A}(e^2,\ 2)$ における接線の方程式は

$$y-2=\frac{1}{e^2}(x-e^2)$$

すなわち　$\boldsymbol{y=\frac{1}{e^2}x+1}$

69 $y=\sqrt{x^2+1}$ より　$y'=\dfrac{x}{\sqrt{x^2+1}}$

曲線上の接点の座標を $(a,\ \sqrt{a^2+1})$ とすると，接線の方程式は

$$y-\sqrt{a^2+1}=\frac{a}{\sqrt{a^2+1}}(x-a)\ \cdots\cdots①$$

(1) 接線①の傾きが $\dfrac{1}{2}$ であるから

$$\frac{a}{\sqrt{a^2+1}}=\frac{1}{2}\quad より\quad 3a^2=1$$

ゆえに　$a=\dfrac{\sqrt{3}}{3}$　←$a>0$

よって，求める接線の方程式は

$$y-\frac{2\sqrt{3}}{3}=\frac{1}{2}\left(x-\frac{\sqrt{3}}{3}\right)$$

すなわち　$\boldsymbol{y=\frac{1}{2}x+\frac{\sqrt{3}}{2}}$

(2) 接線①が点(1, 0) を通るから

$$0-\sqrt{a^2+1}=\frac{a}{\sqrt{a^2+1}}(1-a)$$

ゆえに $a^2+1=a^2-a$ より　$a=-1$

よって，求める接線の方程式は

$$y-\sqrt{2}=-\frac{1}{\sqrt{2}}(x+1)$$

すなわち　$\boldsymbol{y=-\frac{\sqrt{2}}{2}x+\frac{\sqrt{2}}{2}}$

23 法線の方程式

p.60

70A (1) $f(x)=\sqrt{x-1}$ とおくと

$f'(x)=\dfrac{1}{2\sqrt{x-1}}$ より $f'(5)=\dfrac{1}{4}$

ゆえに $-\dfrac{1}{f'(5)}=-4$

よって，点 A(5, 2) における法線の方程式は

$y-2=-4(x-5)$

すなわち $\boldsymbol{y=-4x+22}$

(2) $f(x)=\log(x-1)$ とおくと

$f'(x)=\dfrac{1}{x-1}$ より $f'(2)=1$

ゆえに $-\dfrac{1}{f'(2)}=-1$

よって，点 A(2, 0) における法線の方程式は

$y-0=-(x-2)$

すなわち $\boldsymbol{y=-x+2}$

70B (1) $f(x)=\dfrac{4}{x^2}$ とおくと

$f'(x)=-\dfrac{8}{x^3}$ より $f'(2)=-1$

ゆえに $-\dfrac{1}{f'(2)}=1$

よって，点 A(2, 1) における法線の方程式は

$y-1=x-2$

すなわち $\boldsymbol{y=x-1}$

(2) $f(x)=\cos x$ とおくと

$f'(x)=-\sin x$ より $f'\left(\dfrac{\pi}{3}\right)=-\dfrac{\sqrt{3}}{2}$

ゆえに $-\dfrac{1}{f'\left(\dfrac{\pi}{3}\right)}=\dfrac{2\sqrt{3}}{3}$

よって，点 $\mathrm{A}\left(\dfrac{\pi}{3},\ \dfrac{1}{2}\right)$ における法線の方程式は

$y-\dfrac{1}{2}=\dfrac{2\sqrt{3}}{3}\left(x-\dfrac{\pi}{3}\right)$

すなわち $\boldsymbol{y=\dfrac{2\sqrt{3}}{3}x+\dfrac{9-4\sqrt{3}\pi}{18}}$

24 曲線の方程式と接線

p.61

71A (1) $x^2+y^2=25$ の両辺を x で微分すると

$2x+2yy'=0$

ゆえに，$y\neq0$ のとき $y'=-\dfrac{x}{y}$

よって，点 A(3, −4) における接線の傾きは

$-\dfrac{3}{-4}=\dfrac{3}{4}$

したがって，求める接線の方程式は

$y-(-4)=\dfrac{3}{4}(x-3)$

すなわち $\boldsymbol{y=\dfrac{3}{4}x-\dfrac{25}{4}}$

(2) $x^2-y^2=1$ の両辺を x で微分すると

$2x-2yy'=0$

ゆえに，$y\neq0$ のとき $y'=\dfrac{x}{y}$

よって，点 A(2, $\sqrt{3}$) における接線の傾きは

$\dfrac{2}{\sqrt{3}}=\dfrac{2\sqrt{3}}{3}$

したがって，求める接線の方程式は

$y-\sqrt{3}=\dfrac{2\sqrt{3}}{3}(x-2)$

すなわち $\boldsymbol{y=\dfrac{2\sqrt{3}}{3}x-\dfrac{\sqrt{3}}{3}}$

71B (1) $\dfrac{x^2}{4}+y^2=1$ の両辺を x で微分すると

$\dfrac{2x}{4}+2yy'=0$

ゆえに，$y\neq0$ のとき $y'=-\dfrac{x}{4y}$

よって，点 $\mathrm{A}\left(\sqrt{3},\ \dfrac{1}{2}\right)$ における接線の傾きは

$-\dfrac{\sqrt{3}}{4\times\dfrac{1}{2}}=-\dfrac{\sqrt{3}}{2}$

したがって，求める接線の方程式は

$y-\dfrac{1}{2}=-\dfrac{\sqrt{3}}{2}(x-\sqrt{3})$

すなわち $\boldsymbol{y=-\dfrac{\sqrt{3}}{2}x+2}$

(2) $y^2=8x$ の両辺を x で微分すると

$2yy'=8$

ゆえに，$y\neq0$ のとき $y'=\dfrac{4}{y}$

よって，点 A(2, −4) における接線の傾きは

$\dfrac{4}{-4}=-1$

したがって，求める接線の方程式は

$y-(-4)=-(x-2)$ すなわち $\boldsymbol{y=-x-2}$

25 平均値の定理

p.62

72 関数 $f(x)=\sqrt{x}$ は，$x>0$ で微分可能で

$f'(x)=\dfrac{1}{2\sqrt{x}}$

区間 $[a,\ b]$ において，平均値の定理を用いると

$\dfrac{\sqrt{b}-\sqrt{a}}{b-a}=\dfrac{1}{2\sqrt{c}}$ ……①

$a<c<b$ ……②

を満たす実数 c が存在する。

ここで，$0<a<b$ であるから，

②より $\dfrac{1}{2\sqrt{b}}<\dfrac{1}{2\sqrt{c}}<\dfrac{1}{2\sqrt{a}}$

よって，①より

$0<a<b$ のとき $\dfrac{1}{2\sqrt{b}}<\dfrac{\sqrt{b}-\sqrt{a}}{b-a}<\dfrac{1}{2\sqrt{a}}$

26 関数の増加・減少と極大・極小

p.63

73A $f(x)=x^4-2x^2+2$ とおくと

$f'(x)=4x^3-4x=4x(x+1)(x-1)$

$f'(x)=0$ となる x の値は $x=-1,\ 0,\ 1$

よって，$f(x)$ の増減表は，次のようになる。

x	…	-1	…	0	…	1	…
$f'(x)$	$-$	0	$+$	0	$-$	0	$+$
$f(x)$	↘	1	↗	2	↘	1	↗

したがって，y は

区間 $x\leqq-1$，$0\leqq x\leqq1$ で減少し，

区間 $-1\leqq x\leqq0$，$1\leqq x$ で増加する。

73B $f(x)=(x^2-3)e^x$ とおくと

$f'(x)=2xe^x+(x^2-3)e^x$

$=(x^2+2x-3)e^x=(x+3)(x-1)e^x$

ここで，$f'(x)=0$ となる x の値は $x=-3,\ 1$

よって，$f(x)$ の増減表は，次のようになる。

x	…	-3	…	1	…
$f'(x)$	$+$	0	$-$	0	$+$
$f(x)$	↗	$\frac{6}{e^3}$	↘	$-2e$	↗

したがって，y は

区間 $-3\leqq x\leqq1$ で減少し，

区間 $x\leqq-3$，$1\leqq x$ で増加する。

74A $f(x)=\dfrac{x-1}{x^2+3}$ とおくと

$$f'(x)=\frac{x^2+3-(x-1)\cdot2x}{(x^2+3)^2}=\frac{-x^2+2x+3}{(x^2+3)^2}$$

$$=\frac{-(x+1)(x-3)}{(x^2+3)^2}$$

ここで，$f'(x)=0$ となる x の値は $x=-1,\ 3$

よって，$f(x)$ の増減表は，次のようになる。

x	…	-1	…	3	…
$f'(x)$	$-$	0	$+$	0	$-$
$f(x)$	↘	極小 $-\frac{1}{2}$	↗	極大 $\frac{1}{6}$	↘

したがって，y は

$x=-1$ で 極小値 $-\dfrac{1}{2}$

$x=3$ で 極大値 $\dfrac{1}{6}$ をとる。

74B $f(x)=(x+1)e^x$ とおくと

$f'(x)=e^x+(x+1)e^x=(x+2)e^x$

ここで，$f'(x)=0$ となる x の値は $x=-2$

よって，$f(x)$ の増減表は，次のようになる。

x	…	-2	…
$f'(x)$	$-$	0	$+$
$f(x)$	↘	極小 $-\frac{1}{e^2}$	↗

したがって，y は

$x=-2$ で 極小値 $-\dfrac{1}{e^2}$ をとり，極大値はない。

27 関数のグラフ

p.65

75A (1) $y'=3x^2-6x-12$

$y''=6x-6=6(x-1)$

よって，この曲線 $y=x^3-3x^2-12x+5$ は，

$x<1$ のとき，$y''<0$ より 上に凸

$x>1$ のとき，$y''>0$ より 下に凸

また，変曲点は **$(1,\ -9)$**

(2) $y'=2x-\dfrac{8}{x^2}$

$$y''=2+\frac{16}{x^3}=\frac{2x^3+16}{x^3}$$

$$=\frac{2(x+2)(x^2-2x+4)}{x^3}$$ ← $x^2-2x+4=(x-1)^2+3>0$

よって，この曲線 $y=x^2+\dfrac{8}{x}$ は，

$-2<x<0$ のとき，$y''<0$ より 上に凸

$x<-2$，$0<x$ のとき，$y''>0$ より 下に凸

また，変曲点は **$(-2,\ 0)$**

75B (1) $y'=-4x^3+16x$

$$y''=-12x^2+16=-12\left(x^2-\frac{4}{3}\right)$$

$$=-12\left(x+\frac{2\sqrt{3}}{3}\right)\left(x-\frac{2\sqrt{3}}{3}\right)$$

よって，この曲線 $y=-x^4+8x^2-8$ は，

$x<-\dfrac{2\sqrt{3}}{3}$，$\dfrac{2\sqrt{3}}{3}<x$ のとき，$y''<0$ より

上に凸

$-\dfrac{2\sqrt{3}}{3}<x<\dfrac{2\sqrt{3}}{3}$ のとき，$y''>0$ より

下に凸

また，変曲点は **$\left(-\dfrac{2\sqrt{3}}{3},\ \dfrac{8}{9}\right)$，$\left(\dfrac{2\sqrt{3}}{3},\ \dfrac{8}{9}\right)$**

(2) $y'=1+\dfrac{2x}{x^2+4}$

$$y''=\frac{2(x^2+4)-2x\cdot2x}{(x^2+4)^2}=\frac{-2x^2+8}{(x^2+4)^2}$$

$$=\frac{-2(x+2)(x-2)}{(x^2+4)^2}$$

よって，この曲線 $y=x+\log(x^2+4)$ は，

$x<-2$，$2<x$ のとき，$y''<0$ より 上に凸

$-2<x<2$ のとき，$y''>0$ より 下に凸

また，変曲点は **$(-2,\ -2+3\log2)$**

$(2,\ 2+3\log2)$

76A $y'=1-2\cos2x$，$y''=4\sin2x$

$0<x<\pi$ において，

$y'=0$ となる x の値は $x=\dfrac{\pi}{6},\ \dfrac{5}{6}\pi$ ←$\cos2x=\dfrac{1}{2}$

$y''=0$ となる x の値は $x=\dfrac{\pi}{2}$

ゆえに，y の増減およびグラフの凹凸は，次の表のようになる。

x	0	…	$\frac{\pi}{6}$	…	$\frac{\pi}{2}$	…	$\frac{5}{6}\pi$	…	π
y'	／	$-$	0	$+$	$+$	$+$	0	$-$	／
y''	／	$+$	$+$	$+$	0	$-$	$-$	$-$	／
y	0	⤷	極小 $\frac{\pi}{6}-\frac{\sqrt{3}}{2}$	⤴	$\frac{\pi}{2}$	↱	極大 $\frac{5}{6}\pi+\frac{\sqrt{3}}{2}$	⤵	π

よって，y は

$x=\dfrac{\pi}{6}$ のとき 極小値 $\dfrac{\pi}{6}-\dfrac{\sqrt{3}}{2}$

$x=\dfrac{5}{6}\pi$ **のとき　極大値** $\dfrac{5}{6}\pi+\dfrac{\sqrt{3}}{2}$

をとる。

変曲点は $\left(\dfrac{\pi}{2},\ \dfrac{\pi}{2}\right)$ である。

以上より，

このグラフは右の図のようになる。

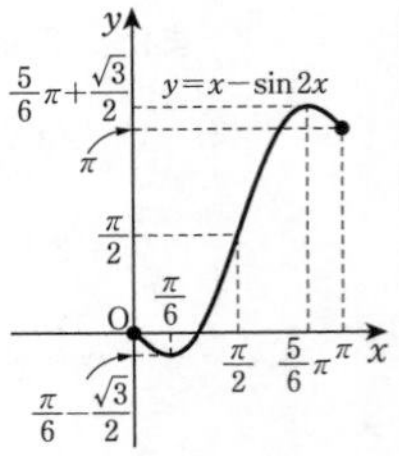

76B $y'=\dfrac{1}{\sqrt{2}}+\cos x$, $y''=-\sin x$

$0<x<2\pi$ において，

$y'=0$ となる x の値は

$x=\dfrac{3}{4}\pi,\ \dfrac{5}{4}\pi$　←$\cos x=-\dfrac{1}{\sqrt{2}}$

$y''=0$ となる x の値は　$x=\pi$

ゆえに，y の増減およびグラフの凹凸は，次の表のようになる。

x	0	…	$\frac{3}{4}\pi$	…	π	…	$\frac{5}{4}\pi$	…	2π
y'	/	+	0	−	−	−	0	+	/
y''	/	−	−	−	0	+	+	+	/
y	0	↗	極大 $\frac{3\sqrt{2}}{8}\pi+\frac{\sqrt{2}}{2}$	↘	$\frac{\sqrt{2}}{2}\pi$	↘	極小 $\frac{5\sqrt{2}}{8}\pi-\frac{\sqrt{2}}{2}$	↗	$\sqrt{2}\pi$

よって，y は

$x=\dfrac{3}{4}\pi$ **のとき　極大値** $\dfrac{3\sqrt{2}}{8}\pi+\dfrac{\sqrt{2}}{2}$

$x=\dfrac{5}{4}\pi$ **のとき　極小値** $\dfrac{5\sqrt{2}}{8}\pi-\dfrac{\sqrt{2}}{2}$

をとる。

変曲点は

$\left(\pi,\ \dfrac{\sqrt{2}}{2}\pi\right)$ である。

以上より，

このグラフは右の図のようになる。

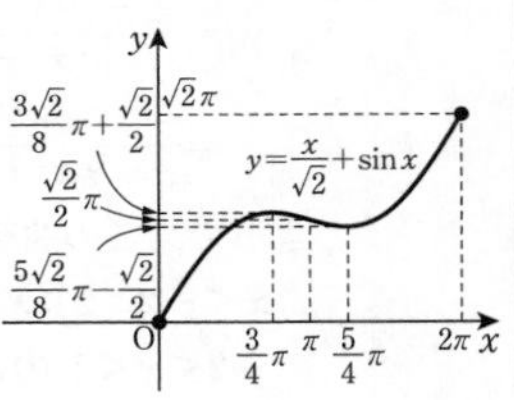

77A $y'=\dfrac{(x^2+1)-x\cdot 2x}{(x^2+1)^2}$

$=\dfrac{-x^2+1}{(x^2+1)^2}=\dfrac{-(x+1)(x-1)}{(x^2+1)^2}$

$y''=\dfrac{-2x(x^2+1)^2-(-x^2+1)\cdot 2(x^2+1)\cdot 2x}{(x^2+1)^4}$

$=\dfrac{-2x(x^2+1)-4x(-x^2+1)}{(x^2+1)^3}$

$=\dfrac{2x(x^2-3)}{(x^2+1)^3}=\dfrac{2x(x+\sqrt{3})(x-\sqrt{3})}{(x^2+1)^3}$

より，$y'=0$ となる x の値は　$x=\pm 1$

$y''=0$ となる x の値は　$x=0,\ \pm\sqrt{3}$

ゆえに，y の増減およびグラフの凹凸は，次の表のようになる。

x	…	$-\sqrt{3}$	…	-1	…	0	…	1	…	$\sqrt{3}$	…
y'	−	−	−	0	+	+	+	0	−	−	−
y''	−	0	+	+	+	0	−	−	−	0	+
y	↘	$-\frac{\sqrt{3}}{4}$	↘	極小 $-\frac{1}{2}$	↗	0	↗	極大 $\frac{1}{2}$	↘	$\frac{\sqrt{3}}{4}$	↘

よって，y は

$x=-1$ **のとき極小値** $-\dfrac{1}{2}$

$x=1$ **のとき極大値** $\dfrac{1}{2}$

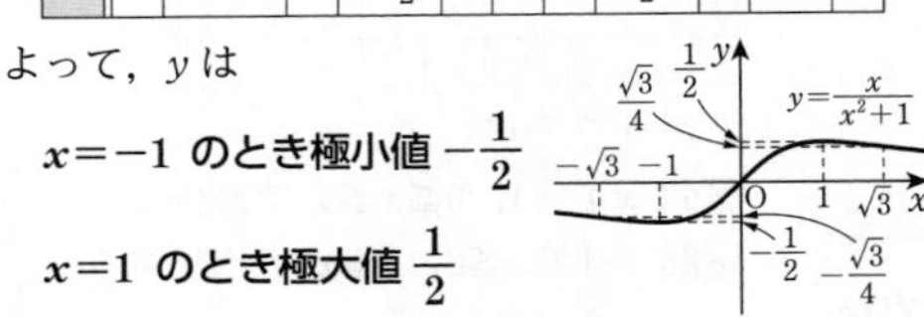

をとる。

変曲点は $\left(-\sqrt{3},\ -\dfrac{\sqrt{3}}{4}\right)$, $(0,\ 0)$,

$\left(\sqrt{3},\ \dfrac{\sqrt{3}}{4}\right)$ である。

また，$\displaystyle\lim_{x\to\infty}y=0$, $\displaystyle\lim_{x\to-\infty}y=0$ より，x 軸が漸近線である。

以上より，このグラフは上の図のようになる。

77B $y'=3e^{-\frac{x^2}{2}}\cdot(-x)=-3xe^{-\frac{x^2}{2}}$

$y''=-3\{e^{-\frac{x^2}{2}}-xe^{-\frac{x^2}{2}}\cdot(-x)\}$

$=3e^{-\frac{x^2}{2}}(x^2-1)$

$=3e^{-\frac{x^2}{2}}(x+1)(x-1)$

より，$y'=0$ となる x の値は　$x=0$

$y''=0$ となる x の値は　$x=\pm 1$

ゆえに，y の増減およびグラフの凹凸は，次の表のようになる。

x	…	-1	…	0	…	1	…
y'	+	+	+	0	−	−	−
y''	+	0	−	−	−	0	+
y	↗	$\frac{3}{\sqrt{e}}$	↗	極大 3	↘	$\frac{3}{\sqrt{e}}$	↘

よって，y は **$x=0$ のとき極大値** 3 をとり，**極小値はない。**

変曲点は $\left(-1,\ \dfrac{3}{\sqrt{e}}\right)$, $\left(1,\ \dfrac{3}{\sqrt{e}}\right)$ である。

また，$\displaystyle\lim_{x\to\infty}y=0$,

$\displaystyle\lim_{x\to-\infty}y=0$

より，x 軸が漸近線である。

以上より，このグラフは右の図のようになる。

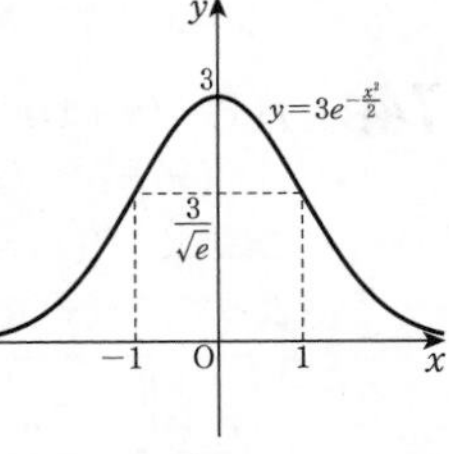

78A この関数の定義域は $x\neq-1$ である。

$y'=1-\dfrac{1}{(x+1)^2}=\dfrac{x(x+2)}{(x+1)^2}$

$y''=\dfrac{2(x+1)}{(x+1)^4}=\dfrac{2}{(x+1)^3}$　←$\left\{1-\dfrac{1}{(x+1)^2}\right\}'$

より，$y'=0$ となる x の値は　$x=-2,\ 0$

$y''=0$ となる x の値はない。

ゆえに，y の増減およびグラフの凹凸は，次の表のようになる。

x	$\cdots$	-2	$\cdots$	-1	$\cdots$	0	$\cdots$
y'	$+$	0	$-$		$-$	0	$+$
y''	$-$	$-$	$-$		$+$	$+$	$+$
y	↗	極大 -3	↘		↘	極小 1	↗

また，$\displaystyle\lim_{x\to-1-0} y=-\infty$，$\displaystyle\lim_{x\to-1+0} y=\infty$ より，直線 $x=-1$ は，この関数のグラフの漸近線である。

さらに

$$\lim_{x\to\infty}(y-x)$$
$$=\lim_{x\to\infty}\frac{1}{x+1}=0$$
$$\lim_{x\to-\infty}(y-x)$$
$$=\lim_{x\to-\infty}\frac{1}{x+1}=0$$

よって，直線 $y=x$ も，この関数のグラフの漸近線である。

以上より，このグラフは上の図のようになる。

78B この関数の定義域は $x\neq1$ である。

$$y'=\frac{(2x-8)(x-1)-(x^2-8x+8)\cdot1}{(x-1)^2}=\frac{x(x-2)}{(x-1)^2}$$

$$y''=\frac{(2x-2)(x-1)^2-x(x-2)\cdot2(x-1)}{(x-1)^4}$$
$$=\frac{2}{(x-1)^3}$$

より，$y'=0$ となる x の値は　$x=0,\ 2$

$y''=0$ となる x の値はない。

ゆえに，y の増減およびグラフの凹凸は，次の表のようになる。

x	$\cdots$	0	$\cdots$	1	$\cdots$	2	$\cdots$
y'	$+$	0	$-$		$-$	0	$+$
y''	$-$	$-$	$-$		$+$	$+$	$+$
y	↗	極大 -8	↘		↘	極小 -4	↗

また，$\displaystyle\lim_{x\to1-0} y=-\infty$，$\displaystyle\lim_{x\to1+0} y=\infty$ より，直線 $x=1$ は，この関数のグラフの漸近線である。

さらに，$y=\dfrac{x^2-8x+8}{x-1}=x-7+\dfrac{1}{x-1}$ より，

$$\lim_{x\to\infty}\{y-(x-7)\}=\lim_{x\to\infty}\frac{1}{x-1}=0$$
$$\lim_{x\to-\infty}\{y-(x-7)\}=\lim_{x\to-\infty}\frac{1}{x-1}=0$$

よって，直線 $y=x-7$ も，この関数のグラフの漸近線である。

以上より，このグラフは右の図のようになる。

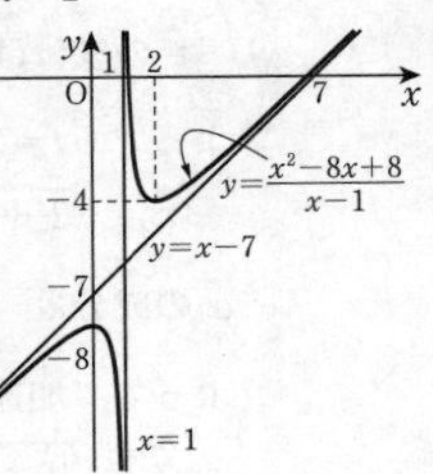

79A $f'(x)=-4x^3+4x$
$=-4x(x+1)(x-1)$

$f''(x)=-12x^2+4$
$=-4(3x^2-1)$

$f'(x)=0$ となる x の値は　$x=-1,\ 0,\ 1$

このとき

$f''(-1)=-8<0$

$f''(1)=-8<0$

より，$f(-1)$，$f(1)$ は極大値である。

$f''(0)=4>0$

より，$f(0)$ は極小値である。

ここで

$f(-1)=f(1)=0$

$f(0)=-1$

よって，$f(x)$ は

$x=-1,\ 1$ で　極大値 0

$x=0$ で　極小値 -1

をとる。

79B $f'(x)=1+2\sin x$，　$f''(x)=2\cos x$

$0<x<2\pi$ において，$f'(x)=0$ となる x の値は

$x=\dfrac{7}{6}\pi,\ \dfrac{11}{6}\pi$　←$\sin x=-\dfrac{1}{2}$

このとき

$$f''\left(\frac{7}{6}\pi\right)=2\cos\frac{7}{6}\pi=-\sqrt{3}<0$$

より，$f\left(\dfrac{\pi}{6}\right)$ は極大値である。

$$f''\left(\frac{11}{6}\pi\right)=2\cos\frac{11}{6}\pi=\sqrt{3}>0$$

より，$f\left(\dfrac{11}{6}\pi\right)$ は極小値である。

ここで

$$f\left(\frac{7}{6}\pi\right)=\frac{7}{6}\pi-2\cos\frac{7}{6}\pi=\frac{7}{6}\pi+\sqrt{3}$$
$$f\left(\frac{11}{6}\pi\right)=\frac{11}{6}\pi-2\cos\frac{11}{6}\pi=\frac{11}{6}\pi-\sqrt{3}$$

よって，$f(x)$ は

$x=\dfrac{7}{6}\pi$ で　極大値　$\dfrac{7}{6}\pi+\sqrt{3}$

$x=\dfrac{11}{6}\pi$ で　極小値　$\dfrac{11}{6}\pi-\sqrt{3}$

をとる。

2節　いろいろな微分の応用

28 関数の最大・最小

p.73

80
$$y'=\cos x-\frac{2\cos x}{2\sqrt{2\sin x}}$$
$$=\frac{\cos x(\sqrt{2\sin x}-1)}{\sqrt{2\sin x}}$$

$0<x<\pi$ において，$y'=0$ となる x の値は

$\cos x=0$，$\sin x=\dfrac{1}{2}$ より

$x=\dfrac{\pi}{2},\ \dfrac{\pi}{6},\ \dfrac{5}{6}\pi$

よって，y の増減表は次のようになる。

x	0	$\cdots$	$\frac{\pi}{6}$	$\cdots$	$\frac{\pi}{2}$	$\cdots$	$\frac{5}{6}\pi$	$\cdots$	π
y'		$-$	0	$+$	0	$-$	0	$+$	
y	0	↘	極小 $-\frac{1}{2}$	↗	極大 $1-\sqrt{2}$	↘	極小 $-\frac{1}{2}$	↗	0

したがって，y は

$x=0,\ \pi$ のとき　最大値 0

$x=\dfrac{\pi}{6},\ \dfrac{5}{6}\pi$ のとき　最小値 $-\dfrac{1}{2}$

をとる。

29 方程式・不等式への応用

p.74

81A $f(x)=1+\dfrac{x}{2}-\sqrt{1+x}$ とおくと

$$f'(x)=\frac{1}{2}-\frac{1}{2\sqrt{1+x}}=\frac{\sqrt{1+x}-1}{2\sqrt{1+x}}$$

$x>0$ のとき，$\sqrt{1+x}>1$ であるから　$f'(x)>0$

ゆえに，$f(x)$ は区間 $x\geqq 0$ で増加する。

よって，$x>0$ のとき $f(x)>f(0)=0$

したがって，$1+\dfrac{x}{2}-\sqrt{1+x}>0$ より

$$1+\frac{x}{2}>\sqrt{1+x}$$

81B $f(x)=\sqrt{e^x}-\left(1+\dfrac{x}{2}\right)$ とおくと

$$f'(x)=\frac{1}{2}e^{\frac{1}{2}x}-\frac{1}{2}=\frac{1}{2}(e^{\frac{1}{2}x}-1)$$

$x>0$ のとき，$e^{\frac{1}{2}x}>1$ であるから　$f'(x)>0$

ゆえに，$f(x)$ は区間 $x\geqq 0$ で増加する。

よって，$x>0$ のとき

$f(x)>f(0)=0$

したがって，$\sqrt{e^x}-\left(1+\dfrac{x}{2}\right)>0$ より

$$\sqrt{e^x}>1+\frac{x}{2}$$

82 $f(x)=\dfrac{x^3-3x+2}{x}$ とおくと

$$f'(x)=\frac{(3x^2-3)x-(x^3-3x+2)\cdot 1}{x^2}$$

$$=\frac{2x^3-2}{x^2}=\frac{2(x-1)(x^2+x+1)}{x^2}\ \leftarrow x^2+x+1$$

$f'(x)=0$ となる x の値は　$x=1$

よって，$f(x)$ の増減表は次のようになる。

x	$\cdots$	0	$\cdots$	1	$\cdots$
$f'(x)$	$-$	／	$-$	0	$+$
$f(x)$	↘	／	↘	極小 0	↗

また

$$\lim_{x\to+0}\frac{x^3-3x+2}{x}=\infty,\ \lim_{x\to-0}\frac{x^3-3x+2}{x}=-\infty$$

$$\lim_{x\to\infty}\frac{x^3-3x+2}{x}=\lim_{x\to\infty}\left(x^2-3+\frac{2}{x}\right)=\infty$$

$$\lim_{x\to-\infty}\frac{x^3-3x+2}{x}=\lim_{x\to-\infty}\left(x^2-3+\frac{2}{x}\right)=\infty$$

ゆえに，$y=f(x)$ のグラフは右の図のようになる。

このグラフと直線 $y=a$ の共有点の個数は，求める実数解の個数と一致する。

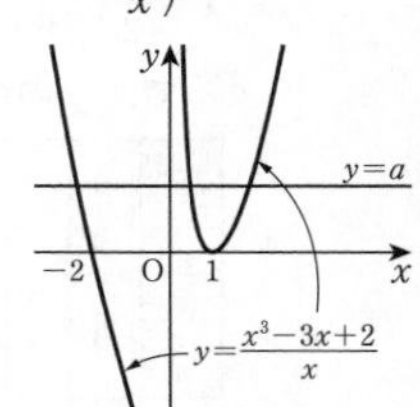

したがって

$a>0$ のとき　3 個

$a=0$ のとき　2 個

$a<0$ のとき　1 個

30 速度・加速度

p.76

83A (1) $v=\dfrac{dx}{dt}=6t-5,\ \alpha=\dfrac{dv}{dt}=6$

よって，時刻 $t=3$ における速度 v と加速度 α は

$v=6\times 3-5=\mathbf{13}$

$\alpha=\mathbf{6}$

(2) $v=\dfrac{dx}{dt}=-\pi\sin\pi t,\ \alpha=\dfrac{dv}{dt}=-\pi^2\cos\pi t$

よって，時刻 $t=\dfrac{2}{3}$ における速度 v と加速度 α は

$$v=-\pi\sin\frac{2}{3}\pi=-\pi\times\frac{\sqrt{3}}{2}=-\frac{\sqrt{3}}{2}\pi$$

$$\alpha=-\pi^2\cos\frac{2}{3}\pi=-\pi^2\times\left(-\frac{1}{2}\right)=\frac{\pi^2}{2}$$

83B (1) $v=\dfrac{dx}{dt}=\dfrac{1}{2\sqrt{t}},\ \alpha=\dfrac{dv}{dt}=-\dfrac{1}{4t\sqrt{t}}$

よって，時刻 $t=4$ における速度 v と加速度 α は

$$v=\frac{1}{2\sqrt{4}}=\frac{1}{4}$$

$$\alpha=-\frac{1}{4\times 4\sqrt{4}}=-\frac{1}{32}$$

(2) $v=\dfrac{dx}{dt}=2\pi\cos\left(\pi t-\dfrac{\pi}{6}\right)$

$\alpha=\dfrac{dv}{dt}=-2\pi^2\sin\left(\pi t-\dfrac{\pi}{6}\right)$

よって，時刻 $t=3$ における速度 v と加速度 α は

$$v=2\pi\cos\left(3\pi-\frac{\pi}{6}\right)=2\pi\times\left(-\frac{\sqrt{3}}{2}\right)=-\sqrt{3}\pi$$

$$\alpha=-2\pi^2\sin\left(3\pi-\frac{\pi}{6}\right)=-2\pi^2\times\frac{1}{2}=-\pi^2$$

84A 点Pの時刻 t における速度を $\vec{v}$，加速度を $\vec{\alpha}$ とする。

(1) $\vec{v}$ の成分は　$\dfrac{dx}{dt}=2,\ \dfrac{dy}{dt}=-2t$

よって，$t=3$ における点Pの速さ $|\vec{v}|$ は

$|\vec{v}|=\sqrt{2^2+(-6)^2}=\sqrt{40}=\mathbf{2\sqrt{10}}$

$\vec{\alpha}$ の成分は　$\dfrac{d^2x}{dt^2}=0,\ \dfrac{d^2y}{dt^2}=-2$

よって，加速度の大きさ $|\vec{\alpha}|$ は

$|\vec{\alpha}|=\sqrt{0^2+(-2)^2}=\mathbf{2}$

(2) $\vec{v}$ の成分は　$\dfrac{dx}{dt}=-3\pi\sin\dfrac{3}{2}\pi t$

$\dfrac{dy}{dt}=3\pi\cos\dfrac{3}{2}\pi t$

よって，$t=3$ における点Pの速さ $|\vec{v}|$ は

$$|\vec{v}|=\sqrt{\left(-3\pi\sin\frac{9}{2}\pi\right)^2+\left(3\pi\cos\frac{9}{2}\pi\right)^2}$$

$=3\pi$

$\vec{\alpha}$ の成分は $\dfrac{d^2x}{dt^2}=-\dfrac{9}{2}\pi^2\cos\dfrac{3}{2}\pi t$

$\dfrac{d^2y}{dt^2}=-\dfrac{9}{2}\pi^2\sin\dfrac{3}{2}\pi t$

よって，$t=3$ における点Pの加速度の大きさ $|\vec{\alpha}|$ は

$$|\vec{\alpha}|=\sqrt{\left(-\frac{9}{2}\pi^2\cos\frac{9}{2}\pi\right)^2+\left(-\frac{9}{2}\pi^2\sin\frac{9}{2}\pi\right)^2}$$

$$=\boldsymbol{\frac{9}{2}\pi^2}$$

84B 点Pの時刻 t における速度を $\vec{v}$，加速度を $\vec{\alpha}$ とする。

(1) $\vec{v}$ の成分は $\dfrac{dx}{dt}=3t^2$，$\dfrac{dy}{dt}=6t$

よって，$t=2$ における点Pの速さ $|\vec{v}|$ は

$|\vec{v}|=\sqrt{12^2+12^2}=\boldsymbol{12\sqrt{2}}$

$\vec{\alpha}$ の成分は $\dfrac{d^2x}{dt^2}=6t$，$\dfrac{d^2y}{dt^2}=6$

よって，$t=2$ における点Pの加速度の大きさ $|\vec{\alpha}|$ は

$|\vec{\alpha}|=\sqrt{12^2+6^2}=\boldsymbol{6\sqrt{5}}$

(2) $\vec{v}$ の成分は $\dfrac{dx}{dt}=-\pi\sin\pi t$，$\dfrac{dy}{dt}=\pi\cos\pi t$

よって，$t=2$ における点Pの速さ $|\vec{v}|$ は

$|\vec{v}|=\sqrt{(-\pi\sin 2\pi)^2+(\pi\cos 2\pi)^2}=\boldsymbol{\pi}$

$\vec{\alpha}$ の成分は $\dfrac{d^2x}{dt^2}=-\pi^2\cos\pi t$

$\dfrac{d^2y}{dt^2}=-\pi^2\sin\pi t$

よって，$t=2$ における点Pの加速度の大きさ $|\vec{\alpha}|$ は

$|\vec{\alpha}|=\sqrt{(-\pi^2\cos 2\pi)^2+(-\pi^2\sin 2\pi)^2}=\boldsymbol{\pi^2}$

31 近似式

p.78

85A $f(x)=e^{-2x}$ のとき $f'(x)=-2e^{-2x}$

よって，x が 0 に近いとき

$e^{-2x}\doteqdot e^{-2\cdot 0}+(-2e^{-2\cdot 0})x$

$=\boldsymbol{1-2x}$

85B $f(x)=3^x$ のとき $f'(x)=3^x\log 3$

よって，x が 0 に近いとき

$3^x\doteqdot 3^0+(3^0\log 3)x$

$=\boldsymbol{1+x\log 3}$

86A $f(x)=\tan x$ とおくと $f'(x)=\dfrac{1}{\cos^2 x}$

h が 0 に近いとき，$f(a+h)\doteqdot f(a)+f'(a)h$ より

$\tan(a+h)\doteqdot\tan a+\dfrac{h}{\cos^2 a}$

ここで，$29°=\dfrac{29}{180}\pi=\dfrac{\pi}{6}-\dfrac{\pi}{180}$ であるから

$\tan 29°=\tan\left(\dfrac{\pi}{6}-\dfrac{\pi}{180}\right)$

$\doteqdot\tan\dfrac{\pi}{6}-\dfrac{1}{\cos^2\dfrac{\pi}{6}}\cdot\dfrac{\pi}{180}$

$=\dfrac{\sqrt{3}}{3}-\dfrac{4}{3}\cdot\dfrac{\pi}{180}=\boldsymbol{\dfrac{\sqrt{3}}{3}-\dfrac{\pi}{135}}$

参考 $\sqrt{3}=1.732$，$\pi=3.142$ とすると

$\tan 29°\doteqdot 0.554$

86B $f(x)=\dfrac{1}{\cos x}$ とおくと

$f'(x)=-\dfrac{(\cos x)'}{\cos^2 x}=\dfrac{\sin x}{\cos^2 x}$

h が 0 に近いとき，$f(a+h)\doteqdot f(a)+f'(a)h$ より

$\dfrac{1}{\cos(a+h)}\doteqdot\dfrac{1}{\cos a}+\dfrac{\sin a}{\cos^2 a}h$

ここで，$46°=\dfrac{46}{180}\pi=\dfrac{\pi}{4}+\dfrac{\pi}{180}$ であるから

$\dfrac{1}{\cos 46°}=\dfrac{1}{\cos\left(\dfrac{\pi}{4}+\dfrac{\pi}{180}\right)}$

$\doteqdot\dfrac{1}{\cos\dfrac{\pi}{4}}+\dfrac{\sin\dfrac{\pi}{4}}{\cos^2\dfrac{\pi}{4}}\cdot\dfrac{\pi}{180}$

$=\sqrt{2}+\dfrac{\frac{\sqrt{2}}{2}}{\frac{1}{2}}\cdot\dfrac{\pi}{180}=\boldsymbol{\sqrt{2}+\dfrac{\sqrt{2}}{180}\pi}$

参考 $\sqrt{2}=1.414$，$\pi=3.142$ とすると

$\dfrac{1}{\cos 46°}\doteqdot 1.439$

87A (1) x が 0 に近いとき

$(1+x)^3\doteqdot 1+3x$

これより，1.001^3 の近似値を求めると

$1.001^3=(1+0.001)^3\doteqdot 1+3\cdot 0.001=\boldsymbol{1.003}$

(2) $\dfrac{1}{\sqrt[3]{1+x}}=(1+x)^{-\frac{1}{3}}$ であるから，x が 0 に近いとき

$(1+x)^{-\frac{1}{3}}\doteqdot 1-\dfrac{1}{3}x$

これより，$\dfrac{1}{\sqrt[3]{1.003}}$ の近似値を求めると

$\dfrac{1}{\sqrt[3]{1.003}}=\dfrac{1}{\sqrt[3]{1+0.003}}=(1+0.003)^{-\frac{1}{3}}$

$\doteqdot 1-\dfrac{1}{3}\cdot 0.003=\boldsymbol{0.999}$

87B (1) x が 0 に近いとき

$(1+x)^5\doteqdot 1+5x$

これより，0.999^5 の近似値を求めると

$0.999^5=(1-0.001)^5\doteqdot 1-5\cdot 0.001=\boldsymbol{0.995}$

(2) $\dfrac{1}{\sqrt{1+x}}=(1+x)^{-\frac{1}{2}}$ であるから，x が 0 に近いとき

$(1+x)^{-\frac{1}{2}}\doteqdot 1-\dfrac{1}{2}x$

これより，$\dfrac{1}{\sqrt{98}}$ の近似値を求めると

$$\frac{1}{\sqrt{98}}=\frac{1}{\sqrt{100(1-0.02)}}=\{10^2(1-0.02)\}^{-\frac{1}{2}}$$
$$=\frac{1}{10}(1-0.02)^{-\frac{1}{2}}$$
$$\fallingdotseq\frac{1}{10}\left(1+\frac{1}{2}\cdot0.02\right)=\mathbf{0.101}$$

演習問題

88 $f(x)=x^2+a,\ g(x)=4\sqrt{x}$ とおくと

$$f'(x)=2x,\ g'(x)=\frac{2}{\sqrt{x}}$$

共有する点Pの x 座標を $x_0\ (\neq0)$ とすると
点Pにおけるそれぞれの y 座標が等しいことから

$x_0{}^2+a=4\sqrt{x_0}$ ……① ←$f(x_0)=g(x_0)$

点Pにおけるそれぞれの微分係数が等しいことから

$2x_0=\dfrac{2}{\sqrt{x_0}}$ ……② ←$f'(x_0)=g'(x_0)$

②より $x_0\sqrt{x_0}=1$
ゆえに $x_0=1$ ……③ ←$x_0>0$
③を①に代入すると
$1+a=4$ より $\boldsymbol{a=3}$

89 底面の円の半径を r，円柱の高さを h とする。
体積が 2π であるから
$\pi r^2h=2\pi$
ゆえに $h=\dfrac{2}{r^2}$ ……①
また，表面積を S とすると
$S=2\pi r^2+2\pi rh$
①を代入して
$S=2\pi r^2+\dfrac{4\pi}{r}$ ……②
②を r で微分すると
$$\frac{dS}{dr}=4\pi r-\frac{4\pi}{r^2}=\frac{4\pi(r^3-1)}{r^2}$$
$r>0$ において，$\dfrac{dS}{dr}=0$ となる r の値は $r=1$
よって，S の増減表は次のようになる。

r	0	…	1	…
S'		$-$	0	$+$
S		↘	極小 6π	↗

したがって，$r=1$ のとき，表面積は最小になる。
また，このとき $h=2$ である。
よって，求める**半径は 1，高さは 2** である。

4章 積分法

1節 不定積分

32 不定積分

p.82

90A $\displaystyle\int\frac{1}{x^3}dx=\int x^{-3}dx=\frac{1}{-3+1}x^{-3+1}+C$
$$=-\frac{1}{2}x^{-2}+C$$
$$=-\boldsymbol{\frac{1}{2x^2}+C}$$

90B $\displaystyle\int\frac{1}{x\sqrt{x}}dx=\int x^{-\frac{3}{2}}dx$
$$=\frac{1}{-\frac{3}{2}+1}x^{-\frac{3}{2}+1}+C$$
$$=-2x^{-\frac{1}{2}}+C$$
$$=-\boldsymbol{\frac{2}{\sqrt{x}}+C}$$

91A (1) $\displaystyle\int2x^5dx=2\int x^5dx$
$$=2\cdot\frac{1}{5+1}x^{5+1}+C$$
$$=\boldsymbol{\frac{1}{3}x^6+C}$$

(2) $\displaystyle\int\frac{3x+1}{x^2}dx=\int\left(\frac{3}{x}+\frac{1}{x^2}\right)dx$
$$=\int\frac{3}{x}dx+\int\frac{1}{x^2}dx$$
$$=3\log|x|+\frac{1}{-2+1}x^{-2+1}+C$$
$$=\boldsymbol{3\log|x|-\frac{1}{x}+C}$$

(3) $\displaystyle\int\frac{2x^2+3x-1}{x}dx$
$$=\int\left(2x+3-\frac{1}{x}\right)dx$$
$$=2\int xdx+3\int dx-\int\frac{1}{x}dx$$
$$=2\cdot\frac{1}{1+1}x^{1+1}+3x-\log|x|+C$$
$$=\boldsymbol{x^2+3x-\log|x|+C}$$

(4) $\displaystyle\int\frac{(\sqrt{x}+3)^2}{x}dx=\int\frac{x+6\sqrt{x}+9}{x}dx$
$$=\int dx+6\int x^{-\frac{1}{2}}dx+\int\frac{9}{x}dx$$
$$=x+6\cdot\frac{1}{-\frac{1}{2}+1}x^{-\frac{1}{2}+1}+9\log|x|+C$$
$$=\boldsymbol{x+12\sqrt{x}+9\log x+C}$$ ←$x>0$

(5) $\displaystyle\int\frac{y+1}{y^2}dy=\int\left(\frac{1}{y}+\frac{1}{y^2}\right)dy$
$$=\int\frac{1}{y}dy+\int y^{-2}dy$$
$$=\log|y|+\frac{1}{-2+1}y^{-2+1}+C$$
$$=\log|y|-y^{-1}+C$$
$$=\boldsymbol{\log|y|-\frac{1}{y}+C}$$

(6) $\displaystyle\int\left(3x-\frac{1}{2x^2}\right)^2dx=\int\left(9x^2-\frac{3}{x}+\frac{1}{4x^4}\right)dx$
$$=9\int x^2dx-\int\frac{3}{x}dx+\frac{1}{4}\int x^{-4}dx$$
$$=9\cdot\frac{1}{2+1}x^{2+1}-3\log|x|+\frac{1}{4}\cdot\frac{1}{-4+1}x^{-4+1}+C$$
$$=3x^3-3\log|x|-\frac{1}{12}x^{-3}+C$$

$$=3x^3-3\log|x|-\frac{1}{12x^3}+C$$

91B (1) $\int\frac{7}{\sqrt[4]{x^3}}dx=7\int x^{-\frac{3}{4}}dx$

$$=7\cdot\frac{1}{-\frac{3}{4}+1}x^{-\frac{3}{4}+1}+C$$

$$=28x^{\frac{1}{4}}+C$$

$$=28\sqrt[4]{x}+C$$

(2) $\int\frac{(x-3)^2}{x^2}dx=\int\frac{x^2-6x+9}{x^2}dx$

$$=\int\left(1-\frac{6}{x}+\frac{9}{x^2}\right)dx$$

$$=\int dx-\int\frac{6}{x}dx+9\int x^{-2}dx$$

$$=x-6\log|x|+9\cdot\frac{1}{-2+1}x^{-2+1}+C$$

$$=x-6\log|x|-9x^{-1}+C$$

$$=x-6\log|x|-\frac{9}{x}+C$$

(3) $\int\frac{2x^3-4x^2+3x-1}{x}dx$

$$=\int\left(2x^2-4x+3-\frac{1}{x}\right)dx$$

$$=2\int x^2dx-4\int x\,dx+3\int dx-\int\frac{1}{x}dx$$

$$=2\cdot\frac{1}{2+1}x^{2+1}-4\cdot\frac{1}{1+1}x^{1+1}+3x-\log|x|+C$$

$$=\frac{2}{3}x^3-2x^2+3x-\log|x|+C$$

(4) $\int\left(x+\frac{1}{x}\right)^2dx=\int\left(x^2+2+\frac{1}{x^2}\right)dx$

$$=\int x^2dx+2\int dx+\int x^{-2}dx$$

$$=\frac{1}{2+1}x^{2+1}+2x+\frac{1}{-2+1}x^{-2+1}+C$$

$$=\frac{1}{3}x^3+2x-x^{-1}+C$$

$$=\frac{1}{3}x^3+2x-\frac{1}{x}+C$$

(5) $\int\frac{u\sqrt{u}-4}{\sqrt{u}}du$

$$=\int\left(u-\frac{4}{\sqrt{u}}\right)du$$

$$=\int u\,du-4\int u^{-\frac{1}{2}}du$$

$$=\frac{1}{1+1}u^{1+1}-4\cdot\frac{1}{-\frac{1}{2}+1}u^{-\frac{1}{2}+1}+C$$

$$=\frac{1}{2}u^2-8u^{\frac{1}{2}}+C$$

$$=\frac{1}{2}u^2-8\sqrt{u}+C$$

(6) $\int\sqrt{x}(2x+1)^2dx=\int\sqrt{x}(4x^2+4x+1)dx$

$$=4\int x^{\frac{5}{2}}dx+4\int x^{\frac{3}{2}}dx+\int x^{\frac{1}{2}}dx$$

$$=\frac{4}{\frac{5}{2}+1}x^{\frac{5}{2}+1}+\frac{4}{\frac{3}{2}+1}x^{\frac{3}{2}+1}+\frac{1}{\frac{1}{2}+1}x^{\frac{1}{2}+1}+C$$

$$=\frac{8}{7}x^{\frac{7}{2}}+\frac{8}{5}x^{\frac{5}{2}}+\frac{2}{3}x^{\frac{3}{2}}+C$$

$$=\frac{8}{7}x^3\sqrt{x}+\frac{8}{5}x^2\sqrt{x}+\frac{2}{3}x\sqrt{x}+C$$

92A (1) $\int(2\cos x+3\sin x)dx$

$$=2\sin x-3\cos x+C$$

(2) $\int\frac{1+2\cos^3x}{\cos^2x}dx$

$$=\int\left(\frac{1}{\cos^2x}+2\cos x\right)dx$$

$$=\tan x+2\sin x+C$$

(3) $\int(1-\tan x)\cos x\,dx$

$$=\int\left(1-\frac{\sin x}{\cos x}\right)\cos x\,dx$$

$$=\int(\cos x-\sin x)dx$$

$$=\sin x+\cos x+C$$

92B (1) $\int(4\sin x-3\cos x)dx$

$$=-4\cos x-3\sin x+C$$

(2) $\int(\tan^2x+\sin x)dx$

$$=\int\left(\frac{1}{\cos^2x}-1+\sin x\right)dx \quad \leftarrow 1+\tan^2x=\frac{1}{\cos^2x}$$

$$=\tan x-x-\cos x+C$$

(3) $\int\frac{1+\cos^2x}{1-\sin^2x}dx$

$$=\int\frac{1+\cos^2x}{\cos^2x}dx \quad \leftarrow \sin^2x+\cos^2x=1$$

$$=\int\left(\frac{1}{\cos^2x}+1\right)dx$$

$$=\tan x+x+C$$

93A (1) $\int(5e^x+4x)dx=5\int e^x+4\int x\,dx$

$$=5e^x+2x^2+C$$

(2) $\int(3e^x-5^x)dx=3\int e^x-\int 5^xdx$

$$=3e^x-\frac{5^x}{\log 5}+C$$

(3) $\int\frac{3^{2x}-1}{3^x+1}dx=\int\frac{(3^x+1)(3^x-1)}{3^x+1}dx$

$$=\int(3^x-1)dx$$

$$=\int 3^xdx-\int dx$$

$$=\frac{3^x}{\log 3}-x+C$$

93B (1) $\int\left(10^x-\frac{3}{x}\right)dx=\int 10^xdx-3\int\frac{1}{x}dx$

$$=\frac{10^x}{\log 10}-3\log|x|+C$$

(2) $\int(2^x+2e^x)dx=\int 2^xdx+2\int e^xdx$

第4章 積分法

$=\dfrac{2^x}{\log 2}+2e^x+C$

(3) $\displaystyle\int\frac{e^{2x}-1}{e^x-1}dx=\int\frac{(e^x+1)(e^x-1)}{e^x-1}dx$

$=\displaystyle\int(e^x+1)\,dx$

$=\displaystyle\int e^x dx+\int dx$

$=e^x+x+C$

33 置換積分法

p.86

94A (1) $2x-5=t$ とおくと，

$x=\dfrac{1}{2}t+\dfrac{5}{2}$ より $\dfrac{dx}{dt}=\dfrac{1}{2}$

よって

$\displaystyle\int(2x-5)^4dx$

$=\displaystyle\int t^4\cdot\frac{1}{2}dt$

$=\dfrac{1}{2}\displaystyle\int t^4dt$

$=\dfrac{1}{2}\cdot\dfrac{1}{4+1}t^{4+1}+C$

$=\dfrac{1}{10}t^5+C$

$=\dfrac{1}{10}(2x-5)^5+C$

(2) $\sqrt{3x-2}=t$ とおくと，

$x=\dfrac{1}{3}t^2+\dfrac{2}{3}$ より $\dfrac{dx}{dt}=\dfrac{2}{3}t$

よって

$\displaystyle\int\sqrt{3x-2}\,dx$

$=\displaystyle\int t\cdot\frac{2}{3}t\,dt$

$=\dfrac{2}{3}\displaystyle\int t^2dt$

$=\dfrac{2}{3}\cdot\dfrac{1}{2+1}t^{2+1}+C$

$=\dfrac{2}{9}t^3+C$

$=\dfrac{2}{9}(3x-2)\sqrt{3x-2}+C$

94B (1) $3x+5=t$ とおくと，

$x=\dfrac{1}{3}t-\dfrac{5}{3}$ より $\dfrac{dx}{dt}=\dfrac{1}{3}$

よって

$\displaystyle\int(3x+5)^5dx$

$=\displaystyle\int t^5\cdot\frac{1}{3}dt$

$=\dfrac{1}{3}\displaystyle\int t^5dt$

$=\dfrac{1}{3}\cdot\dfrac{1}{5+1}t^{5+1}+C$

$=\dfrac{1}{18}t^6+C$

$=\dfrac{1}{18}(3x+5)^6+C$

(2) $\sqrt[3]{2x+5}=t$ とおくと，

$x=\dfrac{1}{2}t^3-\dfrac{5}{2}$ より $\dfrac{dx}{dt}=\dfrac{3}{2}t^2$

よって

$\displaystyle\int\sqrt[3]{2x+5}\,dx$

$=\displaystyle\int t\cdot\frac{3}{2}t^2dt$

$=\dfrac{3}{2}\displaystyle\int t^3dt$

$=\dfrac{3}{2}\cdot\dfrac{1}{3+1}t^{3+1}+C$

$=\dfrac{3}{8}t^4+C$

$=\dfrac{3}{8}(2x+5)\sqrt[3]{2x+5}+C$

95A (1) $x-5=t$ とおくと，

$x=t+5$ より $\dfrac{dx}{dt}=1$

よって

$\displaystyle\int x(x-5)^4dx$

$=\displaystyle\int(t+5)t^4\cdot 1\,dt$

$=\displaystyle\int(t^5+5t^4)\,dt$

$=\dfrac{1}{6}t^6+t^5+C$

$=\dfrac{1}{6}t^5(t+6)+C$

$=\dfrac{1}{6}(x-5)^5\{(x-5)+6\}+C$

$=\dfrac{1}{6}(x-5)^5(x+1)+C$

(2) $\sqrt{2x-1}=t$ とおくと，$2x-1=t^2$

すなわち $x=\dfrac{1}{2}t^2+\dfrac{1}{2}$ より $\dfrac{dx}{dt}=t$

よって

$\displaystyle\int x\sqrt{2x-1}\,dx$

$=\displaystyle\int\left(\frac{1}{2}t^2+\frac{1}{2}\right)t\cdot t\,dt$

$=\displaystyle\int\left(\frac{1}{2}t^4+\frac{1}{2}t^2\right)dt$

$=\dfrac{1}{10}t^5+\dfrac{1}{6}t^3+C$

$=\dfrac{1}{30}t^3(3t^2+5)+C$

$=\dfrac{1}{30}(\sqrt{2x-1})^3\{3(\sqrt{2x-1})^2+5\}+C$

$=\dfrac{1}{15}(2x-1)(3x+1)\sqrt{2x-1}+C$

95B (1) $2x-3=t$ とおくと，

$x=\dfrac{1}{2}t+\dfrac{3}{2}$ より $\dfrac{dx}{dt}=\dfrac{1}{2}$

よって

$\int 4x(2x-3)^5 dx$

$=\int 4\left(\frac{1}{2}t+\frac{3}{2}\right)t^5\cdot\frac{1}{2}dt$

$=\int(t^6+3t^5)dt$

$=\frac{1}{7}t^7+\frac{1}{2}t^6+C$

$=\frac{1}{14}t^6(2t+7)+C$

$=\frac{1}{14}(2x-3)^6\{2(2x-3)+7\}+C$

$=\boldsymbol{\frac{1}{14}(2x-3)^6(4x+1)+C}$

(2) $\sqrt[3]{x+2}=t$ とおくと，$x+2=t^3$

すなわち　$x=t^3-2$ より　$\frac{dx}{dt}=3t^2$

よって

$\int(x-2)\sqrt[3]{x+2}\,dx$

$=\int\{(t^3-2)-2\}t\cdot 3t^2dt$

$=\int(3t^6-12t^3)dt$

$=\frac{3}{7}t^7-3t^4+C$

$=\frac{3}{7}t^4(t^3-7)+C$

$=\frac{3}{7}(\sqrt[3]{x+2})^4\{(\sqrt[3]{x+2})^3-7\}+C$

$=\boldsymbol{\frac{3}{7}(x+2)(x-5)\sqrt[3]{x+2}+C}$

96A (1) $\int(3x-2)^5dx=\frac{1}{3}\cdot\frac{1}{6}(3x-2)^6+C$

$=\boldsymbol{\frac{1}{18}(3x-2)^6+C}$

(2) $\int\frac{1}{4x+1}dx=\boldsymbol{\frac{1}{4}\log|4x+1|+C}$

(3) $\int\sin(2x+5)dx=\boldsymbol{-\frac{1}{2}\cos(2x+5)+C}$

(4) $\int e^{4x+5}dx=\boldsymbol{\frac{1}{4}e^{4x+5}+C}$

96B (1) $\int\frac{1}{(2x+3)^6}dx=\int(2x+3)^{-6}dx$

$=\frac{1}{2}\cdot\left(-\frac{1}{5}\right)(2x+3)^{-5}+C$

$=\boldsymbol{-\frac{1}{10(2x+3)^5}+C}$

(2) $\int\frac{1}{-2x+1}dx=\boldsymbol{-\frac{1}{2}\log|-2x+1|+C}$

(3) $\int\frac{1}{\cos^2(3x+4)}dx=\boldsymbol{\frac{1}{3}\tan(3x+4)+C}$

(4) $\int 5^{4x+3}dx=\frac{1}{4}\cdot\frac{5^{4x+3}}{\log 5}+C$

$=\boldsymbol{\frac{5^{4x+3}}{4\log 5}+C}$

97A (1) $3x^2+x-2=t$ とおくと　$\frac{dt}{dx}=6x+1$

よって

$\int(3x^2+x-2)^4(6x+1)dx$　← $(3x^2+x-2)'$

$=\int t^4dt$

$=\frac{1}{5}t^5+C$

$=\boldsymbol{\frac{1}{5}(3x^2+x-2)^5+C}$

(2) $\sin x=t$ とおくと　$\frac{dt}{dx}=\cos x$

よって

$\int\sin^3x\cos x\,dx$　← $\cos x\,dx=dt$

$=\int t^3dt$

$=\frac{1}{4}t^4+C$

$=\boldsymbol{\frac{1}{4}\sin^4x+C}$

(3) $\log(x+1)=t$ とおくと　$\frac{dt}{dx}=\frac{1}{x+1}$

よって

$\int\frac{\log(x+1)}{x+1}dx$　← $\frac{1}{x+1}dx=dt$

$=\int t\,dt$

$=\frac{1}{2}t^2+C$

$=\boldsymbol{\frac{1}{2}\{\log(x+1)\}^2+C}$

97B (1) $2x^2-3x+1=t$ とおくと　$\frac{dt}{dx}=4x-3$

よって

$\int(2x^2-3x+1)^5(4x-3)dx$　← $(2x^2-3x+1)'$

$=\int t^5dt$

$=\frac{1}{6}t^6+C$

$=\boldsymbol{\frac{1}{6}(2x^2-3x+1)^6+C}$

(2) $\cos x=t$ とおくと　$\frac{dt}{dx}=-\sin x$

よって

$\int\cos^3x\sin x\,dx=-\int t^3dt$　← $-\sin x\,dx=dt$

$=-\frac{1}{4}t^4+C$

$=\boldsymbol{-\frac{1}{4}\cos^4x+C}$

(3) $\log(x-2)=t$ とおくと　$\frac{dt}{dx}=\frac{1}{x-2}$

よって

$\int\frac{\log(x-2)}{x-2}dx$　← $\frac{1}{x-2}dx=dt$

$=\int t\,dt$

第4章　積分法

$=\frac{1}{2}t^2+C$

$=\boldsymbol{\frac{1}{2}\{\log(x-2)\}^2+C}$

98A (1) $\int\frac{2x}{x^2-3}dx=\int\frac{(x^2-3)'}{x^2-3}dx$

$=\boldsymbol{\log|x^2-3|+C}$

(2) $\int\frac{\sin x+\cos x}{\sin x-\cos x}dx=\int\frac{(\sin x-\cos x)'}{\sin x-\cos x}dx$

$=\boldsymbol{\log|\sin x-\cos x|+C}$

98B (1) $\int\frac{6x+9}{x^2+3x+1}dx=3\int\frac{(x^2+3x+1)'}{x^2+3x+1}dx$

$=\boldsymbol{3\log|x^2+3x+1|+C}$

(2) $\int\frac{e^x-e^{-x}}{e^x+e^{-x}}dx=\int\frac{(e^x+e^{-x})'}{e^x+e^{-x}}dx$

$=\boldsymbol{\log(e^x+e^{-x})+C}$

34 部分積分法

p.91

99A (1) $\int(3x+2)e^x dx$

$=\int(3x+2)(e^x)'dx$

$=(3x+2)e^x-\int(3x+2)'e^x dx$

$=(3x+2)e^x-3\int e^x dx$

$=(3x+2)e^x-3e^x+C$

$=\boldsymbol{(3x-1)e^x+C}$

(2) $\int(x+1)\sin x\,dx=\int(x+1)(-\cos x)'dx$

$=-(x+1)\cos x-\int(x+1)'(-\cos x)dx$

$=-(x+1)\cos x+\int\cos x\,dx$

$=\boldsymbol{-(x+1)\cos x+\sin x+C}$

(3) $\int(2-x)e^{3x}dx$

$=\int(2-x)\left(\frac{1}{3}e^{3x}\right)'dx$

$=(2-x)\cdot\frac{1}{3}e^{3x}-\int(2-x)'\left(\frac{1}{3}e^{3x}\right)dx$

$=\frac{1}{3}(2-x)e^{3x}+\frac{1}{3}\int e^{3x}dx$

$=\frac{1}{3}(2-x)e^{3x}+\frac{1}{9}e^{3x}+C$

$=\frac{1}{9}\{3(2-x)+1\}e^{3x}+C$

$=\boldsymbol{\frac{1}{9}(7-3x)e^{3x}+C}$

99B (1) $\int xe^{-x}dx$

$=\int x(-e^{-x})'dx$

$=-xe^{-x}-\int(x)'(-e^{-x})dx$

$=-xe^{-x}+\int e^{-x}dx$

$=-xe^{-x}-e^{-x}+C$

$=\boldsymbol{-(x+1)e^{-x}+C}$

(2) $\int(2x+1)\cos x\,dx$

$=\int(2x+1)(\sin x)'dx$

$=(2x+1)\sin x-\int(2x+1)'\sin x\,dx$

$=(2x+1)\sin x-2\int\sin x\,dx$

$=\boldsymbol{(2x+1)\sin x+2\cos x+C}$

(3) $\int 4xe^{-2x}dx$

$=\int 4x\left(-\frac{1}{2}e^{-2x}\right)'dx$

$=4x\left(-\frac{1}{2}e^{-2x}\right)-\int(4x)'\left(-\frac{1}{2}e^{-2x}\right)dx$

$=-2xe^{-2x}+2\int e^{-2x}dx$

$=-2xe^{-2x}-e^{-2x}+C$

$=\boldsymbol{-(2x+1)e^{-2x}+C}$

100A (1) $\int\log(x+3)dx$

$=\int\{\log(x+3)\}\cdot(x+3)'dx$

$=(x+3)\log(x+3)-\int\{\log(x+3)\}'\cdot(x+3)dx$

$=(x+3)\log(x+3)-\int\frac{1}{x+3}\cdot(x+3)dx$

$=(x+3)\log(x+3)-\int dx$

$=\boldsymbol{(x+3)\log(x+3)-x+C}$

(2) $\int(2x-1)\log x\,dx$

$=\int(\log x)\cdot(x^2-x)'dx$

$=(x^2-x)\log x-\int(\log x)'\cdot(x^2-x)dx$

$=(x^2-x)\log x-\int\frac{1}{x}\cdot(x^2-x)dx$

$=(x^2-x)\log x-\int(x-1)dx$

$=\boldsymbol{(x^2-x)\log x-\frac{1}{2}x^2+x+C}$

100B (1) $\int\log(1-x)dx$

$=\int\{\log(1-x)\}\cdot(x-1)'dx$

$=(x-1)\log(1-x)-\int\{\log(1-x)\}'\cdot(x-1)dx$

$=(x-1)\log(1-x)-\int\frac{-1}{1-x}\cdot(x-1)dx$

$=(x-1)\log(1-x)-\int dx$

$=\boldsymbol{(x-1)\log(1-x)-x+C}$

(2) $\int(4x+3)\log x\,dx$

$=\int(\log x)\cdot(2x^2+3x)'dx$

$=(2x^2+3x)\log x-\int(\log x)'\cdot(2x^2+3x)dx$

$=(2x^2+3x)\log x-\int\frac{1}{x}\cdot(2x^2+3x)\,dx$

$=(2x^2+3x)\log x-\int(2x+3)\,dx$

$=\boldsymbol{(2x^2+3x)\log x-x^2-3x+C}$

35 いろいろな関数の不定積分

p.93

101A (1) $\int\frac{2x+7}{x+3}\,dx$

（$2x+7$ を $x+3$ で割ると 商 2，余り 1）

$=\int\left(2+\frac{1}{x+3}\right)dx$

$=\boldsymbol{2x+\log|x+3|+C}$

(2) $\int\frac{4x^2-5x-3}{x-2}\,dx$

（$4x^2-5x-3$ を $x-2$ で割ると 商 $4x+3$，余り 3）

$=\int\left(4x+3+\frac{3}{x-2}\right)dx$

$=\boldsymbol{2x^2+3x+3\log|x-2|+C}$

101B (1) $\int\frac{6x-5}{2x-1}\,dx$

（$6x-5$ を $2x-1$ で割ると 商 3，余り -2）

$=\int\left(3-\frac{2}{2x-1}\right)dx$

$=\boldsymbol{3x-\log|2x-1|+C}$

(2) $\int\frac{6x^2-2x+1}{3x+2}\,dx$

（$6x^2-2x+1$ を $3x+2$ で割ると 商 $2x-2$，余り 5）

$=\int\left(2x-2+\frac{5}{3x+2}\right)dx$

$=\boldsymbol{x^2-2x+\frac{5}{3}\log|3x+2|+C}$

102 $\frac{a}{x-3}+\frac{b}{x-1}=\frac{a(x-1)+b(x-3)}{(x-3)(x-1)}$

$=\frac{(a+b)x-a-3b}{(x-3)(x-1)}$

よって　$\frac{1}{(x-3)(x-1)}=\frac{(a+b)x-a-3b}{(x-3)(x-1)}$

両辺の分子を比べて　$a+b=0$，$-a-3b=1$

これを解いて　$\boldsymbol{a=\frac{1}{2}}$，$\boldsymbol{b=-\frac{1}{2}}$

この結果を利用すると

$\frac{1}{(x-3)(x-1)}=\frac{1}{2}\left(\frac{1}{x-3}-\frac{1}{x-1}\right)$ であるから

$\int\frac{1}{(x-3)(x-1)}\,dx$

$=\frac{1}{2}\int\left(\frac{1}{x-3}-\frac{1}{x-1}\right)dx$

$=\frac{1}{2}(\log|x-3|-\log|x-1|)+C$

$=\boldsymbol{\frac{1}{2}\log\left|\frac{x-3}{x-1}\right|+C}$

103A (1) $\int\cos^2\frac{x}{2}\,dx$

（$\cos^2\frac{x}{2}=\frac{1+\cos x}{2}$）

$=\frac{1}{2}\int(1+\cos x)\,dx$

$=\boldsymbol{\frac{1}{2}x+\frac{1}{2}\sin x+C}$

(2) $\int\cos 5x\cos 2x\,dx$

（$\cos 5x\cos 2x=\frac{1}{2}\{\cos(5x+2x)+\cos(5x-2x)\}$）

$=\frac{1}{2}\int(\cos 7x+\cos 3x)\,dx$

$=\frac{1}{2}\left(\frac{1}{7}\sin 7x+\frac{1}{3}\sin 3x\right)+C$

$=\boldsymbol{\frac{1}{14}\sin 7x+\frac{1}{6}\sin 3x+C}$

103B (1) $\int\sin^2 3x\,dx$

（$\sin^2 3x=\frac{1-\cos 6x}{2}$）

$=\frac{1}{2}\int(1-\cos 6x)\,dx$

$=\frac{1}{2}\left(x-\frac{1}{6}\sin 6x\right)+C$

$=\boldsymbol{\frac{1}{2}x-\frac{1}{12}\sin 6x+C}$

(2) $\int\sin 3x\cos 2x\,dx$

（$\sin 3x\cos 2x=\frac{1}{2}\{\sin(3x+2x)+\sin(3x-2x)\}$）

$=\frac{1}{2}\int(\sin 5x+\sin x)\,dx$

$=\frac{1}{2}\left(-\frac{1}{5}\cos 5x-\cos x\right)+C$

$=\boldsymbol{-\frac{1}{10}\cos 5x-\frac{1}{2}\cos x+C}$

2節　定積分

36 定積分とその性質

p.96

104A (1) $\int_{-2}^{1}x^4dx=\left[\frac{1}{5}x^5\right]_{-2}^{1}$

$=\frac{1}{5}\left[x^5\right]_{-2}^{1}$

$=\frac{1}{5}\{1^5-(-2)^5\}$

$=\frac{1}{5}(1+32)$

$=\boldsymbol{\frac{33}{5}}$

(2) $\int_4^9\frac{1}{x\sqrt{x}}\,dx=\int_4^9 x^{-\frac{3}{2}}dx$

$=\left[-2x^{-\frac{1}{2}}\right]_4^9$

$=-2\left[x^{-\frac{1}{2}}\right]_4^9$

$=-2(9^{-\frac{1}{2}}-4^{-\frac{1}{2}})$

$=-2\left(\frac{1}{3}-\frac{1}{2}\right)$

$=\boldsymbol{\frac{1}{3}}$

(3) $\int_{\frac{\pi}{6}}^{\frac{\pi}{3}}\frac{1}{\cos^2 x}\,dx=\left[\tan x\right]_{\frac{\pi}{6}}^{\frac{\pi}{3}}$

$=\sqrt{3}-\frac{\sqrt{3}}{3}$

$=\boldsymbol{\frac{2\sqrt{3}}{3}}$

104B (1) $\int_1^8\sqrt[3]{x^2}\,dx=\int_1^8 x^{\frac{2}{3}}dx$

$=\left[\frac{3}{5}x^{\frac{5}{3}}\right]_1^8$

$=\frac{3}{5}\left[x^{\frac{5}{3}}\right]_1^8$

$=\dfrac{3}{5}(8^{\frac{5}{3}}-1^{\frac{5}{3}})$

$=\dfrac{3}{5}(2^5-1)$ $\leftarrow 8^{\frac{5}{3}}=(2^3)^{\frac{5}{3}}$

$=\dfrac{3}{5}(32-1)$

$=\dfrac{\mathbf{93}}{\mathbf{5}}$

(2) $\displaystyle\int_1^e \frac{1}{x}dx=\Big[\log x\Big]_1^e$

$=\log e-\log 1$

$=\mathbf{1}$

(3) $\displaystyle\int_{-1}^2 3^x dx=\left[\frac{3^x}{\log 3}\right]_{-1}^2$

$=\dfrac{1}{\log 3}\Big[3^x\Big]_{-1}^2$

$=\dfrac{1}{\log 3}\left(9-\dfrac{1}{3}\right)$

$=\dfrac{\mathbf{26}}{\mathbf{3\log 3}}$

105A (1) $\displaystyle\int_{-1}^{\sqrt{2}}(4x^3-6x^2+2x+3)\,dx$

$\displaystyle=4\int_{-1}^{\sqrt{2}}x^3dx-6\int_{-1}^{\sqrt{2}}x^2dx+2\int_{-1}^{\sqrt{2}}x\,dx+3\int_{-1}^{\sqrt{2}}dx$

$=4\left[\dfrac{1}{4}x^4\right]_{-1}^{\sqrt{2}}-6\left[\dfrac{1}{3}x^3\right]_{-1}^{\sqrt{2}}+2\left[\dfrac{1}{2}x^2\right]_{-1}^{\sqrt{2}}+3\Big[x\Big]_{-1}^{\sqrt{2}}$

$=4\cdot\dfrac{1}{4}(4-1)-6\cdot\dfrac{1}{3}(2\sqrt{2}+1)+2\cdot\dfrac{1}{2}(2-1)+3(\sqrt{2}+1)$

$=\mathbf{5-\sqrt{2}}$

(2) $\displaystyle\int_{-1}^2(2x^3+3x^2-x)\,dx+\int_{-1}^2(x-3x^2-x^3)\,dx$

$\displaystyle=\int_{-1}^2 x^3dx$

$=\left[\dfrac{1}{4}x^4\right]_{-1}^2$

$=\dfrac{1}{4}(16-1)=\dfrac{\mathbf{15}}{\mathbf{4}}$

(3) $\displaystyle\int_1^2\sqrt[3]{1-x^2}\,dx+\int_2^1\sqrt[3]{1-x^2}\,dx$

$\displaystyle=\int_1^1\sqrt[3]{1-x^2}\,dx=\mathbf{0}$

105B (1) $\displaystyle\int_1^e\left(\frac{x-1}{x}\right)^2dx$

$\displaystyle=\int_1^e\left(1-\frac{1}{x}\right)^2dx$

$\displaystyle=\int_1^e\left(1-\frac{2}{x}+x^{-2}\right)dx$

$\displaystyle=\int_1^e dx-\int_1^e\frac{2}{x}dx+\int_1^e x^{-2}dx$

$=\Big[x\Big]_1^e-\Big[2\log x\Big]_1^e-\left[\dfrac{1}{x}\right]_1^e$

$=(e-1)-(2-0)-\left(\dfrac{1}{e}-1\right)$

$=\boldsymbol{e-\dfrac{1}{e}-2}$

(2) $\displaystyle\int_{-2}^0(x+\sin x-2^x)\,dx-\int_{-2}^0(\sin x-2^x-3x)\,dx$

$\displaystyle=\int_{-2}^0 4x\,dx=\Big[2x^2\Big]_{-2}^0$

$=0-8=\mathbf{-8}$

(3) $\displaystyle\int_{-\frac{\pi}{6}}^0\tan^2x\,dx-\int_{\frac{\pi}{3}}^0\tan^2x\,dx$

$\displaystyle=\int_{-\frac{\pi}{6}}^0\tan^2x\,dx+\int_0^{\frac{\pi}{3}}\tan^2x\,dx$

$\displaystyle=\int_{-\frac{\pi}{6}}^{\frac{\pi}{3}}\tan^2x\,dx$) $1+\tan^2x=\dfrac{1}{\cos^2x}$

$\displaystyle=\int_{-\frac{\pi}{6}}^{\frac{\pi}{3}}\left(\frac{1}{\cos^2x}-1\right)dx$

$\displaystyle=\int_{-\frac{\pi}{6}}^{\frac{\pi}{3}}\frac{1}{\cos^2x}\,dx-\int_{-\frac{\pi}{6}}^{\frac{\pi}{3}}dx$

$=\Big[\tan x\Big]_{-\frac{\pi}{6}}^{\frac{\pi}{3}}-\Big[x\Big]_{-\frac{\pi}{6}}^{\frac{\pi}{3}}$

$=\left(\sqrt{3}+\dfrac{\sqrt{3}}{3}\right)-\left(\dfrac{\pi}{3}+\dfrac{\pi}{6}\right)$

$=\boldsymbol{\dfrac{4\sqrt{3}}{3}-\dfrac{\pi}{2}}$

106A $\dfrac{\pi}{6}\leqq x\leqq\dfrac{\pi}{2}$ のとき，

$\cos x\geqq 0$ より

$|\cos x|=\cos x$

$\dfrac{\pi}{2}\leqq x\leqq\dfrac{2}{3}\pi$ のとき，

$\cos x\leqq 0$ より

$|\cos x|=-\cos x$

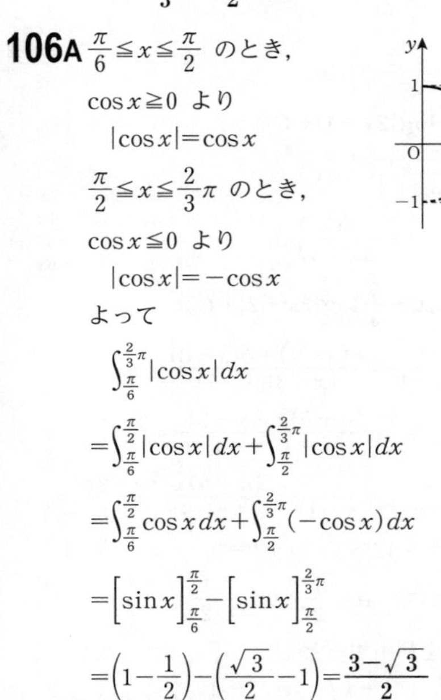

よって

$\displaystyle\int_{\frac{\pi}{6}}^{\frac{2}{3}\pi}|\cos x|dx$

$\displaystyle=\int_{\frac{\pi}{6}}^{\frac{\pi}{2}}|\cos x|dx+\int_{\frac{\pi}{2}}^{\frac{2}{3}\pi}|\cos x|dx$

$\displaystyle=\int_{\frac{\pi}{6}}^{\frac{\pi}{2}}\cos x\,dx+\int_{\frac{\pi}{2}}^{\frac{2}{3}\pi}(-\cos x)\,dx$

$=\Big[\sin x\Big]_{\frac{\pi}{6}}^{\frac{\pi}{2}}-\Big[\sin x\Big]_{\frac{\pi}{2}}^{\frac{2}{3}\pi}$

$=\left(1-\dfrac{1}{2}\right)-\left(\dfrac{\sqrt{3}}{2}-1\right)=\boldsymbol{\dfrac{3-\sqrt{3}}{2}}$

106B $-1\leqq x\leqq 1$ のとき，

$e^x-e\leqq 0$ より

$|e^x-e|=-(e^x-e)$

$=-e^x+e$

$1\leqq x\leqq 2$ のとき，

$e^x-e\geqq 0$ より

$|e^x-e|=e^x-e$

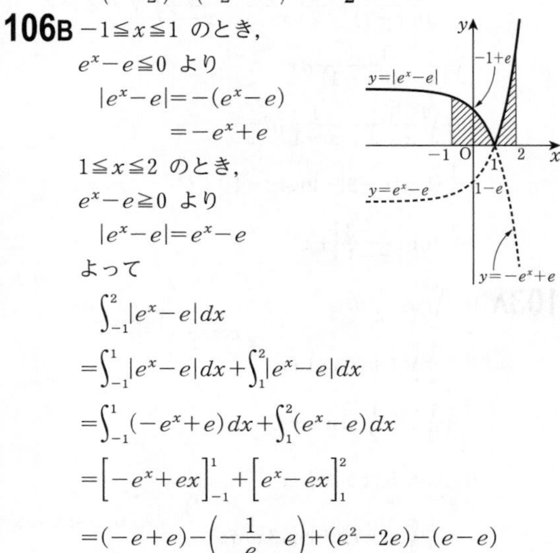

よって

$\displaystyle\int_{-1}^2|e^x-e|dx$

$\displaystyle=\int_{-1}^1|e^x-e|dx+\int_1^2|e^x-e|dx$

$\displaystyle=\int_{-1}^1(-e^x+e)\,dx+\int_1^2(e^x-e)\,dx$

$=\Big[-e^x+ex\Big]_{-1}^1+\Big[e^x-ex\Big]_1^2$

$=(-e+e)-\left(-\dfrac{1}{e}-e\right)+(e^2-2e)-(e-e)$

$=e^2-e+\dfrac{1}{e}$

107A (1) $F'(x)=\dfrac{d}{dx}\displaystyle\int_0^x(4\cos t-3\sin t)\,dt$

$=\mathbf{4\cos x-3\sin x}$

(2) $F(x)=\displaystyle\int_0^x(x-t)\sin 2t\,dt$

$=x\displaystyle\int_0^x\sin 2t\,dt-\int_0^x t\sin 2t\,dt$

であるから

$$F'(x)=(x)'\int_0^x\sin 2t\,dt+x\left(\frac{d}{dx}\int_0^x\sin 2t\,dt\right)-\frac{d}{dx}\int_0^x t\sin 2t\,dt$$

$$=\int_0^x\sin 2t\,dt+x\sin 2x-x\sin 2x$$

$$=\left[-\frac{1}{2}\cos 2t\right]_0^x$$

$$=-\frac{1}{2}\cos 2x+\frac{1}{2}$$

107B (1) $F'(x)=\dfrac{d}{dx}\displaystyle\int_2^x t(\log t)^2\,dt=\mathbf{x(\log x)^2}$

(2) $F(x)=\displaystyle\int_{-3}^x e^{t+x}\,dt=e^x\int_{-3}^x e^t\,dt$

であるから

$$F'(x)=(e^x)'\int_{-3}^x e^t\,dt+e^x\left(\frac{d}{dx}\int_{-3}^x e^t\,dt\right)$$

$$=e^x\int_{-3}^x e^t\,dt+e^x\cdot e^x$$

$$=e^x\Big[e^t\Big]_{-3}^x+e^{2x}$$

$$=e^x(e^x-e^{-3})+e^{2x}$$

$$=2e^{2x}-e^{x-3}$$

37 定積分の置換積分法と部分積分法

p.100

108A (1) $2x-3=t$ とおくと，$x=\dfrac{1}{2}t+\dfrac{3}{2}$ より

$\dfrac{dx}{dt}=\dfrac{1}{2}$

であり，x と t の対応は右の表のようになる。

x	$1\to 2$
t	$-1\to 1$

よって

$$\int_1^2 4x(2x-3)^3dx=\int_{-1}^1 4\left(\frac{1}{2}t+\frac{3}{2}\right)t^3\cdot\frac{1}{2}\,dt$$

$$=\int_{-1}^1(t^4+3t^3)\,dt$$

$$=\left[\frac{1}{5}t^5+\frac{3}{4}t^4\right]_{-1}^1$$

$$=\left(\frac{1}{5}+\frac{3}{4}\right)-\left(-\frac{1}{5}+\frac{3}{4}\right)$$

$$=\frac{2}{5}$$

(2) $\sqrt{x-2}=t$ とおくと，$x=t^2+2$ より

$\dfrac{dx}{dt}=2t$

であり，x と t の対応は右の表のようになる。

x	$2\to 3$
t	$0\to 1$

よって

$$\int_2^3 x\sqrt{x-2}\,dx=\int_0^1(t^2+2)t\cdot 2t\,dt$$

$$=2\int_0^1(t^4+2t^2)\,dt$$

$$=2\left[\frac{1}{5}t^5+\frac{2}{3}t^3\right]_0^1$$

$$=2\left\{\left(\frac{1}{5}+\frac{2}{3}\right)-0\right\}$$

$$=\frac{26}{15}$$

108B (1) $x+2=t$ とおくと，$x=t-2$ より

$\dfrac{dx}{dt}=1$

であり，x と t の対応は右の表のようになる。

x	$-1\to 1$
t	$1\to 3$

よって

$$\int_{-1}^1\frac{x}{(x+2)^2}\,dx=\int_1^3\frac{t-2}{t^2}\,dt$$

$$=\int_1^3\left(\frac{1}{t}-2t^{-2}\right)dt$$

$$=\Big[\log t+2t^{-1}\Big]_1^3$$

$$=\log 3+\frac{2}{3}-(\log 1+2)$$

$$=\log 3-\frac{4}{3}$$

(2) $\sqrt{3-x}=t$ とおくと，$x=3-t^2$ より

$\dfrac{dx}{dt}=-2t$

であり，x と t の対応は右の表のようになる。

x	$2\to 3$
t	$1\to 0$

よって

$$\int_2^3 x\sqrt{3-x}\,dx=\int_1^0(3-t^2)t\cdot(-2t)\,dt$$

$$=2\int_0^1(3t^2-t^4)\,dt$$

$$=2\left[t^3-\frac{1}{5}t^5\right]_0^1$$

$$=2\left\{\left(1-\frac{1}{5}\right)-0\right\}$$

$$=\frac{8}{5}$$

109A $x=\sin\theta$ とおくと　$\dfrac{dx}{d\theta}=\cos\theta$

であり，x と θ の対応は右の表のようになる。

x	$0\to\dfrac{1}{2}$
θ	$0\to\dfrac{\pi}{6}$

また，$0\leqq\theta\leqq\dfrac{\pi}{6}$ のとき，

$\cos\theta>0$ であるから

$$\sqrt{1-x^2}=\sqrt{1-\sin^2\theta}$$

$$=\sqrt{\cos^2\theta}$$

$$=\cos\theta$$

よって

$$\int_0^{\frac{1}{2}}\sqrt{1-x^2}\,dx$$

$=\int_0^{\frac{\pi}{6}}\cos\theta\cdot\cos\theta\,d\theta$　$\leftarrow dx=\cos\theta\,d\theta$

$=\int_0^{\frac{\pi}{6}}\cos^2\theta\,d\theta$

$=\dfrac{1}{2}\int_0^{\frac{\pi}{6}}(1+\cos 2\theta)\,d\theta$

$=\dfrac{1}{2}\left[\theta+\dfrac{\sin 2\theta}{2}\right]_0^{\frac{\pi}{6}}$

$=\dfrac{1}{2}\left(\dfrac{\pi}{6}+\dfrac{\sqrt{3}}{4}\right)$

$=\boldsymbol{\dfrac{2\pi+3\sqrt{3}}{24}}$

109B $x=4\sin\theta$ とおくと　$\dfrac{dx}{d\theta}=4\cos\theta$

であり，x と θ の対応は右の表のようになる。

x	$2\to 2\sqrt{3}$
θ	$\dfrac{\pi}{6}\to\dfrac{\pi}{3}$

また，$\dfrac{\pi}{6}\leqq\theta\leqq\dfrac{\pi}{3}$ のとき，

$\cos\theta>0$ であるから

$\sqrt{16-x^2}=\sqrt{16(1-\sin^2\theta)}$

$=\sqrt{16\cos^2\theta}$

$=4\cos\theta$

よって

$\int_2^{2\sqrt{3}}\dfrac{1}{\sqrt{16-x^2}}\,dx$

$=\int_{\frac{\pi}{6}}^{\frac{\pi}{3}}\dfrac{1}{4\cos\theta}\cdot 4\cos\theta\,d\theta$　$\leftarrow dx=4\cos\theta\,d\theta$

$=\int_{\frac{\pi}{6}}^{\frac{\pi}{3}}d\theta$

$=\Big[\theta\Big]_{\frac{\pi}{6}}^{\frac{\pi}{3}}$

$=\dfrac{\pi}{3}-\dfrac{\pi}{6}$

$=\boldsymbol{\dfrac{\pi}{6}}$

110A $x=\tan\theta$ とおくと　$\dfrac{dx}{d\theta}=\dfrac{1}{\cos^2\theta}$

であり，x と θ の対応は右の表のようになる。

x	$-1\to 1$
θ	$-\dfrac{\pi}{4}\to\dfrac{\pi}{4}$

よって

$\int_{-1}^{1}\dfrac{1}{x^2+1}\,dx$

$=\int_{-\frac{\pi}{4}}^{\frac{\pi}{4}}\dfrac{1}{\tan^2\theta+1}\cdot\dfrac{1}{\cos^2\theta}\,d\theta$

$=\int_{-\frac{\pi}{4}}^{\frac{\pi}{4}}\cos^2\theta\cdot\dfrac{1}{\cos^2\theta}\,d\theta$

$=\int_{-\frac{\pi}{4}}^{\frac{\pi}{4}}d\theta$

$=\Big[\theta\Big]_{-\frac{\pi}{4}}^{\frac{\pi}{4}}$

$=\boldsymbol{\dfrac{\pi}{2}}$

110B $x=2\tan\theta$ とおくと　$\dfrac{dx}{d\theta}=\dfrac{2}{\cos^2\theta}$

であり，x と θ の対応は右の表のようになる。

x	$-2\to 2\sqrt{3}$
θ	$-\dfrac{\pi}{4}\to\dfrac{\pi}{3}$

よって

$\int_{-2}^{2\sqrt{3}}\dfrac{2}{x^2+4}\,dx$

$=\int_{-\frac{\pi}{4}}^{\frac{\pi}{3}}\dfrac{2}{4(\tan^2\theta+1)}\cdot\dfrac{2}{\cos^2\theta}\,d\theta$

$=\int_{-\frac{\pi}{4}}^{\frac{\pi}{3}}\cos^2\theta\cdot\dfrac{1}{\cos^2\theta}\,d\theta$

$=\int_{-\frac{\pi}{4}}^{\frac{\pi}{3}}d\theta$

$=\Big[\theta\Big]_{-\frac{\pi}{4}}^{\frac{\pi}{3}}$

$=\dfrac{\pi}{3}-\left(-\dfrac{\pi}{4}\right)$

$=\boldsymbol{\dfrac{7}{12}\pi}$

111A (1) $\int_{-3}^{3}(5x^3-2x^2+3x+4)\,dx$

$=\int_{-3}^{3}(-2x^2+4)\,dx+\int_{-3}^{3}(5x^3+3x)\,dx$

$=2\int_0^3(-2x^2+4)\,dx$

$=2\left[-\dfrac{2}{3}x^3+4x\right]_0^3$

$=2(-18+12)$

$=\boldsymbol{-12}$

(2) $\int_{-\frac{\pi}{6}}^{\frac{\pi}{6}}(\sin x+2\cos x+3\tan x)\,dx$

$=\int_{-\frac{\pi}{6}}^{\frac{\pi}{6}}2\cos x\,dx+\int_{-\frac{\pi}{6}}^{\frac{\pi}{6}}(\sin x+3\tan x)\,dx$

$=2\int_0^{\frac{\pi}{6}}2\cos x\,dx$

$=4\Big[\sin x\Big]_0^{\frac{\pi}{6}}$

$=4\cdot\dfrac{1}{2}$

$=\boldsymbol{2}$

(3) $f(x)=x^2\tan x$ とおくと

$f(-x)=(-x)^2\tan(-x)=-x^2\tan x=-f(x)$

よって，$f(x)=x^2\tan x$ は奇関数

したがって

$\int_{-\frac{\pi}{4}}^{\frac{\pi}{4}}x^2\tan x\,dx=\boldsymbol{0}$

111B (1) $\int_{-2}^{2}(x^4-x^3+x^2-x+1)\,dx$

$=\int_{-2}^{2}(x^4+x^2+1)\,dx+\int_{-2}^{2}(-x^3-x)\,dx$

$=2\int_0^2(x^4+x^2+1)\,dx$

$=2\left[\dfrac{1}{5}x^5+\dfrac{1}{3}x^3+x\right]_0^2$

$=2\left(\frac{32}{5}+\frac{8}{3}+2\right)=\mathbf{\frac{332}{15}}$

(2) $\int_{-\frac{\pi}{2}}^{\frac{\pi}{2}}(3\sin 2x+2\cos x)\,dx$

$=\int_{-\frac{\pi}{2}}^{\frac{\pi}{2}}2\cos x\,dx+\int_{-\frac{\pi}{2}}^{\frac{\pi}{2}}3\sin 2x\,dx$

$=2\int_{0}^{\frac{\pi}{2}}2\cos x\,dx$

$=4\Big[\sin x\Big]_0^{\frac{\pi}{2}}$

$=4\cdot1=\mathbf{4}$

(3) $f(x)=\frac{\sin x}{x^2+3}$ とおくと

$f(-x)=\frac{\sin(-x)}{(-x)^2+3}=-\frac{\sin x}{x^2+3}=-f(x)$

よって，$f(x)=\frac{\sin x}{x^2+3}$ は奇関数である。

したがって

$\int_{-\pi}^{\pi}\frac{\sin x}{x^2+3}\,dx=\mathbf{0}$

112A (1) $\int_0^{\frac{1}{3}}xe^{3x}dx$

$=\int_0^{\frac{1}{3}}x\left(\frac{1}{3}e^{3x}\right)'dx$

$=\left[\frac{1}{3}xe^{3x}\right]_0^{\frac{1}{3}}-\int_0^{\frac{1}{3}}(x)'\left(\frac{1}{3}e^{3x}\right)dx$

$=\frac{e}{9}-\frac{1}{3}\int_0^{\frac{1}{3}}e^{3x}dx$

$=\frac{e}{9}-\frac{1}{3}\left[\frac{1}{3}e^{3x}\right]_0^{\frac{1}{3}}$

$=\frac{e}{9}-\frac{1}{9}(e-1)$

$=\mathbf{\frac{1}{9}}$

(2) $\int_0^{\pi}x\sin 2x\,dx$

$=\int_0^{\pi}x\left(-\frac{1}{2}\cos 2x\right)'dx$

$=\left[-\frac{1}{2}x\cos 2x\right]_0^{\pi}-\int_0^{\pi}(x)'\left(-\frac{1}{2}\cos 2x\right)dx$

$=-\frac{\pi}{2}+\frac{1}{2}\int_0^{\pi}\cos 2x\,dx$

$=-\frac{\pi}{2}+\frac{1}{2}\left[\frac{1}{2}\sin 2x\right]_0^{\pi}$

$=\mathbf{-\frac{\pi}{2}}$

112B (1) $\int_0^1\frac{x}{e^x}dx=\int_0^1xe^{-x}dx$

$=\int_0^1x(-e^{-x})'dx$

$=\Big[-xe^{-x}\Big]_0^1+\int_0^1(x)'e^{-x}dx$

$=-\frac{1}{e}+\int_0^1e^{-x}dx$

$=-\frac{1}{e}-\Big[e^{-x}\Big]_0^1$

$=-\frac{1}{e}-\left(\frac{1}{e}-1\right)=\mathbf{1-\frac{2}{e}}$

(2) $\int_1^e4x\log x\,dx=\int_1^e(2x^2)'(\log x)\,dx$

$=\Big[2x^2\log x\Big]_1^e-\int_1^e2x^2(\log x)'dx$

$=2e^2-\int_1^e2x^2\cdot\frac{1}{x}dx$

$=2e^2-\int_1^e2x\,dx$

$=2e^2-\Big[x^2\Big]_1^e$

$=2e^2-(e^2-1)$

$=\mathbf{e^2+1}$

38 定積分と和の極限

p.105

113A $\lim_{n\to\infty}\frac{1}{n}\left\{\left(\frac{1}{n}\right)^3+\left(\frac{2}{n}\right)^3+\cdots\cdots+\left(\frac{n}{n}\right)^3\right\}$

$=\lim_{n\to\infty}\sum_{k=1}^{n}\frac{1}{n}\left(\frac{k}{n}\right)^3$

ここで，$f(x)=x^3$ とすると，$f\left(\frac{k}{n}\right)=\left(\frac{k}{n}\right)^3$ であるから，

求める極限値は

$\lim_{n\to\infty}\sum_{k=1}^{n}\frac{1}{n}f\left(\frac{k}{n}\right)=\int_0^1f(x)\,dx=\int_0^1x^3\,dx$

$=\left[\frac{1}{4}x^4\right]_0^1=\mathbf{\frac{1}{4}}$

113B $\lim_{n\to\infty}\frac{1}{n}\left\{\frac{1}{\left(1+\frac{1}{n}\right)^2}+\frac{1}{\left(1+\frac{2}{n}\right)^2}+\cdots\cdots+\frac{1}{\left(1+\frac{n}{n}\right)^2}\right\}$

$=\lim_{n\to\infty}\sum_{k=1}^{n}\frac{1}{n}\cdot\frac{1}{\left(1+\frac{k}{n}\right)^2}$

ここで，$f(x)=\frac{1}{(1+x)^2}$ とすると，

$f\left(\frac{k}{n}\right)=\frac{1}{\left(1+\frac{k}{n}\right)^2}$ であるから，

求める極限値は

$\lim_{n\to\infty}\sum_{k=1}^{n}\frac{1}{n}f\left(\frac{k}{n}\right)=\int_0^1f(x)\,dx=\int_0^1\frac{1}{(1+x)^2}\,dx$

$=\int_0^1(1+x)^{-2}\,dx$

$=\Big[-(1+x)^{-1}\Big]_0^1$

$=\left[-\frac{1}{1+x}\right]_0^1$

$=-\frac{1}{2}-(-1)$

$=\mathbf{\frac{1}{2}}$

39 定積分と不等式

p.106

114A $x\geqq0$ のとき　$x^2+3x+1\geqq x^2+2x+1$

であるから　$x^2+3x+1\geqq(x+1)^2$

$0\leqq x\leqq1$ のとき，両辺はともに正であるから

両辺の逆数をとると

$$\frac{1}{x^2+3x+1} \leqq \frac{1}{(x+1)^2}$$

等号が成り立つのは，$x=0$ のときだけであるから

$$\int_0^1 \frac{1}{x^2+3x+1}\,dx < \int_0^1 \frac{1}{(x+1)^2}\,dx$$

右辺は $\displaystyle\int_0^1 \frac{1}{(x+1)^2}\,dx = \left[-\frac{1}{x+1}\right]_0^1 = \frac{1}{2}$

よって $\displaystyle\int_0^1 \frac{1}{x^2+3x+1}\,dx < \frac{1}{2}$

114B $0 \leqq x \leqq \dfrac{\pi}{3}$ のとき

$\dfrac{1}{2} \leqq \cos x \leqq 1$ より $1 \leqq \dfrac{1}{\cos x} \leqq 2$

$1 \leqq \dfrac{1}{\cos x}$ で等号が成り立つのは，$x=0$ のときだけである。

また，$\dfrac{1}{\cos x} \leqq 2$ で等号が成り立つのは，$x=\dfrac{\pi}{3}$ のときだけである。

よって

$$\int_0^{\frac{\pi}{3}} dx < \int_0^{\frac{\pi}{3}} \frac{1}{\cos x}\,dx < \int_0^{\frac{\pi}{3}} 2\,dx \text{ より}$$

$$\Big[x\Big]_0^{\frac{\pi}{3}} < \int_0^{\frac{\pi}{3}} \frac{1}{\cos x}\,dx < \Big[2x\Big]_0^{\frac{\pi}{3}}$$

したがって $\displaystyle\frac{\pi}{3} < \int_0^{\frac{\pi}{3}} \frac{1}{\cos x}\,dx < \frac{2}{3}\pi$

115 $x>0$ のとき，

関数 $f(x)=\dfrac{1}{x^3}$ は

減少関数であるから，

$k \leqq x \leqq k+1$ の範囲では

$$\frac{1}{x^3} \leqq \frac{1}{k^3}$$

この式で等号が成り立つのは

$x=k$ のときだけであるから

$$\int_k^{k+1} \frac{1}{x^3}\,dx < \int_k^{k+1} \frac{1}{k^3}\,dx = \frac{1}{k^3} \quad \cdots\cdots ①$$

①において，$k=1,\ 2,\ 3,\ \cdots\cdots,\ n$ として両辺の和を考えると

$$\sum_{k=1}^{n} \int_k^{k+1} \frac{1}{x^3}\,dx < 1 + \frac{1}{2^3} + \frac{1}{3^3} + \cdots\cdots + \frac{1}{n^3}$$

ここで，左辺は

$$\sum_{k=1}^{n} \int_k^{k+1} \frac{1}{x^3}\,dx = \int_1^{n+1} \frac{1}{x^3}\,dx = \int_1^{n+1} x^{-3}\,dx$$

$$= \left[-\frac{1}{2}x^{-2}\right]_1^{n+1} = -\frac{1}{2}\left[\frac{1}{x^2}\right]_1^{n+1}$$

$$= -\frac{1}{2}\left\{\frac{1}{(n+1)^2} - 1\right\}$$

$$= \frac{1}{2}\left\{1 - \frac{1}{(n+1)^2}\right\}$$

よって $\displaystyle\frac{1}{2}\left\{1 - \frac{1}{(n+1)^2}\right\} < 1 + \frac{1}{2^3} + \frac{1}{3^3} + \cdots\cdots + \frac{1}{n^3}$

3節 積分法の応用

40 面積

p.108

116A (1) $-1 \leqq x \leqq 1$ のとき $-x^3+2>0$

よって，求める図形の面積 S は

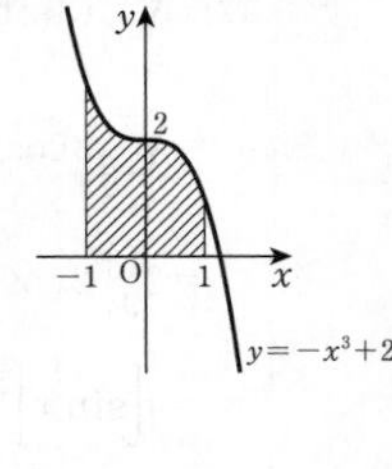

$$S = \int_{-1}^{1} (-x^3+2)\,dx$$

$$= \left[-\frac{1}{4}x^4 + 2x\right]_{-1}^{1}$$

$$= \left(-\frac{1}{4}+2\right) - \left(-\frac{1}{4}-2\right)$$

$$= \mathbf{4}$$

(2) $-4 \leqq x \leqq 0$ のとき $\sqrt{x+4} \geqq 0$

よって，求める図形の面積 S は

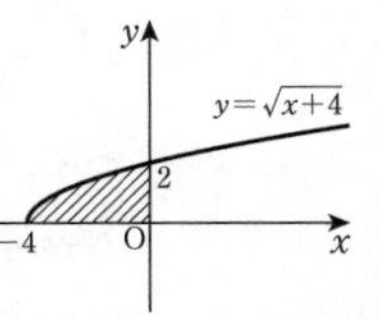

$$S = \int_{-4}^{0} \sqrt{x+4}\,dx$$

$$= \int_{-4}^{0} (x+4)^{\frac{1}{2}}\,dx$$

$$= \left[\frac{2}{3}(x+4)^{\frac{3}{2}}\right]_{-4}^{0}$$

$$= \frac{2}{3}(4^{\frac{3}{2}} - 0)$$

$$= \mathbf{\frac{16}{3}}$$

116B (1) $0 \leqq x \leqq 2$ のとき $e^x+1>0$

よって，求める図形の面積 S は

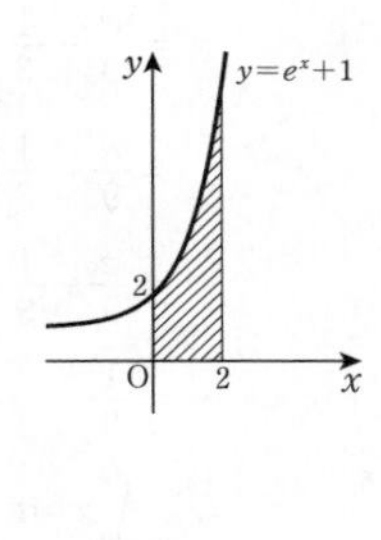

$$S = \int_0^2 (e^x+1)\,dx$$

$$= \Big[e^x + x\Big]_0^2$$

$$= (e^2+2) - (e^0+0)$$

$$= \boldsymbol{e^2+1}$$

(2) $0 \leqq x \leqq 2$ のとき $\dfrac{3}{x+1} - 1 \geqq 0$

よって，求める図形の面積 S は

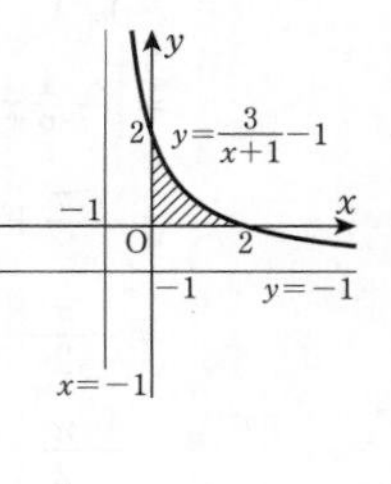

$$S = \int_0^2 \left(\frac{3}{x+1} - 1\right) dx$$

$$= \Big[3\log(x+1) - x\Big]_0^2$$

$$= (3\log 3 - 2) - (3\log 1 - 0)$$

$$= \mathbf{3\log 3 - 2}$$

117A (1) 曲線

$y = x(x+1)(x-2)$

において，

$-1 \leqq x \leqq 0$ のとき $y \geqq 0$

$0 \leqq x \leqq 2$ のとき $y \leqq 0$

よって，求める図形の

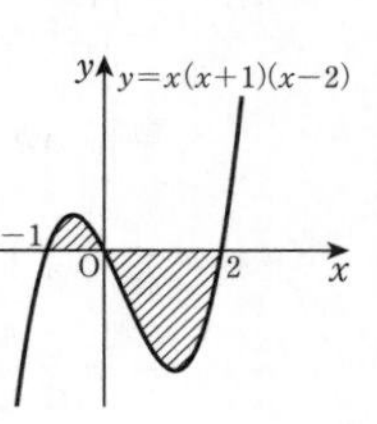

面積Sは

$$S=\int_{-1}^{0}x(x+1)(x-2)\,dx$$
$$+\left\{-\int_{0}^{2}x(x+1)(x-2)\,dx\right\}$$
$$=\int_{-1}^{0}(x^3-x^2-2x)\,dx-\int_{0}^{2}(x^3-x^2-2x)\,dx$$
$$=\left[\frac{1}{4}x^4-\frac{1}{3}x^3-x^2\right]_{-1}^{0}-\left[\frac{1}{4}x^4-\frac{1}{3}x^3-x^2\right]_{0}^{2}$$
$$=-\left(\frac{1}{4}+\frac{1}{3}-1\right)-\left(4-\frac{8}{3}-4\right)$$
$$=\mathbf{\frac{37}{12}}$$

(2) 曲線 $y=e^{-x}-1$ において，

$0\leqq x\leqq 1$ のとき

$e^{-x}-1\leqq 0$

よって，求める図形の面積Sは

$$S=-\int_{0}^{1}(e^{-x}-1)\,dx$$
$$=-\left[-e^{-x}-x\right]_{0}^{1}$$
$$=-\{(-e^{-1}-1)-(-1)\}$$
$$=\mathbf{\frac{1}{e}}$$

117B (1) 曲線 $y=\cos x$ において，

$0\leqq x\leqq\dfrac{\pi}{2}$ のとき

$\cos x\geqq 0$

$\dfrac{\pi}{2}\leqq x\leqq\dfrac{3}{2}\pi$ のとき

$\cos x\leqq 0$

よって，求める図形の面積Sは

$$S=\int_{0}^{\frac{\pi}{2}}\cos x\,dx+\left(-\int_{\frac{\pi}{2}}^{\frac{3}{2}\pi}\cos x\,dx\right)$$
$$=\left[\sin x\right]_{0}^{\frac{\pi}{2}}-\left[\sin x\right]_{\frac{\pi}{2}}^{\frac{3}{2}\pi}$$
$$=1-(-1-1)$$
$$=\mathbf{3}$$

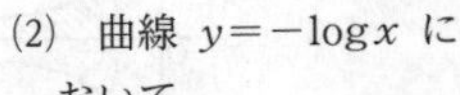

(2) 曲線 $y=-\log x$ において，

$1\leqq x\leqq 2$ のとき

$-\log x\leqq 0$

よって，求める図形の面積Sは

$$S=-\int_{1}^{2}(-\log x)\,dx$$
$$=\int_{1}^{2}\log x\,dx$$
$$=\int_{1}^{2}(x)'\log x\,dx$$
$$=\left[x\log x\right]_{1}^{2}-\int_{1}^{2}x\cdot\frac{1}{x}\,dx$$

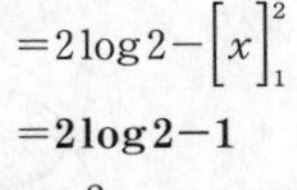

$$=2\log 2-\left[x\right]_{1}^{2}$$
$$=\mathbf{2\log 2-1}$$

118A 曲線 $y=\dfrac{2}{x}$ と直線 $y=-x+3$ の交点のx座標は

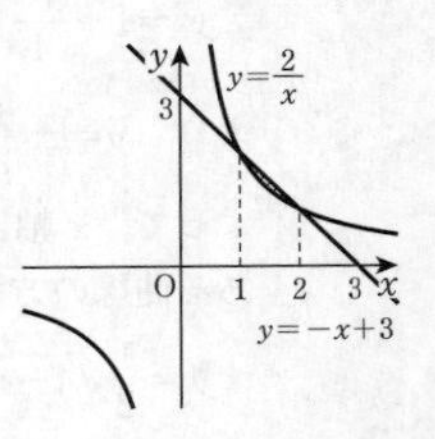

$$\frac{2}{x}=-x+3$$

の解である。

この方程式の解は

$x^2-3x+2=0$

$(x-1)(x-2)=0$

より　$x=1,\ 2$

$1\leqq x\leqq 2$ において，$-x+3\geqq\dfrac{2}{x}$

であるから

$$S=\int_{1}^{2}\left\{(-x+3)-\frac{2}{x}\right\}dx$$
$$=\left[-\frac{1}{2}x^2+3x-2\log x\right]_{1}^{2}$$
$$=(-2+6-2\log 2)-\left(-\frac{1}{2}+3-0\right)$$
$$=\mathbf{\frac{3}{2}-2\log 2}$$

118B 2つの曲線の交点のx座標は

$-\sin x=\cos x-1$

の解である。

$0\leqq x\leqq 2\pi$ におけるこの方程式の解は

$\sin x+\cos x=1$

$\sqrt{2}\sin\left(x+\dfrac{\pi}{4}\right)=1$　　$\left.\right)\ a\sin x+b\cos x=\sqrt{a^2+b^2}\sin(x+\alpha)$

$\sin\left(x+\dfrac{\pi}{4}\right)=\dfrac{1}{\sqrt{2}}$　　$\leftarrow x+\dfrac{\pi}{4}=\dfrac{\pi}{4},\ \dfrac{3}{4}\pi,\ \dfrac{9}{4}\pi$

より　$x=0,\ \dfrac{\pi}{2},\ 2\pi$

$0\leqq x\leqq\dfrac{\pi}{2}$ において　$\cos x-1\geqq-\sin x$

$\dfrac{\pi}{2}\leqq x\leqq 2\pi$ において　$-\sin x\geqq\cos x-1$

であるから

$$S=\int_{0}^{\frac{\pi}{2}}\{(\cos x-1)-(-\sin x)\}\,dx$$
$$+\int_{\frac{\pi}{2}}^{2\pi}\{(-\sin x)-(\cos x-1)\}\,dx$$
$$=\left[\sin x-x-\cos x\right]_{0}^{\frac{\pi}{2}}$$
$$+\left[\cos x-\sin x+x\right]_{\frac{\pi}{2}}^{2\pi}$$
$$=\left(2-\frac{\pi}{2}\right)+\left(2+\frac{3}{2}\pi\right)$$
$$=\mathbf{\pi+4}$$

119A この楕円の方程式を y について解くと

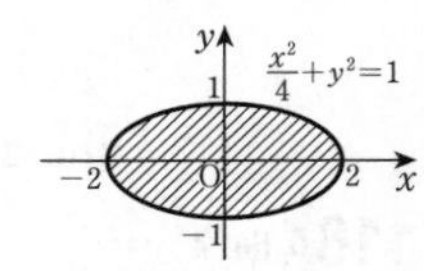

$$y^2=1-\frac{x^2}{4}$$

より　$y=\pm\frac{1}{2}\sqrt{4-x^2}$

よって，x 軸より上側にある曲線の方程式は

$$y=\frac{1}{2}\sqrt{4-x^2}$$

この楕円は x 軸および y 軸に関して対称であるから，求める面積 S は

$$S=4\int_0^2\frac{1}{2}\sqrt{4-x^2}\,dx$$
$$=2\int_0^2\sqrt{4-x^2}\,dx$$

ここで，$\int_0^2\sqrt{4-x^2}\,dx$ は，半径 2 の円の面積の $\frac{1}{4}$ に等しいから

$$\int_0^2\sqrt{4-x^2}\,dx=4\pi\times\frac{1}{4}=\pi$$

したがって

$$S=2\int_0^2\sqrt{4-x^2}\,dx=\mathbf{2\pi}$$

119B この楕円の方程式を y について解くと

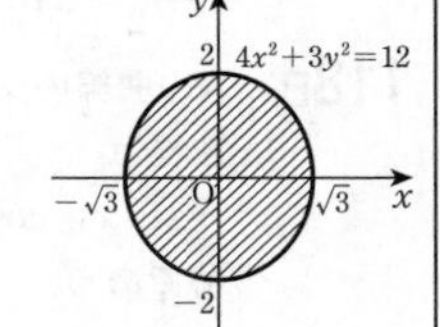

$$y^2=4-\frac{4}{3}x^2$$

より　$y=\pm\frac{2\sqrt{3}}{3}\sqrt{3-x^2}$

よって，x 軸より上側にある曲線の方程式は

$$y=\frac{2\sqrt{3}}{3}\sqrt{3-x^2}$$

この楕円は x 軸および y 軸に関して対称であるから，求める面積 S は

$$S=4\int_0^{\sqrt{3}}\frac{2\sqrt{3}}{3}\sqrt{3-x^2}\,dx$$
$$=\frac{8\sqrt{3}}{3}\int_0^{\sqrt{3}}\sqrt{3-x^2}\,dx$$

ここで，$\int_0^{\sqrt{3}}\sqrt{3-x^2}\,dx$ は，半径 $\sqrt{3}$ の円の面積の $\frac{1}{4}$ に等しいから

$$\int_0^{\sqrt{3}}\sqrt{3-x^2}\,dx=3\pi\times\frac{1}{4}=\frac{3}{4}\pi$$

したがって

$$S=\frac{8\sqrt{3}}{3}\int_0^{\sqrt{3}}\sqrt{3-x^2}\,dx=\mathbf{2\sqrt{3}\,\pi}$$

120A $y=\sqrt{x}$ より　$x=y^2$

$1\leqq y\leqq 2$ で，つねに $y^2>0$ であるから

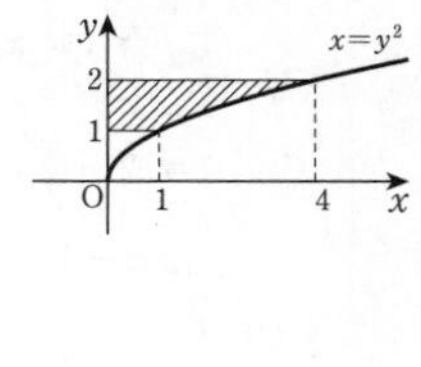

$$S=\int_1^2 y^2dy$$
$$=\left[\frac{1}{3}y^3\right]_1^2$$
$$=\frac{1}{3}(8-1)$$
$$=\mathbf{\frac{7}{3}}$$

120B $y=\log(x+1)$ より　$x+1=e^y$

ゆえに　$x=e^y-1$

$0\leqq y\leqq 2$ で，つねに $e^y-1\geqq 0$ であるから

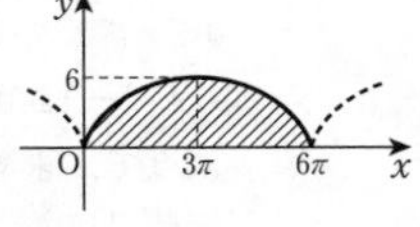

$$S=\int_0^2(e^y-1)\,dy$$
$$=\left[e^y-y\right]_0^2$$
$$=(e^2-2)-(e^0-0)$$
$$=\mathbf{e^2-3}$$

121 求める面積 S は

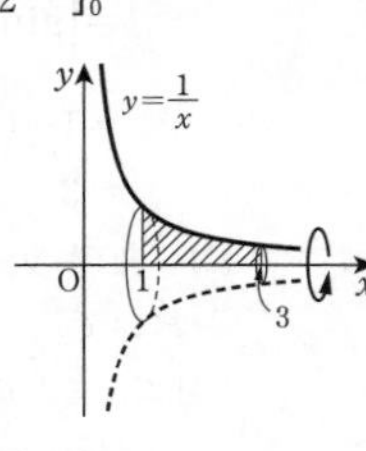

$$S=\int_0^{6\pi}y\,dx$$

と表すことができる。

$x=3(\theta-\sin\theta)$ より　$\frac{dx}{d\theta}=3(1-\cos\theta)$

であるから，置換積分法より

x	$0\to 6\pi$
θ	$0\to 2\pi$

$$S=\int_0^{6\pi}y\,dx$$
$$=\int_0^{2\pi}3(1-\cos\theta)\cdot 3(1-\cos\theta)\,d\theta$$
$$=9\int_0^{2\pi}(1-2\cos\theta+\cos^2\theta)\,d\theta$$
$$=9\int_0^{2\pi}\left(1-2\cos\theta+\frac{1+\cos 2\theta}{2}\right)d\theta$$
$$=9\left[\frac{3}{2}\theta-2\sin\theta+\frac{1}{4}\sin 2\theta\right]_0^{2\pi}$$
$$=\mathbf{27\pi}$$

41 体積

p.114

122 座標 x における断面が 1 辺 $\sqrt{x}$ の正方形であるから，求める立体 O-ABCD の体積 V は

$$V=\int_0^8(\sqrt{x})^2dx=\int_0^8 x\,dx=\left[\frac{1}{2}x^2\right]_0^8=\mathbf{32}$$

123A (1) $V=\pi\int_1^3 y^2dx$

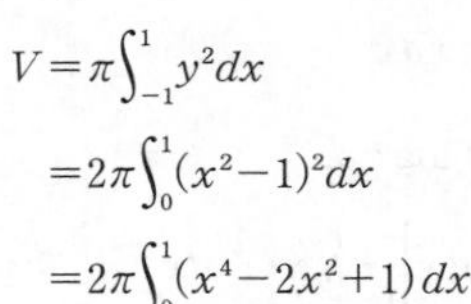

$$=\pi\int_1^3\left(\frac{1}{x}\right)^2dx$$
$$=\pi\int_1^3\frac{1}{x^2}\,dx$$
$$=\pi\left[-\frac{1}{x}\right]_1^3=\mathbf{\frac{2}{3}\pi}$$

(2) 放物線 $y=x^2-1$ と x 軸の交点の x 座標は

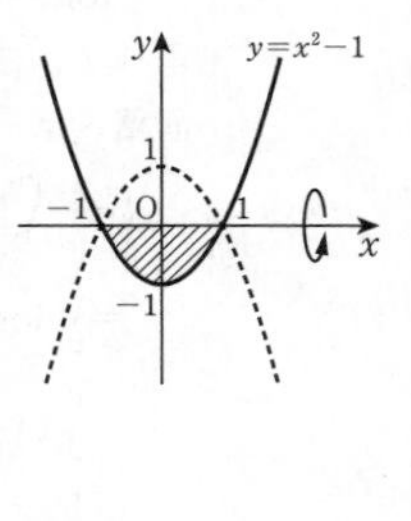

$x^2-1=0$ より　$x=\pm 1$

よって

$$V=\pi\int_{-1}^1 y^2dx$$
$$=2\pi\int_0^1(x^2-1)^2dx$$
$$=2\pi\int_0^1(x^4-2x^2+1)\,dx$$

$$=2\pi\left[\frac{1}{5}x^5-\frac{2}{3}x^3+x\right]_0^1$$

$$=\frac{16}{15}\pi$$

123B (1) $V=\pi\int_1^2 y^2dx$

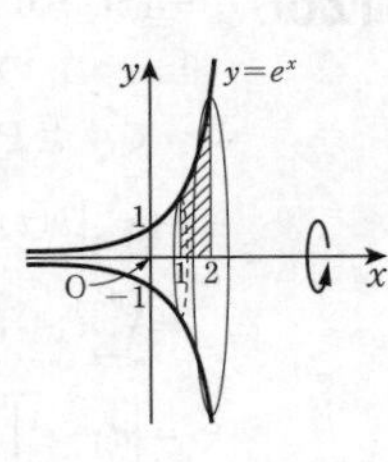

$$=\pi\int_1^2(e^x)^2dx$$

$$=\pi\int_1^2 e^{2x}dx$$

$$=\pi\left[\frac{1}{2}e^{2x}\right]_1^2$$

$$=\frac{1}{2}(e^4-e^2)\pi$$

(2) $V=\pi\int_{-\frac{\pi}{2}}^{\frac{\pi}{2}} y^2dx$

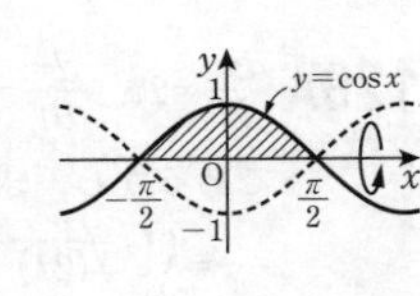

$$=2\pi\int_0^{\frac{\pi}{2}}(\cos x)^2dx$$

$$=2\pi\int_0^{\frac{\pi}{2}}\cos^2 x\,dx$$

$$=2\pi\int_0^{\frac{\pi}{2}}\frac{1+\cos 2x}{2}dx$$

$$=\pi\left[x+\frac{1}{2}\sin 2x\right]_0^{\frac{\pi}{2}}$$

$$=\frac{\pi^2}{2}$$

124A $x^2+(y-2)^2=1$

を y について解くと

$$y=2\pm\sqrt{1-x^2}$$

求める体積 V は，

直線 $y=2$ より上側の半円 $y=2+\sqrt{1-x^2}$ を x 軸のまわりに1回転して得られる回転体の体積から，下側の半円 $y=2-\sqrt{1-x^2}$ を x 軸のまわりに1回転して得られる回転体の体積を引いたものである。

よって

$$V=\pi\left\{\int_{-1}^1(2+\sqrt{1-x^2})^2dx-\int_{-1}^1(2-\sqrt{1-x^2})^2dx\right\}$$

$$=8\pi\int_{-1}^1\sqrt{1-x^2}\,dx$$

ここで，$\int_{-1}^1\sqrt{1-x^2}\,dx$ は，半径1の円の面積の $\frac{1}{2}$ に等しい。

したがって　$V=8\pi\times\pi\times\frac{1}{2}=4\pi^2$

124B 2つの曲線の交点の x 座標は

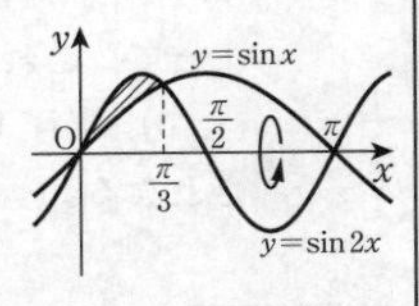

$$\sin x=\sin 2x$$

の解である。$0\leqq x\leqq\frac{\pi}{3}$ におけるこの方程式の解は

$$\sin x=2\sin x\cos x$$

$$\sin x(1-2\cos x)=0$$

$\sin x=0$ より　$x=0$

$\cos x=\frac{1}{2}$ より　$x=\frac{\pi}{3}$

求める体積は，$0\leqq x\leqq\frac{\pi}{3}$ において，曲線 $y=\sin 2x$ と x 軸で囲まれた図形を x 軸のまわりに1回転して得られる回転体の体積から，曲線 $y=\sin x$ と x 軸で囲まれた図形を x 軸のまわりに1回転して得られる回転体の体積を引いたものである。

よって

$$V=\pi\left\{\int_0^{\frac{\pi}{3}}(\sin 2x)^2dx-\int_0^{\frac{\pi}{3}}(\sin x)^2dx\right\}$$

$$=\pi\int_0^{\frac{\pi}{3}}\left(\frac{1-\cos 4x}{2}-\frac{1-\cos 2x}{2}\right)dx$$

$$=\frac{\pi}{2}\left[\frac{1}{2}\sin 2x-\frac{1}{4}\sin 4x\right]_0^{\frac{\pi}{3}}$$

$$=\frac{3\sqrt{3}}{16}\pi$$

125A $y=\sqrt{x-1}$ より

$$x=y^2+1$$

よって

$$V=\pi\int_0^1 x^2dy$$

$$=\pi\int_0^1(y^2+1)^2dy$$

$$=\pi\int_0^1(y^4+2y^2+1)\,dy$$

$$=\pi\left[\frac{1}{5}y^5+\frac{2}{3}y^3+y\right]_0^1=\frac{28}{15}\pi$$

125B $y=\log x$ より　$x=e^y$

よって

$$V=\pi\int_0^2 x^2dy$$

$$=\pi\int_0^2(e^y)^2dy$$

$$=\pi\int_0^2 e^{2y}dy$$

$$=\pi\left[\frac{1}{2}e^{2y}\right]_0^2$$

$$=\frac{1}{2}(e^4-1)\pi$$

42 曲線の長さと道のり

p.118

126 x 軸および y 軸に対称な図形であるから，第1象限における曲線の長さを4倍すればよい。

$$\frac{dx}{dt}=6\cos^2 t(-\sin t)=-6\sin t\cos^2 t$$

$$\frac{dy}{dt}=6\sin^2 t\cos t$$

であるから，求める曲線の長さ L は

$$L=4\int_0^{\frac{\pi}{2}}\sqrt{(-6\sin t\cos^2 t)^2+(6\sin^2 t\cos t)^2}\,dt$$

$$=24\int_0^{\frac{\pi}{2}}\sqrt{\sin^2 t\cos^2 t(\cos^2 t+\sin^2 t)}\,dt$$

$$=24\int_0^{\frac{\pi}{2}}\sqrt{\sin^2 t\cos^2 t}\,dt$$

ここで，$0\leqq t\leqq\frac{\pi}{2}$ のとき $\sin t\geqq 0$，$\cos t\geqq 0$

より

$L=24\int_0^{\frac{\pi}{2}}\sin t\cos t\,dt$

$=12\int_0^{\frac{\pi}{2}}2\sin t\cos t\,dt$

$=12\int_0^{\frac{\pi}{2}}\sin 2t\,dt$

$=-6\Big[\cos 2t\Big]_0^{\frac{\pi}{2}}$

$=-6(-1-1)=\mathbf{12}$

127A $\dfrac{dy}{dx}=\left(\dfrac{1}{3}x^{\frac{3}{2}}\right)'=\dfrac{1}{2}x^{\frac{1}{2}}$ であるから

$1+\left(\dfrac{dy}{dx}\right)^2=1+\dfrac{1}{4}x$

$=\dfrac{4+x}{4}$

よって，求める曲線の長さLは

$L=\int_0^4\sqrt{\dfrac{4+x}{4}}\,dx$

$=\dfrac{1}{2}\int_0^4\sqrt{4+x}\,dx$

$=\dfrac{1}{2}\left[\dfrac{2}{3}(4+x)^{\frac{3}{2}}\right]_0^4$

$=\mathbf{\dfrac{8}{3}(2\sqrt{2}-1)}$

127B $\dfrac{dy}{dx}=-\dfrac{x}{\sqrt{16-x^2}}$ であるから

$1+\left(\dfrac{dy}{dx}\right)^2=1+\dfrac{x^2}{16-x^2}$

$=\dfrac{16}{16-x^2}$

よって，求める曲線の長さLは

$L=\int_0^2\sqrt{\dfrac{16}{16-x^2}}\,dx$

$=4\int_0^2\dfrac{1}{\sqrt{16-x^2}}\,dx$

ここで，$x=4\sin\theta$ とおくと $\dfrac{dx}{d\theta}=4\cos\theta$ であり，xとθの対応は右の表のようになる。また，$0\leqq\theta\leqq\dfrac{\pi}{6}$ のとき，$\cos\theta>0$ である。

x	$0\to 2$
θ	$0\to\dfrac{\pi}{6}$

したがって

$L=4\int_0^{\frac{\pi}{6}}\dfrac{4\cos\theta}{\sqrt{16-16\sin^2\theta}}\,d\theta$

$=4\int_0^{\frac{\pi}{6}}\dfrac{\cos\theta}{\sqrt{\cos^2\theta}}\,d\theta$

$=4\int_0^{\frac{\pi}{6}}d\theta=4\Big[\theta\Big]_0^{\frac{\pi}{6}}=\mathbf{\dfrac{2}{3}\pi}$

128A $0\leqq t\leqq 3$ のとき $|6-2t|=6-2t$

$3\leqq t\leqq 5$ のとき $|6-2t|=-(6-2t)=2t-6$

よって，点Pの動く道のり l は

$l=\int_0^5|v(t)|\,dt$

$=\int_0^3(6-2t)\,dt+\int_3^5(2t-6)\,dt$

$=\Big[6t-t^2\Big]_0^3+\Big[t^2-6t\Big]_3^5$

$=\mathbf{13}$

128B $-1\leqq t\leqq 0$ のとき $|1-e^t|=1-e^t$

$0\leqq t\leqq 1$ のとき $|1-e^t|=-(1-e^t)=e^t-1$

よって，点Pの動く道のり l は

$l=\int_{-1}^1|v(t)|\,dt$

$=\int_{-1}^0(1-e^t)\,dt+\int_0^1(e^t-1)\,dt$

$=\Big[t-e^t\Big]_{-1}^0+\Big[e^t-t\Big]_0^1$

$=\mathbf{e+\dfrac{1}{e}-2}$

129A $\dfrac{dx}{dt}=2t,\ \dfrac{dy}{dt}=2t^2$

であるから，求める道のり l は

$l=\int_0^{\sqrt{3}}\sqrt{(2t)^2+(2t^2)^2}\,dt$

$=\int_0^{\sqrt{3}}2t\sqrt{1+t^2}\,dt$

$1+t^2=x$ とおくと $2t\dfrac{dt}{dx}=1$

であり，tとxの対応は右の表のようになる。

t	$0\to\sqrt{3}$
x	$1\to 4$

よって

$l=\int_1^4\sqrt{x}\,dx$

$=\int_1^4 x^{\frac{1}{2}}\,dx$

$=\left[\dfrac{2}{3}x^{\frac{3}{2}}\right]_1^4$

$=\mathbf{\dfrac{14}{3}}$

129B $\dfrac{dx}{dt}=2\sin 2t,\ \dfrac{dy}{dt}=2\cos 2t$

であるから，求める道のり l は

$l=\int_0^{\pi}\sqrt{(2\sin 2t)^2+(2\cos 2t)^2}\,dt$

$=2\int_0^{\pi}dt$

$=2\Big[t\Big]_0^{\pi}$

$=\mathbf{2\pi}$

注意 $\cos 2t=1-x$,

$\sin 2t=y$

より $(x-1)^2+y^2=1$

よって，これは，中心$(1,\ 0)$，半径1の円周の長さとなる。

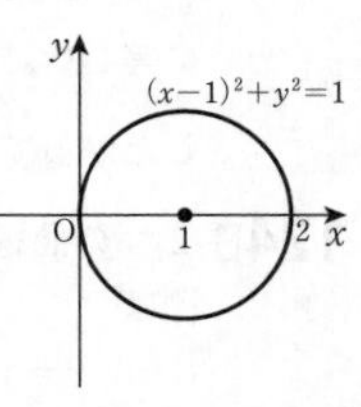

演習問題

130 $\int_0^{\frac{\pi}{3}}f(t)\sin t\,dt$ は定数であるから，

$k=\int_0^{\frac{\pi}{3}}f(t)\sin t\,dt$ とおくと

$f(x)=\cos x+k$

ゆえに

$$k=\int_0^{\frac{\pi}{3}}(\cos t+k)\sin t\,dt$$

$$=\int_0^{\frac{\pi}{3}}\sin t\cos t\,dt+k\int_0^{\frac{\pi}{3}}\sin t\,dt$$

$$=\frac{1}{2}\int_0^{\frac{\pi}{3}}\sin 2t\,dt+k\Big[-\cos t\Big]_0^{\frac{\pi}{3}}$$

$$=\frac{1}{2}\Big[-\frac{1}{2}\cos 2t\Big]_0^{\frac{\pi}{3}}+k\left(-\frac{1}{2}+1\right)$$

$$=\frac{1}{2}k+\frac{3}{8}$$

よって

$k=\frac{1}{2}k+\frac{3}{8}$　より　$k=\frac{3}{4}$

したがって　$\boldsymbol{f(x)=\cos x+\frac{3}{4}}$

131 座標が x である点におけるこの立体の断面は，1辺が $2\sqrt{1-x^2}$ の正三角形である。

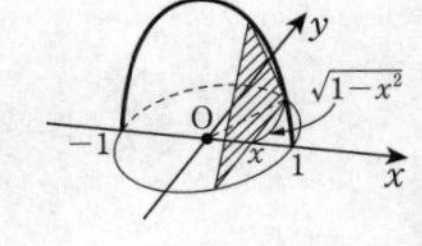

この正三角形の面積を $S(x)$ とすると

$$S(x)=\frac{1}{2}\times(2\sqrt{1-x^2})^2\sin 60^\circ$$

$$=\sqrt{3}(1-x^2)$$

よって，求める体積 V は

$$V=\int_{-1}^{1}S(x)\,dx=2\int_0^1 S(x)\,dx$$

$$=2\sqrt{3}\int_0^1(1-x^2)\,dx$$

$$=2\sqrt{3}\Big[x-\frac{1}{3}x^3\Big]_0^1$$

$$=\boldsymbol{\frac{4\sqrt{3}}{3}}$$

24(02)